全国高等职业教育"十二五"计算机类专业规划教材

U0748348

微机原理与接口技术

主 编 王 盟
副主编 尹晓翠 李湘云 任丽鸿
编 写 张艳华 徐 艳 张 霄 肖 梅
主 审 栾昌海

中国电力出版社
CHINA ELECTRIC POWER PRESS

内 容 提 要

本书以 Intel 8086/8088 系列微机为背景,分为汇编语言程序设计和接口技术两部分,主要内容包括微型计算机的基础知识、Intel 8086/8088 指令系统和汇编语言程序设计、8086/8088 的总线与时序、存储器及 I/O 接口、中断处理技术、DMA 技术、并行接口与定时/计数技术、串行通信接口、A/D 和 D/A 转换器等知识。每章后都附有习题和实训指导,便于开展实践性教学工作。

本书内容简明扼要、深入浅出、重点突出,并且配有大量的图示、实例,融入了作者多年教学经验。本书可作为各类本科院校、高职高专院校的微机原理与接口技术、微机原理与应用、汇编语言程序设计和微机接口技术等课程的通用教材,也可作为计算机等级考试、成人教育、在职人员培训、高等教育自学人员和从事微机硬件和软件开发的工程技术人员的参考书。

图书在版编目(CIP)数据

微机原理与接口技术 / 王盟主编. —北京:中国电力出版社,2014.12
全国高等职业教育"十二五"计算机类专业规划教材
ISBN 978-7-5123-6292-5

Ⅰ. ①微… Ⅱ. ①王… Ⅲ. ①微型计算机－理论－高等职业教育－教材 ②微型计算机－接口技术－高等职业教育－教材 Ⅳ. ①TP36

中国版本图书馆 CIP 数据核字(2014)第 181824 号

中国电力出版社出版、发行
(北京市东城区北京站西街 19 号 100005 http://www.cepp.sgcc.com.cn)
航远印刷有限公司印刷
各地新华书店经售

*

2014 年 12 月第一版 2014 年 12 月北京第一次印刷
787 毫米×1092 毫米 16 开本 16 印张 390 千字
定价 **32.00** 元

敬 告 读 者

本书封底贴有防伪标签,刮开涂层可查询真伪
本书如有印装质量问题,我社发行部负责退换
版 权 专 有 翻 印 必 究

前　言

　　微机原理与接口技术是本科院校、高职高专院校理工类学生必修的专业基础课，该课程主要以 Intel 8086/8088 微处理器为背景，从应用角度系统阐述微机的基本原理，介绍8086/8088 微处理器的结构、指令系统及汇编语言程序设计、半导体存储器、输入输出与中断技术、常用可编程 I/O 接口芯片的特点及使用技巧等。通过本课程的学习，使学生在掌握基础知识的同时，应具备分析和设计微机应用系统的能力，为后续知识的学习、研究奠定基础。

　　本书根据对学生的培养目标，内容组织遵循循序渐进的原则，从微机的基本概念出发，逐步介绍微机系统的工作原理、指令系统和汇编语言程序设计以及微机接口的设计、应用，并把微机系统软件和硬件技术有机结合起来。在介绍基本概念的同时，列举了大量典型而有意义的例题和习题；在加强基础知识的同时，着重使学生建立起微机系统的概念；在充分掌握外设接口原理的基础上，加强接口应用及设计能力的要求。本书内容简明扼要、深入浅出、重点突出，并且配有大量的图示、实例、融入了作者多年的教学经验及体会，特别注意在强化基本概念、基本方法和基本技能的同时，注重培养学生的动手能力。

　　本书可作为各类本科院校、高职高专院校的"微机原理与接口技术"、"微机原理与应用"、"汇编语言程序设计"和"微机接口技术"等课程的通用教材，也可作为计算机等级考试、成人教育、在职人员培训、高等教育自学人员和从事微机硬件和软件开发的工程技术人员的参考书。

　　本书共 7 章，教学参考课时为 60～80 学时。第 1 章介绍微型计算机的基础知识；第 2章介绍 8086/8088 指令系统；第 3 章介绍汇编语言程序设计；第 4 章介绍 8086/8088 的总线与时序；第 5 章介绍半导体存储器；第 6 章介绍输入输出与接口技术，包括中断技术、DMA技术等；第 7 章介绍常用可编程接口芯片，包括并行接口与定时/计数技术、串行通信接口、A/D 和 D/A 转换器等；另外，本书配有习题和实训指导，书中所有例题、习题和实训项目都在 80x86 系列微机系统上调试通过。

　　本书由东营职业学院的王盟、尹晓翠、李湘云和任丽鸿合作编写，张艳华、徐艳、张霄和肖梅也参与了本书部分章节的编写工作。由王盟担任主编，尹晓翠、李湘云和任丽鸿担任副主编。第 1 章由王盟、张艳华编写；第 2 章由尹晓翠、徐艳编写；第 3 章由王盟、张霄编写；第 4 章由尹晓翠、任丽鸿编写；第 5 章由李湘云、肖梅编写；第 6 章由任丽鸿编写；第 7 章由王盟、李湘云编写；附录由王盟、李湘云整理。本书电子教案由尹晓翠老师制作完成。王盟负责全书内容的组织编写、修改和最终定稿统稿。

限于编者水平，书中难免有疏漏和不当之处，恳请广大专家和读者批评指正。

王 盟

2014 年 11 月

目　　录

第1章 基 础 知 识

本章要点

（1）二、八、十、十六进制数及其相互转换。

（2）真值与机器数以及机器数的表示方法。

（3）8086/8088 微处理器的内部结构与寄存器组。

（4）8086/8088 的存储器结构及其 20 位物理地址的形成。

（5）8086/8088 堆栈操作的基本原理。

1.1 计算机中的数制与编码

通常，计算机中的数据分为两类。

（1）数：用来直接表示量的多少，有大小之分，能够进行加减等运算。

（2）码：通常指代码或编码，在计算机中用来描述某种信息。

1.1.1 数制及其转换

数制也称进位计数制，是指用一组固定的符号和统一的规则来表示数值的方法。按进位的原则进行计数的方法称为进位计数制。例如，在十进制中，是按照"逢十进一"的原则进行计数的。

思考

那么如果是五进制，则应该如何计数呢？同理，按照"逢五进一"的原则，如：1、2、3、4、10、11、…、14、20、…、43、44、100、…

常用进位计数制主要包括十进制（Decimal notation）、二进制（Binary notation）、八进制（Octal notation）、十六进制（Hexadecimal notation），其中八进制、十六进制主要是用来简化二进制的描述。

一、基数与位权

（1）基数：进位计数制的每位数上可能有的数码的个数。例如，十进制数每位上的数码，有"0"、"1"、"3",…，"9"十个数码，所以基数为 10。

（2）位权：一个数值的每一位上数字权值的大小。例如，十进制数 1234 从低位到高位的位权分别为 10^0、10^1、10^2、10^3。因为

$$1234=1\times10^3+2\times10^2+3\times10^1+4\times10^0$$

（3）数的位权表示：任何一种数制的数都可以表示成按位权展开的多项式之和。

例如：十进制数的 123.45 可表示为

$$123.45 = 1 \times 10^2 + 2 \times 10^1 + 3 \times 10^0 + 4 \times 10^{-1} + 5 \times 10^{-2}$$

二、二进制数、八进制数和十六进制数

1. 二进制数

日常生活中一般采用十进制进行计数，但计算机只能识别 0、1 代码，也就是说计算机采用二进制进行计数。二进制数只有 0、1 两个数码，其基数为 2，遵循逢二进一的原则，其第 K 位权以 2^K 表示。二进制数的描述是在其尾部加注字母 B。

例如：11011B 或 $(11011)_2$ 都表示一个二进制数。

2. 八进制数

八进制数有 0、1、2、3、4、5、6、7 共 8 个数码，其基数为 8，遵循逢八进一的原则，第 K 位权以 8^K 表示。八进制数的描述是在其尾部加注字母 O。

例如：123O 或 $(123)_8$ 都表示一个八进制数。

3. 十六进制数

十六进制数有 0、1、2、3、4、5、6、7、8、9、A、B、C、D、E、F 共 16 个数码，其中 A、B、C、D、E、F 表示 10～15 共 6 个数码，其基数为 16，遵循逢十六进一的原则，第 K 位权以 16^K 表示。十六进制数的描述是在其尾部加注字母 H。

例如：12ABH 或 $(12AB)_{16}$ 都表示一个十六进制数。

4. 常用计数制间的对应关系见表 1.1。

表 1.1　　　　　　　　　　　常用计数制间的对应关系

十进制	二进制	八进制	十六进制
0	0	0	0
1	1	1	1
2	10	2	2
4	100	4	4
8	1000	10	8
10	1010	12	A
15	1111	17	F
16	10000	20	10

三、二、八、十六进制和十进制数之间的转换

1. 二、八、十六进制转十进制的方法——乘权相加法

乘权相加法：各位非十进制数码乘以与其对应的权之和即为该数对应的十进制数。

例如：

$$(123)_{16} = 1 \times 16^2 + 2 \times 16^1 + 3 \times 16^0 = (336)_{10}$$

$$(110.011)_2 = 1 \times 2^2 + 1 \times 2^1 + 0 \times 2^0 + 0 \times 2^{-1} + 1 \times 2^{-2} + 1 \times 2^{-3} = (6.375)_{10}$$

2. 二进制数和八进制数互换

二进制数转换成八进制数时，只要从小数点位置开始，向左或向右每 3 位二进制数划分为一组（不足 3 位时可补 0），然后写出每一组二进制数所对应的八进制数码即可。

例如：将二进制数 11001011.01B 转换成八进制数：

$$011\ 001\ 011.\ 010=313.2O$$

同理，将每位八进制数分别用 3 位二进制数表示，就可完成八进制数和二进制数的转换。

3. 二进制数和十六进制数互换

二进制数转换成十六进制数时，只要从小数点位置开始，向左或向右每 4 位二进制数划分为一组（不足 4 位时可补 0），然后写出每一组二进制数所对应的十六进制数码即可。

例如：将二进制数 100101010.101B 转换成十六进制数。

$$0001\ 0010\ 1010.\ 1010=12A.AH$$

同理，将每位十六进制数分别用 4 位二进制数表示，就可完成十六进制数和二进制数的转换。

四、十进制数转换为二进制数、八进制数、十六进制数

方法：基数乘除法。即十进制数转换成二进制数、八进制数、十六进制数时，应对整数和小数分别进行处理。整数转换采用"除基取余"的方法，小数转换采用"乘基取整"的方法。下面以十进制数转换为二进制数为例进行介绍。

1. 整数转换

将十进制整数 N 除以 2，取余数计为 K0；再将所得商除以 2，取余数记为 K1；……依次类推，直至商为 0，取余数计为 Kn-1 为止。即可得到与十进制整数 N 对应的 n 位二进制整数 $Kn-1\cdots K1K0$。

例如：将十进制整数 $(105)_{10}$ 转换为二进制整数，采用"除 2 倒取余"的方法，过程如下：

$$
\begin{array}{r|l}
2 & 105 \\
2 & 52 \qquad \text{余数为1} \\
2 & 26 \qquad \text{余数为0} \\
2 & 13 \qquad \text{余数为0} \\
2 & 6 \qquad \text{余数为1} \\
2 & 3 \qquad \text{余数为0} \\
2 & 1 \qquad \text{余数为1} \\
 & 0 \qquad \text{余数为1}
\end{array}
$$

所以，$(105)_{10}=(1101001)_2$。

2. 小数转换

将十进制小数 N 乘以 2，取积的整数部分记为 K−1；再将积的小数部分乘以 2，取整数部分记为 K−2；依次类推，直至其小数部分为 0 或达到规定精度要求，取整数部分记作 K−m 为止。即可得到与 N 对应的 m 位二进制小数 0.K−1K−2…K−m。

例如：将十进制小数 $(0.8125)_{10}$ 转换为二进制小数，采用"乘 2 顺取整"的方法，过程如下：

$$0.8125\times2=1.625 \qquad \text{取整数位 1}$$
$$0.625\times2=1.25 \qquad \text{取整数位 1}$$
$$0.25\times2=0.5 \qquad \text{取整数位 0}$$
$$0.5\times2=1.0 \qquad \text{取整数位 1}$$

所以，$(0.8125)_{10}=(0.1101)_2$。

注意

当十进制小数不能用有限位二进制小数精确表示时，可根据精度要求，求出相应的二进制位数近似地表示。一般当要求二进制数取 m 位小数时，可求出 $m+1$ 位，然后对最低位作"0 舍 1 入"处理。例如，将十进制小数 0.456 转换成二进制小数（保留 4 位小数）为 0.0111B。

若一个十进制数既包含整数部分，又包含小数部分，则需将整数部分和小数部分分别转换，然后用小数点将两部分结果连到一起。例如，将十进制数 12.345 转换成二进制数为 1100.01011B（12D=1100B；0.345D=0.01011B）。

1.1.2　计算机中数的表示方法

一、机器数与真值

1. 机器数

数学中正数与负数是用该数的绝对值加上正、负符号来表示。由于计算机中无论是数值还是数的符号，都只能用 0 和 1 来表示。所以计算机中，为了表示正、负数，把一个数的最高位作为符号位：0 表示正数，1 表示负数。例如，如果用 8 个二进制位表示一个十进制数，则正的 58 和负的 58 可表示为

$$+58 \rightarrow 00111010$$
$$-58 \rightarrow 10111010$$

这种连同符号位一起数字化了的数称为机器数。

2. 真值

由机器数所表示的实际值称为真值。

例如：

机器数 00101011 的真值为十进制的+43 或二进制的+0101011。

机器数 10101011 的真值为十进制的–43 或二进制的-0101011。

二、机器数的表示方法

提示

以下定点整数的原码、反码和补码的表示均以字长 $n=8$ 为例。

1. 原码

原码表示法是一种比较直观的表示方法，其符号位表示该数的符号，正用"0"表示，负用"1"表示；而数值部分仍保留着其真值的特征。

若定点小数的原码形式为 $X_0 X_1 X_2 \cdots X_N$ ，则原码表示的定义：

当 $1>X\geq0$ 时，$[X]_原=X$；

当 $0\geq X>-1$ 时，$[X]_原=1-X=1+|X|$。

其中，$[X]_原$ 是机器数，X 是真值。

例如，$X=+0.1001$，则$[X]_原=0.1001$

$X=-0.1001$，则$[X]_原=1.1001$

若定点整数的原码形式为 $X_0 X_1 X_2 \cdots X_N$，则原码表示的定义：

当 $2^N>X\geqslant0$ 时，$[X]_原=X$；

当 $0\geqslant X>-2^N$ 时，$[X]_原=2^N-X=2^N+|X|$。

例如，$X=+81$，则$[X]_原=0\ 1010001$

$X=-81$，则$[X]_原=1\ 1010001$

原码表示法有两个特点：

（1）零的表示有"+0"和"-0"之分，故有两种形式：

$$[+0]_原 = 0.000\cdots0$$
$$[-0]_原 = 1.000\cdots0$$

（2）原码表示的整数范围：$-(2^{n-1}-1)\sim+(2^{n-1}-1)$，其中 n 为机器字长。则 8 位二进制原码表示的整数范围是$-127\sim+127$；16 位二进制原码表示的整数范围是$-32\ 767\sim+32\ 767$。

原码表示法的优点是比较直观、简单易懂，但其最大的缺点是加法运算复杂。这是因为，当两数相加时，如果是同号则数值相加；如果是异号，则要进行减法。而在进行减法时，还要比较绝对值的大小，然后减去小数，最后还要给结果选择恰当的符号。显然，利用原码作加减法运算是不太方便的。为了解决这些矛盾，人们找到了补码表示法。

2. 反码

反码表示法中，符号的表示法与原码相同。正数的反码与正数的原码形式相同；负数的反码符号位为 1，数值部分通过将负数原码的数值部分各位取反（0 变 1，1 变 0）得到。

若定点小数的反码形式为 $X_0X_1X_2\cdots X_N$，则反码表示的定义：

当 $1>X\geqslant0$ 时，$[X]_反=X$；

当 $0\geqslant X>-1$ 时，$[X]_反=(2-2^{-N})+X$

例如，$X=+0.1001$，则$[X]_反=0.1001$

$X=-0.1001$，则$[X]_反=1.0110$

对于 0，在反码的情况下只有两种表示形式，即

$$[+0]_反 = 0.000\cdots0$$
$$[-0]_反 = 1.111\cdots1$$

对于定点整数 $X_0X_1X_2\cdots X_N$，则反码表示的定义：

当 $2^N>X\geqslant0$ 时，$[X]_反=X$；

当 $0\geqslant X>-2^N$ 时，$[X]_反=(2^{N+1}-1)+X$。

例如，$X=+81$，则$[X]_反=0\ 1010001$

$X=-81$，则$[X]_反=1\ 0101110$

反码表示的整数范围与原码相同。

3. 补码

由于计算机的运算受一定字长的限制，属于有模运算，所以，在计算机中可以使用补码进行计算。在定点小数机中数最大不超过 1，也就是负的小数对"1"的补码是等价的。但实际上，负数的符号位还有一个"1"，要把它看成数的一部分，所以要对 2 求补码，也就是以 2 为模数。正数的补码与其原码相同，负数的补码为其反码在最低位加 1。

若定点小数的补码形式为 $X_0.X_1X_2\cdots X_N$，则补码表示的定义：

当 $1>X\geqslant0$ 时，$[X]_补=X$；

当 $0\geqslant X\geqslant-1$ 时，$[X]_补=2+X=2-|X|$。

例如，$X=+0.1001$，则$[X]_补=0.1001$

$X=-0.1001$，则$[X]_补=1.0111$

对于 0，在补码情况下只有一种表示形式，即

$$[+0]_补 = [-0]_补 = 0.000\cdots0$$

对于定点整数 $X_0 X_1 X_2 \cdots X_N$，则补码表示的定义：

当 $2^N > X \geq 0$ 时，$[X]_补 = X$；

当 $0 \geq X \geq -2^N$ 时，$[X]_补 = 2^{N+1} + X = 2^{N+1} - |X|$。

例如，$X=+81$，则$[X]_补=0\ 1010001$

$X=-81$，则$[X]_补=1\ 0101111$

补码表示的整数范围是 $-2^{n-1} \sim +(2^{n-1}-1)$，其中 n 为字长。则 8 位二进制补码表示的整数范围是 $-128 \sim +127$；16 位二进制补码表示的整数范围是 $-32\ 768 \sim +32\ 767$。

采用补码表示法进行减法运算就比原码方便多了。因为不论数是正还是负，机器总是做加法，减法运算可变成加法运算。但根据补码的定义，正数的补码与原码形式相同，而求负数的补码要减去|X|。为了用加法代替减法，结果还得在求补码时作一次减法，这显然是不方便的。从下面介绍的反码表示法中可以获得求负数补码的简便方法，解决负数的求补问题。

机器数为原码、反码、补码时与真值之间的对应关系（字长为 8 位）见表 1.2。

表 1.2　　　　　　　　机器数与真值之间的对应关系

机器数	原码（真值）	反码（真值）	补码（真值）
00H	+0	+0	0
…	…	…	…
7FH	+127	+127	+127
80H	−0	−127	−128
…	…	…	…
FFH	−127	−0	−1

三、补码的加、减法运算

1. 运算规则

$$[X+Y]_补 = [X]_补 + [Y]_补$$

$$[X-Y]_补 = [X]_补 + [-Y]_补$$

若已知$[Y]_补$，求$[-Y]_补$的方法：将$[Y]_补$的各位（包括符号位）逐位取反再在最低位加 1 即可。例如：$[Y]_补 = 101101$，$[-Y]_补 = 010011$。

2. 溢出的判断方法

当进行带符号数运算时，如果运算的结果超出了 8 位或 16 位（字长）带符号数所能表达的范围，即字节运算大于+127 或小于−128 时，字运算大于+32 767 或小于−32 768 时，说明已经产生溢出。

（1）加法运算。

1）若两个加数的最高位为 0，而和的最高位为 1，则产生上溢出。

2）若两个加数的最高位为 1，而和的最高位为 0，则产生下溢出。

3）两个加数的最高位不相同时，不可能产生溢出。

（2）减法运算。

1）若被减数的最高位为0，减数的最高位为1，而差的最高位为1，则产生上溢出。

2）若被减数的最高位为1，减数的最高位为0，而差的最高位为0，则产生下溢出。

3）被减数及减数的最高位相同时，不可能产生溢出。

例如：判断5439H+456AH运算后是否有溢出？

$$
\begin{array}{cccc}
 & 0101 & 0100 & 0011 & 1001 \\
+ & 0100 & 0101 & 0110 & 1010 \\
\hline
 & 1001 & 1001 & 1010 & 0011 \\
\end{array}
$$

两个正数相加，结果为负数，则有溢出。

四、定点数和浮点数

1. 定点数

定点数是小数点固定的数。在计算机中没有专门表示小数点的位，小数点的位置是约定默认的。一般固定在机器数的最低位之后，或是固定在符号位之后。前者称为定点纯整数，后者称为定点纯小数。

例题：用8位原码表示定点整数$(-100)_{10}$。

$$(-100)_{10} = (-1100100)_2$$

定点整数表示为

符号位　　　　　隐含小数点的位置

例题：用8位原码表示定点纯小数$(-0.6875)_{10}$。

$$(-0.6875)_{10} = (-0.1011)_2$$

定点纯小数表示为

符号位　　隐含小数点的位置

> **说明**
>
> 定点数表示法简单直观，但是数值表示的范围太小，运算时容易产生溢出。

2. 浮点数

浮点数是小数点的位置可以变动的数。为增大数值表示范围，防止溢出，采用浮点数表示法。浮点数表示法类似于十进制中的科学计数法。

在计算机中通常把浮点数分成阶码和尾数两部分来表示，其中阶码一般用补码定点整数表示，尾数一般用补码或原码定点小数表示。为保证不损失有效数字，对尾数进行规格化处理，也就是平时所说的科学记数法，即保证尾数的最高位为1，实际数值通过阶码进行调整。

一般浮点数在机器中的格式为

阶符	阶码	尾符	尾数

阶符表示指数的符号位、阶码表示幂次、数符表示尾数的符号位、尾数表示规格化后的小数值。

$$N = 尾数 \times 基数阶码（指数）$$

例题：二进制数-101010101.11001 可以写成 $-0.10101010111001 \times 2^{1001}$

这个数在机器中的格式为（阶码用 8 位表示，尾数用 24 位表示）：

0	1001	1	10101010111001

1.1.3 二进制运算

一、算术运算

二进制数的算术运算非常简单，其基本运算是加法。在计算机中，引入补码表示后，加上一些控制逻辑，利用加法就可以实现二进制数的减法、乘法和除法运算。

1. 二进制数的加法运算

二进制数的加法运算法则只有四条：

0+0=0 0+1=1 1+0=1 1+1=10（向高位进位）

例如：求(10110.01)$_2$+(101010.01)$_2$=?

```
    10110. 01
+ 101010. 01
-----------
 1000000. 10
```

2. 二进制数的减法运算

二进制数的减法运算法则也只有四条：

0-0=0 0-1=1（向高位借位）1-0=1 1-1=0

例如：求(10101.10)$_2$-(1011.01)$_2$=?

```
  10101. 10
-  1011. 01
----------
   1010. 01
```

3. 二进制数的乘法运算

二进制数的乘法运算法则也只有四条：

0*0=0 0*1=0 1*0=0 1*1=1

例如：求(1101.01)$_2$×(110.11)$_2$=?

```
       1101. 01
   ×    110. 11
   -----------
       110101
      110101
     000000
    110101
   110101
   -----------
   1011001. 0111
```

4. 二进制数的除法运算

二进制数的除法运算法则也只有四条：

0÷0=0 0÷1=0 1÷0=（无意义）1÷1=1

例：计算(100110)$_2$÷(110)$_2$的商和余数。

由算式可知，(100110)$_2$÷(110)$_2$得商(110)$_2$，余数（10）$_2$。但在计算机中实现上述除法过程，无法依靠观察判断每一步是否"够减"，需进行修改，通常采用的有"恢复余数法"和"不恢复余数法"，这里就不做介绍了。

二、逻辑运算

逻辑运算包括三种基本运算：逻辑加法（又称"或"运算）、逻辑乘法（又称"与"运算）和逻辑否定（又称"非"运算）。此外，还有异或运算等。计算机的逻辑运算是按位进行的，不像算术运算那样有进位或借位的联系。

1. 逻辑加法（或运算）

逻辑加法通常用符号"+"或"∨"来表示。对于逻辑变量A、B和C，它们的逻辑加运算关系为A+B=C　A∨B=C以上两式等价，都读作A或B等于C。若逻辑变量取不同的值，则逻辑加运算规则如下：

0+0=0　0+1=1　1+0=1　1+1=1　或　0∨0=0　0∨1=1　1∨0=1　1∨1=1

结论

任何数与0相"或"结果不变，任何数与1相"或"结果为1。

2. 逻辑乘法（与运算）

逻辑乘法通常用符号"*"或"∧"或"·"来表示。对于逻辑变量A、B和C，它们的逻辑乘法运算关系为A*B=C　A∧B=C或A·B=C以上各式等价，都读作A与B等于C。若逻辑变量取不同的值，则逻辑乘法运算规则如下：

0*0=0　0∧0=0　0·0=0
0*1=0　0∧1=0　0·1=0
1*0=0　1∧0=0　1·0=0
1*1=1　1∧1=1　1·1=1

结论

任何数与0相"与"的结果为0，任何数与1相"与"的结果不变。

3. 逻辑否定（非运算）

逻辑非通常用在逻辑变量上方加一横线来表示，对于逻辑变量A和C，其逻辑否定运算规则为A=C；逻辑变量A取值0时，其否定C等于1；反之，A取值1时，其否定C等于0。

非逻辑的运算规则为$\bar{0}$=1，读作非0等于1；$\bar{1}$=0，读作非1等于0。

1.1.4　字符编码

字符编码就是规定用怎样的二进制编码来表示文字和符号。它主要有：①BCD码（二—十进制码）；②ASCII码；③汉字编码。

一、BCD码（二—十进制编码）

BCD（Binary-Coded Decimal）码又称为二—十进制编码，专门解决用二进制数表示十进制数的问题。最常用的是8421编码，其方法是用4位二进制数表示1位十进制数，自左至右每一位对应的位权是8、4、2、1。

1. 压缩 BCD 码

每一位数采用4位二进制数来表示,即 1B 表示 2 位十进制数。例如:二进制数 01010110B,采用压缩 BCD 码表示为十进制数 56D。

2. 非压缩 BCD 码

每一位数采用 8 位二进制数来表示,即 1B 表示 1 位十进制数,而且只用每字节的低 4 位来表示 0~9,高 4 位为 0。

例如:十进制数 56D,采用非压缩 BCD 码表示为二进制数是 00000101 00000110B。

二、ASCII 码

字符主要指数字、字母、通用符号、控制符号等,在机内它们都被变换成计算机能够识别的十进制编码形式。这些字符编码方式有很多种,国际上广泛采用的是美国国家信息交换标准代码(American Standard Code for Information Interchange,ASCII 码),见表 1.3。

表 1.3 ASCII 字符编码表

	000	001	010	011	100	101	110	111
0000	NUL	DLE	SP	0	@	P	`	p
0001	SOH	DC1	!	1	A	Q	a	q
0010	STX	DC2	"	2	B	R	b	r
0011	ETX	DC3	#	3	C	S	c	s
0100	EOT	DC4	$	4	D	T	d	t
0101	ENQ	NAK	%	5	E	U	e	u
0110	ACK	SYN	&	6	F	V	f	v
0111	BEL	ETB	,	7	G	W	g	w
1000	BS	CAN	(	8	H	X	h	x
1001	HT	EM	)	9	I	Y	i	y
1010	LF	SUB	*	:	J	Z	j	z
1011	VT	ESC	+	;	K	[	k	{
1100	FF	FS	,	<	L	\	l		
1101	CR	GS	-	=	M	]	m	}
1110	SO	RS	.	>	N	^	n	~
1111	SI	US	/	?	O	_	o	DEL

ASCII 码规定每个字符用 7 位二进制编码表示,表 1.1 中横坐标是第 6、5、4 位的二进制编码值,纵坐标是第 3、2、1、0 位的十进制编码值,两坐标交点则是指定的字符。

说明 其中 LF 为换行键,CR 为回车键。

例如:"A" 的 ASCII 码值为 1000001,即十进制的 65;"a" 的 ASCII 码值为 1100001,即十进制的 97;"0" 的 ASCII 码值为 0110000,即十进制的 48。

三、汉字编码

1. 基本概念

计算机处理汉字信息的前提条件是对每个汉字进行编码,这些编码统称为汉字代码。在汉字信息处理系统中，对于不同部位，存在着多种不同的编码方式。比如，从键盘输入汉字使用的汉字代码（外码）就与计算机内部对汉字信息进行存储、传送、加工所使用的代码（内码）不同，但它们都是为系统各相关部分标识汉字使用的。

系统工作时，汉字信息在系统的各部分之间传送，它到达某个部分就要用该部分所规定的汉字代码表示汉字。因此，汉字信息在系统内传送的过程就是汉字代码转换的过程。这些代码构成该系统的代码体系，汉字代码的转换和处理是由相应的程序来完成的。

2. 汉字代码的表示方法

（1）汉字输入码。汉字输入码是为用户由计算机外部输入汉字而编制的汉字编码，又称为汉字外部码，简称外码。使用较多的有顺序码（如区位码、电报码等）、音码（如拼音码、自然码等）、形码（如五笔字型、大众码等）和音形码（如双拼码、五十字元等）等 4 类。

（2）汉字机内码。汉字机内码是汉字处理系统内部存储、处理汉字而使用的编码，简称内码。

（3）汉字字形码。汉字字形码是表示汉字字形信息的编码。

（4）汉字交换码。汉字交换码是汉字信息处理系统之间或通信系统之间传输信息时，对每个汉字所规定的统一编码。

3. 几种常用的汉字编码

（1）国标码。即"中华人民共和国国家标准信息交换汉字编码"（代号 GB 2312—1980）。共收录汉字和图形符号 7445 个。其中：一级常用汉字 3755 个；二级非常用汉字和偏旁部首 3008 个；图形符号 682 个。

（2）区位码。将 GB 2312—1980 全部字符集组成一个 94×94 的方阵，每一行称为一个"区"，编号从 01～94；每一列称为一个"位"，编号也是从 01 ～ 94。这样，每一个字符便具有一个区码和一个位码，将区码置前，位码置后，组合在一起就成为区位码。

（3）BIG-5 码。BIG-5 码是我国台湾地区编制和使用的一套中文内码。它是为了解决各生产厂家中文内码不统一的问题而设计出的一套编码，并采用 5 大套装软件的"五大"命名为"BIG-5"码，俗称"大五码"。

（4）GB13000 码。国际标准化组织（ISO）于 1993 年公布了"通用多八位编码字符集"的国际标准（ISO/IEC 10646）。我国发布了与其一致的国家标准，即 GB13000 码。

1.2 微型计算机的结构和工作原理

1.2.1 基本概念

（1）位（bit）：在计算机中，数据的最小单位是位，位是指一位二进制数，它有两个状态"0"和"1"。由若干个二进制位的组合可以表示各种数据、字符等。

（2）字（word）：计算机内部进行数据处理的基本单位，通常它与计算机内部的寄存器、算术逻辑单元、数据总线宽度一致。计算机中的每个字所包含的二进制位数称为字长。

（3）字节（byte）：8 个二进制位构成 1 字节（B），1 字节可以储存 1 个英文字母或半个汉字。字节是存储空间的基本计量单位，计算机的内存和磁盘的容量都是以字节表示的。字节长度是固定的，但字长的长度是不固定的，对于不同的 CPU、字长的长度也不一样。8 位的 CPU 一次只能处理 1B（字长为 8 位），而 32 位的 CPU 一次就能处理 4B（字长为 32 位），同理字长为 64 位的 CPU 一次可以处理 8B（字长为 64 位）。

提示

目前为了表示方便，常把 1B 定义为 8 位，把一个字定义为 16 位，把一个双字定义为 32 位。

（4）指令：规定计算机进行某种操作的命令。它是计算机自动控制的依据。计算机只能直接识别 0 和 1 数字组合的编码，这种编码称为机器码或机器指令。

（5）程序：指令的有序集合，是一组为完成某种任务而编制的指令的序列。

（6）指令系统：一台计算机所能执行的全部指令。

1.2.2 微型计算机的典型结构

微型计算机的典型结构如图 1.1 所示，从图中可以看出，微型计算机由微处理器 CPU、一定容量的内部存储器（包括 ROM、RAM）、输入/输出接口电路组成。各功能部件之间通过总线有机地连接在一起，其中 CPU 是整个微型计算机的核心部件。

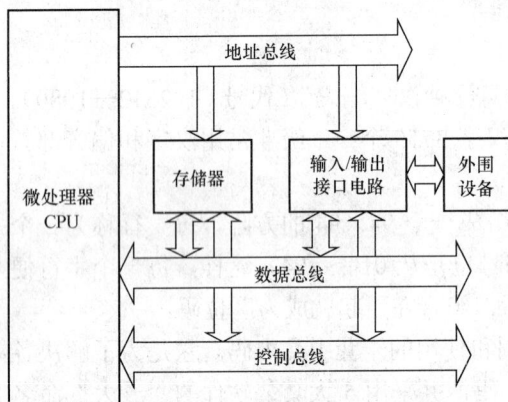

图 1.1　微型计算机的典型结构

一、中央处理单元

中央处理单元（Central Processing Unit，CPU）。它是微型计算机的核心部分，主要包括运算器和控制器。

1. 运算器

运算器（Arithmetic Logic Unit，ALU）是计算机中进行算术运算、逻辑运算的部件，故有时也称为算术逻辑运算单元。其核心是一个全加器。典型的运算器能够实现以下几种运算功能：两数相加，两数相减，把一个数左移或右移一位，比较两个数的大小，将两数进行逻辑"与"、"或"、"异或"运算，逻辑"非"运算等。必须指出，在早期的微处理器中并没有进行乘、除运算和浮点运算的硬件电路，运算器只能完成定点加、减运算，由于减法运算可通过二进制补码的加法运算来实现，因此准确地说它只能完成加法运算，而复杂的算术运算（如乘、除运算）则由程序来完成。

2. 控制器

控制器是用来控制计算机进行运算及指挥各个部件协调工作的部件，主要由指令部件（包括指令寄存器和指令译码器）、时序部件和操作控制部件等构成。它根据指令的内容产生和发出控制计算机操作的信号，从而把微型计算机的各个部分组成一体，执行指令所规定的一系列有序的操作。

二、输入/输出接口

外部设备由于结构不同，各有不同的特性，而且它们的工作速度比微型机的运算速度低得多。为使微型机与外部设备能够协调工作，必须由适当的接口来完成协调工作。目前很多接口逻辑电路也采用大规模集成电路，并且已系列化、标准化。很多接口芯片具有可编程能力，并有很好的灵活性。这些接口芯片又可分为通用接口和专用接口。它们的主要任务和功能是完成外部设备与计算机的连接、转换数据传送速率、转换电平、转换数据格式等。

三、总线

将微处理器内部各部件（运算器、寄存器等）或微处理器与存储器、输入/输出接口等装置或功能部件连接起来，并传送信息（信号）的公共通道称为总线（Bus）。总线实际上是一组传输信息的导线，其中又包括

（1）数据总线（DB）：双向的通信总线。通过它可以实现微处理器、存储器和输入/输出接口三者之间的数据交换。例如，它可以将微处理器输出的数据传送到存储器或输入/输出接口，又可以把从存储器中取出的信息或从外设接口取来的信息传送到微处理器内部去。

（2）地址总线（AB）：单向总线，用来从 CPU 单向地向存储器或 I/O 接口传送地址信息。

（3）控制总线（CB）：传输的信号可以控制微型计算机各个部件有条不紊地动作，其中包括由微处理器向其他部件发出的读/写等控制信号，也包括由其他部件输入到微处理器中的信号。控制总线的多少因不同性能的微处理器而异。

按照总线的所在位置，又可区分为片内总线和系统总线。前者制作在芯片中，是运算器与各种通用寄存器的连接通道；后者制作在微机主板上，承担与主存储器及外部设备接口的连接。

1.2.3　微型计算机的工作原理

计算机之所以能在没有人直接干预的情况下自动地完成各种信息处理任务，是因为人们事先为它编制了各种工作程序，计算机的工作过程就是执行程序的过程。在计算机工作时，CPU 逐条执行程序中的语句就可以完成一个程序的执行，从而完成一项特定的任务。

计算机在执行程序时，先将每个语句分解成一条或多条机器指令（指令存放在内存中），然后根据指令顺序，逐条指令地执行，直到遇到结束运行的指令为止。而计算机执行指令的过程又分为取指令、分析指令和执行指令三步，即从内存中取出要执行的指令并送到 CPU 中，分析指令要完成的动作，然后执行操作，直到遇到结束运行程序的指令为止。

简单地说，微型计算机系统的工作过程是取指令（代码）→分析指令（译码）→执行指令的不断循环的过程。程序执行过程如图 1.2 所示。

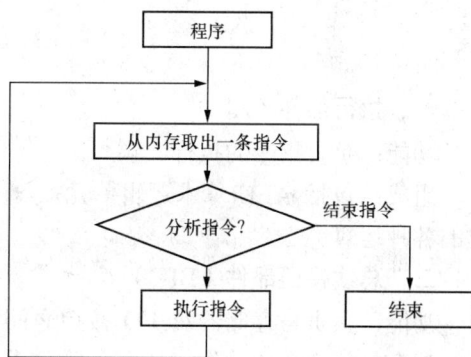

图 1.2　程序执行过程

1.3　8086/8088 微 处 理 器

8086/8088 微处理器是 Intel 公司推出的第三代 CPU 芯片，8088 微处理器是一种准 16 位微处理器，其内部寄存器，内部操作等均按 16 位处理器设计，与 8086 微处理器基本相同，不同的是其对外的数据线只有 8 位，目的是为了方便地与 8 位 I/O 接口芯片相兼容。两种处理器都封装在相同的 40 脚双列直插组件（DIP）中。

8086 CPU 的内部结构如图 1.3 所示。从功能来看，8086 CPU 可分为两部分，即总线接口部件 BIU（Bus Interface Unit）和执行部件 EU（Execution Unit）。

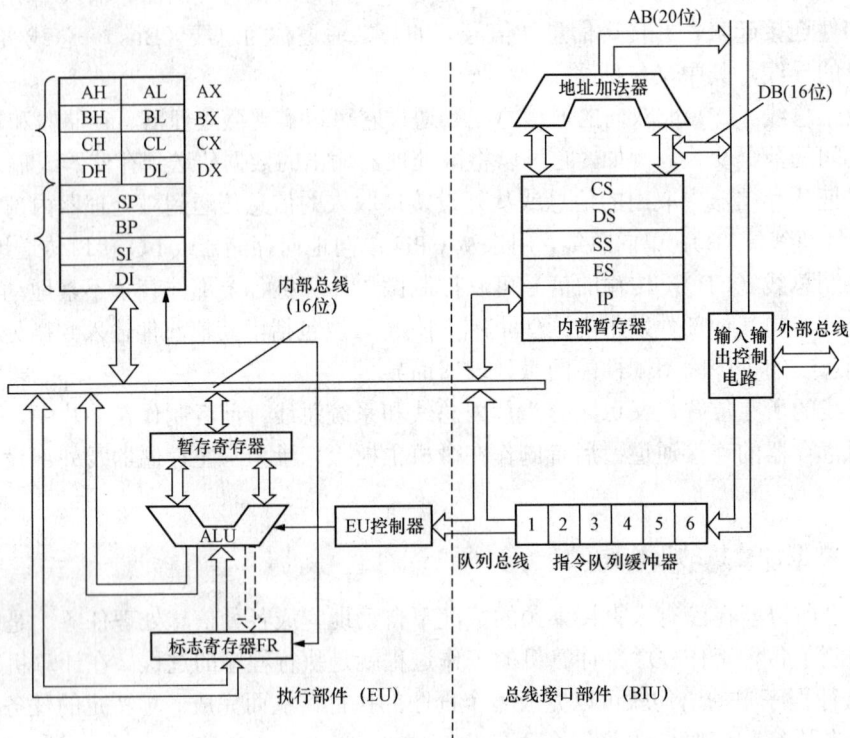

图 1.3 8086 CPU 内部结构

一、执行部件（EU）

功能：负责指令的执行。

组成：包括 ALU(算术逻辑单元)、通用寄存器组和标志寄存器等，主要进行 8 位及 16 位的各种运算。

二、总线接口部件（BIU）

功能：负责与存储器及 I/O 接口之间的数据传送操作。具体来看，完成取指令送指令队列，配合执行部件的动作，从内存单元或 I/O 端口取操作数，或者将操作结果送内存单元或者 I/O 端口。

组成：它由段寄存器（DS、CS、ES、SS）、16 位指令指针寄存器 IP（指向下一条要取出的指令代码）、20 位地址加法器（用来产生 20 位地址）和 6 字节（8088 为 4 字节）指令队列缓冲器组成。

三、8086 BIU 的特点

（1）在执行指令的同时，可从内存中取出后续指令代码，放在指令队列中，可以提高 CPU 的工作效率。

（2）地址加法器用来产生 20 位物理地址。8086 可用 20 位地址寻址 1MB 的内存空间，而 CPU 内部的寄存器都是 16 位，因此需要由一个附加的机构来计算出 20 位的物理地址，这个机构就是 20 位的地址加法器。

例如：CS=02000H，IP=0100H，则表示要取指令代码的物理地址为 20100H。

四、BIU 与 EU 的动作协调原则

总线接口部件（BIU）和执行部件（EU）按以下流水线技术原则协调工作，共同完成所要求的信息处理任务：

（1）每当 8086 的指令队列中有两个空字节，或 BIU 就会自动把指令取到指令队列中。其取指的顺序是按指令在程序中出现的先后顺序。

（2）每当 EU 准备执行一条指令时，它会从 BIU 部件的指令队列前部取出指令的代码，然后用几个时钟周期去执行指令。在执行指令的过程中，如果必须访问存储器或者 I/O 端口，那么 EU 就会请求 BIU 进入总线周期，完成访问内存或者 I/O 端口的操作；如果此时 BIU 正好处于空闲状态，会立即响应 EU 的总线请求。如 BIU 正将某个指令字节取到指令队列中，则 BIU 将首先完成这个取指令的总线周期，然后再去响应 EU 发出的访问总线的请求。

（3）当指令队列已满，且 EU 又没有总线访问请求时，BIU 便进入空闲状态。

（4）在执行转移指令、调用指令和返回指令时，由于待执行指令的顺序发生了变化，则指令队列中已经装入的字节被自动消除，BIU 会接着往指令队列装入转向的另一程序段中的指令代码。

从上述 BIU 与 EU 的动作管理原则中不难看出，它们两者的工作是不同步的，正是这种既相互独立又相互配合的关系，使得 8086 可以在执行指令的同时进行取指令代码的操作，也就是说 BIU 与 EU 是一种并行工作方式，改变了以往计算机取指令→译码→执行指令的串行工作方式，大大提高了工作效率，这正是 8086 获得成功的原因之一。

五、8088 与 8086 内部结构上的异同点

它们的执行单元 EU 完全相同，而总线接口单元 BIU 却不完全相同，8086 的指令队列有 6B，而 8088 仅有 4B；8086 有 16 位数据总线，8088 仅有 8 位数据总线。

1.3.2　8086/8088 的寄存器

Intel 8086/8088 的寄存器如图 1.4 所示。可以分为 8 个通用寄存器、2 个控制寄存器和 4 个段寄存器。

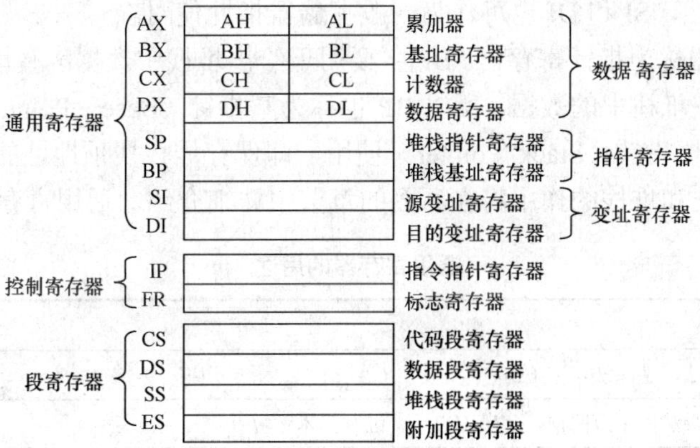

图 1.4　8086/8088 的寄存器

一、通用寄存器

数据寄存器、指针寄存器和变址寄存器统称为通用寄存器。之所以这样称呼，是因为这些寄存器除了各自规定的专门用途外，均可以用于传送和暂存数据，还可以保存算术逻辑运算中的操作数和运算结果。

1. 数据寄存器

数据寄存器主要用于保存操作数运算结果等信息，它们的存在节省了为存取操作数所需占用总线和访问存储器的时间。

四个 16 位的数据寄存器 AX、BX、CX、DX 可分解成 8 个独立的 8 位寄存器，这 8 个 8 位寄存器有各自的名称，如图 1.4 所示，分别称为 AH、AL、BH、BL、CH、CL、DH、DL，并且均可以独立存取。名称中的字母 H 表示高，L 表示低。如 AH 表示高 8 位，AL 表示低 8 位，AH 寄存器和 AL 寄存器的合并就是 AX 寄存器。其他寄存器类推。

AX 和 AL 寄存器又称为累加寄存器（Accumulator）。一般通过累加器进行的操作所用的时间可能最少，此外累加器还有许多专门的用途，所以累加器使用得最普遍。

BX 寄存器称为基（BASE）地址寄存器。它是四个寄存器中唯一可作为存储器指针使用的寄存器。

CX 寄存器称为计数（COUNT）寄存器。在字符串操作和循环操作时，用它来控制重复循环操作次数。在移位操作时，CL 寄存器用于保存移位的位数。

DX 寄存器称为数据（DATA）寄存器。在进行 32 位的乘除法操作时，用它存放被除数的高 16 位或余数。它也用于存放 I/O 端口地址。

2. 变址和指针寄存器

变址和指针寄存器主要用于存放某个存储单元的偏移地址，或某组存储单元开始地址的偏移量，即作为存储器（短）指针使用。作为通用寄存器，它们也可以保存 16 位算术逻辑运算中的操作数和运算结果，有时运算结果就是需要的存储单元地址的偏移。注意，16 位的变址寄存器和指针寄存器不能分解成 8 位寄存器使用。利用变址寄存器和指针寄存器不仅能够有效地缩短机器指令的长度，而且能够实现多种存储器操作数的寻址，从而方便地实现对多种类型数据的操作。

SI 和 DI 寄存器称为变址寄存器。在字符串操作中，规定由 SI 给出源指针，由 DI 给出目的指针，所以 SI 也称为源变址（Source Index）寄存器，DI 也称为目的变址（Destination Index）寄存器。当然，SI 和 DI 也可作为一般存储器指针使用。

BP 和 SP 寄存器称为指针寄存器。BP 主要用于给出堆栈中数据区基址的偏移地址，从而方便地实现直接存取堆栈中的数据，所以 BP 也称为基指针（Base Pointer）寄存器。正常情况下，SP 只作为堆栈指针（Stack Pointer）使用，即保存堆栈栈顶地址的偏移。堆栈是一片存储区域，堆栈操作和堆栈的作用将在后面的章节中详细介绍。通用寄存器的用途见表 1.4。

表 1.4	通用寄存器的用途
寄存器	用　　　途
AX	字乘法，字除法，字 I/O
AL	字节乘法，字节除法，字节 I/O，十进制算术运算
AH	字节乘法，字节除法

寄存器	用 途
BX	存储器指针
CX	串操作或循环控制中的计数器
CL	移位计数器
DX	字乘法，字除法，间接 I/O
SI	存储器指针（串操作中的源指针）
DI	存储器指针（串操作中的目的指针）
BP	存储器指针（存取堆栈的指针）
SP	堆栈指针

二、指令指针寄存器

IP 为指令指针寄存器，用来控制 CPU 的指令执行顺序，它和代码段寄存器 CS 一起可以确定当前所要取的指令的内存地址。顺序执行程序时，CPU 每取一个指令字节，IP 自动加 1，指向下一个要读取的字节；当 IP 单独改变时，会发生段内程序转移；当 CS 和 IP 同时改变时，会产生段间程序转移。

三、段寄存器

8086/8088 CPU 依赖其内部的四个段寄存器实现寻址 1MB 物理地址空间。8086/8088 把 1MB 地址空间分成若干逻辑段，当前使用段的段地址存放在段寄存器中。由段地址和段内偏移量形成 20 位地址，在下节将详细介绍形成 20 位地址的具体方法。

8086/8088 CPU 的四个段寄存器均是 16 位的，分别称为代码段（Code Segment）寄存器 CS，数据段（Data Segment）寄存器 DS，堆栈段（Stack Segment）寄存器 SS，附加段(Extra Segment)寄存器 ES。由于 8086/8088 有这四个寄存器，所以有四个当前使用段可直接存取，这四个当前段分别称为代码段、数据段、堆栈段和附加段。

四、标志寄存器 FR（PSW）

8086 内部标志寄存器的内容，又称为处理器状态字 PSW。其中，共有 9 个标志位，可分成两类：一类为状态标志（6 个），一类为控制标志（3 个）。其中，状态标志表示前一步操作（如加、减等）执行以后 ALU 所处的状态，后续操作可以根据这些状态标志进行判断，实现转移；控制标志则可以通过指令人为设置，用以对某一种特定的功能起控制作用（如中断屏蔽等），反映了人们对微机系统工作方式的可控制性。

PSW 中各标志位的安排如图 1.5 所示，这些标志位的含义如下。

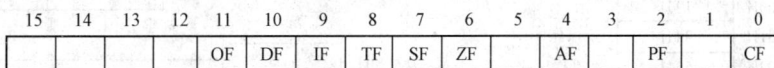

15	14	13	12	11	10	9	8	7	6	5	4	3	2	1	0
				OF	DF	IF	TF	SF	ZF		AF		PF		CF

图 1.5　标志寄存器

1. 状态标志：6 个

OF（Overflow Flag）：溢出标志，在运算过程中，如操作数超出了机器能表示的范围，则称为溢出。此时 OF 位置 1，否则置 0。

SF（Sign Flag）：符号标志，记录运算结果的符号，结果为负时置 1，否则置 0。

ZF（Zero Flag）：零标志，运算结果为 0 时 ZF 位置 1，否则置 0。

CF（Carry Flag）：进位标志，记录运算时有效位产生的进位值。例如，执行加法指令时，最高有效位有进位时置 1，否则置 0。

AF（Auxiliary carry Flag）：辅助进位标志，记录运算时第 3 位（半个字节）产生的进位值。例如，执行加法指令时第 3 位有进位时置 1，否则置 0。

PF（Parity Flag）：奇偶标志，用来为机器中传送信息时可能产生的代码出错情况提供检验条件。当结果操作数中 1 的个数为偶数时置 1，否则置 0。

2. 控制标志：3 个

DF（Direction Flag）：方向标志，在串处理指令中控制处理信息的方向用。当 DF 位为 1 时，每次操作后是变址寄存器 SI 和 DI 减量，这样就是串处理从高地址向低地址方向处理。当 DF 为 0 时，则使 SI 和 DI 增量，使串处理从低地址向高地址方向处理。8086/8088 提供的专门用于设置方向标志 DF 的指令是 STD，专门用于清除 DF 的指令是 CLD。

IF（Interrupt Flag）：中断向量，当 IF 为 1 时，允许中断，否则关闭中断。有关中断原理将在后面详细讲解。8086/8088 提供的专门用于设置中断允许标志 IF 的指令是 STI，专门用于清 IF 的指令是 CLI。

TF（Trap Flag）追踪标志，用于单步操作方式，当追踪标志 TF 被置 1 后，CPU 进入单步方式。所谓单步方式是指在一条指令执行后，产生一个单步中断，这主要用于程序的调试。8086/8088 没有专门设置和清除 TF 标志的指令，通过其他方法设置或清除 TF。

1.4　8086/8088 的存储器结构与堆栈

1.4.1　存储器结构

8086/8088 的存储器都是以字节(8 位)为单位组织的。它们具有 20 条地址总线，所以可寻址的存储器地址空间容量为 1MB。每字节对应一个唯一的地址，该地址称为物理地址，地址范围为 00000H～FFFFFH，如图 1.6 所示。从图中可以看出，00001H 字节单元中存放 34H，00002H 字节单元中存放 56H。

存储器内两个连续的字节，定义为一个字，一个字中的每字节都有 1B 地址，每个字的低字节（低 8 位）存放在低地址中，高字节（高 8 位）存放在高地址中。字的地址指低字节的地址。数据在存储器中存放的格式如图 1.7 所示。

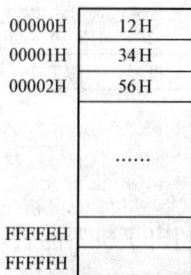

图 1.6　8086/8088 的存储器结构

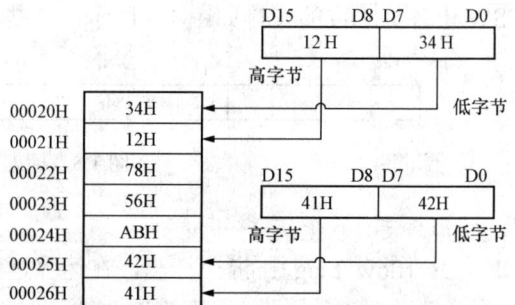

图 1.7　数据在存储器中存放的格式

从图可以看出，00020 地址中存在着一个字 1234H，则 00020 单元中存放 34H，00021H 单元中存放 12H。字 4142H 存放的地址为 00025H。字 1234H 为规则字，而字 4142H 为非规则字。

1.4.2　存储器分段和物理地址的形成

一、存储器分段

8086/8088 CPU 有 20 条地址线（A19～A0），能寻址外部存贮空间为 220=1MB，而在 8088/8086CPU 内部能向存储器提供地址码的地址寄存器有 6 个，均为 16 位，所以用这 6 个 16 位地址寄存器任意一个给外部存储器提供地址，只能提供 64K 个地址，所以，对 1MB 地址寻址不完。这 6 个 16 位地址寄存器分别为 BX、BP、SI、DI、SP、IP。

为了使 8088/8086CPU 能寻址到外部存储器 1MB 空间中任何一个单元，8088/8086 巧妙地采用了地址分段方法（将 1MB 空间分成若干个逻辑段），从而将寻址范围扩大到了 1MB。

（1）1MB 的存储空间中,每个存储单元的实际地址编码称为该单元的物理地址（用 PA 表示）。

（2）把 1MB 的存储空间划分成若干个逻辑段，每段最多 64KB。

（3）各逻辑段的起始地址必须能被 16 整除,即一个段的起始地址（20 位物理地址）的低 4 位二进制码必须是 0。

（4）一个段的起始地址的高 16 位自然数为该段的段地址。显然,在 1MB 的存储空间中,可以有个段地址。每个相邻的两个段地址之间相隔 16 个存储单元。在一个段内的每个存储单元，可以用相对于本段的起始地址的偏移量来表示，这个偏移量称为段内偏移地址，也称为有效地址（EA）。

（5）段内偏移地址也用 16 位二进制编码表示。所以。在一个段内有 2^{16}=64K 个偏移地址（即一个段最大为 64KB）。

（6）在一个 64KB 的段内，每个偏移地址单元的段地址是相同的。

（7）由于相邻两个段地址只相隔 16 个单元，所以段与段之间大部分空间互相覆盖（重叠）。

二、物理地址(PA)的形成

把 1MB 的存储空间分成若干个逻辑段以后，对一个段内的任意存储单元，都可以用两部分地址来描述，一部分地址为段地址，另一部分为段内偏移地址（有效地址 EA 或偏移量），段地址和段内偏移地址都是无符号的 16 位二进制数，常用 4 位十六进制数表示。这种方法表示的存储器单元的地址称为逻辑地址。

逻辑地址的表示格式为　　段地址:偏移地址

一个存储单元用逻辑地址表示后，CPU 对该单元的寻址就应提供两部分地址即段地址和偏移地址。其中，段地址由段寄存器提供，CS：提供当前代码（程序）段的段地址；DS：提供当前数据（程序）段的段地址；ES：提供当前附加数据段的段地址；SS：提供当前堆栈段的段地址。而偏移地址可以在编程时直接给出，也可以由 BX、BP、SI、DI（取数据）、SP（堆栈操作）、IP（取指令）提供。

已知某存储单元的逻辑地址，该单元的物理地址用下面公式计算：

$$物理地址=段地址×16（或 10H）+偏移地址$$

在 8086/8088 CPU 中，BIU 单元的地址加法器 Σ 用来完成物理地址的计算，其计算方法如图 1.8 所示。

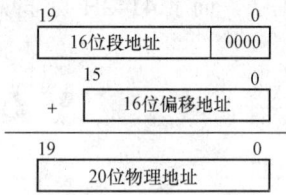

图 1.8　物理地址的形成

例如：某单元的逻辑地址为 4B09H:5678H，则该存储单元的物理地址为

物理地址（PA）=段地址×10H+EA

　　　　　　　=4B09H×10H+5678H

　　　　　　　=4B090H+5678H

　　　　　　　=50708H

三、段寄存器的引用

由于 8086/8088 CPU 有四个段寄存器，可保存四个段值，所以可同时使用四个段，但这个段有所分工。每当需要产生一个 20 位的物理地址时，BIU 会自动引用一个段寄存器，且左移 4 位再与一个 16 位的偏移相加。

在取指令时，自动引用代码段寄存器 CS，再加上由 IP 所给出的 16 位偏移，得到要取指令的物理地址。

当涉及一个堆栈操作时，则自动引用堆栈段寄存器 SS，再加上由 SP 所给出的 16 位偏移，得到堆栈操作所需的物理地址。当偏移涉及 BP 寄存器时，默认引用的段寄存器也为堆栈段寄存器 SS。

在存取一个普通存储器操作数时，则自动选择数据段寄存器 DS 或附加段寄存器 ES，再加上 16 位偏移，得到存储器操作数的物理地址。此时的 16 位偏移，可以是包含在指令中的直接地址，也可以是某一个 16 位存储器指针寄存器的值，还可以是指令中的偏移再加上存储器指针寄存器中的值，这取决于指令的寻址方式。除了串操作时目的段选择附加段寄存器 ES 外，默认选择数据段寄存器 DS。

在不改变段寄存器值的情况下，寻址的最大范围是 64KB。若某个程序使用的总的存储长度（包括代码、堆栈和数据区）不超过 64KB，则整个程序可以合用一个 64KB 的段。若有一个程序，其代码长度、堆栈长度和数据区长度均不超过 64KB，可在程序开始时分别给 DS 和 SS 等段寄存器赋值，在程序的其他地方就可不再考虑这些段寄存器所含的段值，程序就能正常地运行。假如某个程序的数据区长度超过 64KB，那么就要在两个或多个数据段中存取数据。如果出现这种情况，只要再从存取一个数据段改变到存取另一个数据段时，改变数据段寄存器内的段值就可以了。

1.4.3　堆栈和栈操作指令

堆栈就是一个按照后进先出的原则存取数据的部件。

早期的微处理器是利用一组内部寄存器作为堆栈，这种堆栈称为硬件堆栈。硬件堆栈工作速度较快，但由于寄存器数目有限，堆栈的深度就受到一定的限制。目前，微型机一般都把内存的一个区域作为堆栈。这种堆栈称为软件堆栈。软件堆栈容量可以很大，所以，堆栈实质上就是一个按照后进先出的原则组织的一段内存区域。这样也就需要有一个指针（相当于地址）SP 来指示堆栈在哪儿。8086/8088 规定 SP 始终指向堆栈的顶部，即始终指向最后推入堆栈的数据所在的单元。

8086/8088 中有两个与堆栈有关的寄存器，一个是 SS（堆栈段寄存器），它标识现行堆栈段的基地址；一个是 SP（堆栈指针），它标识现行堆栈段内的偏移量，8086/8088 中的堆栈是向下生成的堆栈，即随着推入堆栈内容的增加，SP 的值减小，也就是说，SP 所指存储单元的地址随着栈中数据增加而变小。SP 的初值可由指令 MOV SP，data 来设定。在栈中没有压入数据时，栈顶与栈底是重合的，随着推入栈中内容的增加，堆栈就扩展，SP 值减小，但每次操作完，SP 总是指向栈顶，堆栈的最大容量，即为 SP 的初值。

堆栈操作有专门的入栈指令 PUSH 与出栈指令 POP，这些指令将在后面指令系统中详细介绍，入栈与出栈指令的操作数是一个字，而不是 1B。

例如：若（SS）=1000H，（SP）=2000H，要把寄存器 AX 中的内容压入堆栈，用入栈指令 PUSH AX。

第一步，先把（SP）−1→（SP），然后把 AH（高位字节）送入 SP 所指单元［即（SP）=1FFFH］

第二步，再次（SP）−1→（SP），把 AL（低位字节）送入 SP 所指单元［此时（SP）=1FFEH］。堆栈变化如图 1.9 所示。

数据出栈操作与入栈过程正好相反。弹出时，先把 AL 内容弹出，然后修改（SP）+1→（SP）；再把 AH 内容弹出，再修改（SP）+1→（SP）。

图 1.9　堆栈操作

本 章 小 结

本章的主要内容为不同进位计数制计数方法及其转换、计算机中数的表示方法、二进制运算及编码、微型计算机的典型结构和工作原理、8086/8088 微处理器、8086/8088 的存储器结构与堆栈。为了便于学习和掌握前面所学的知识，下面将本章的知识点做如下归类。

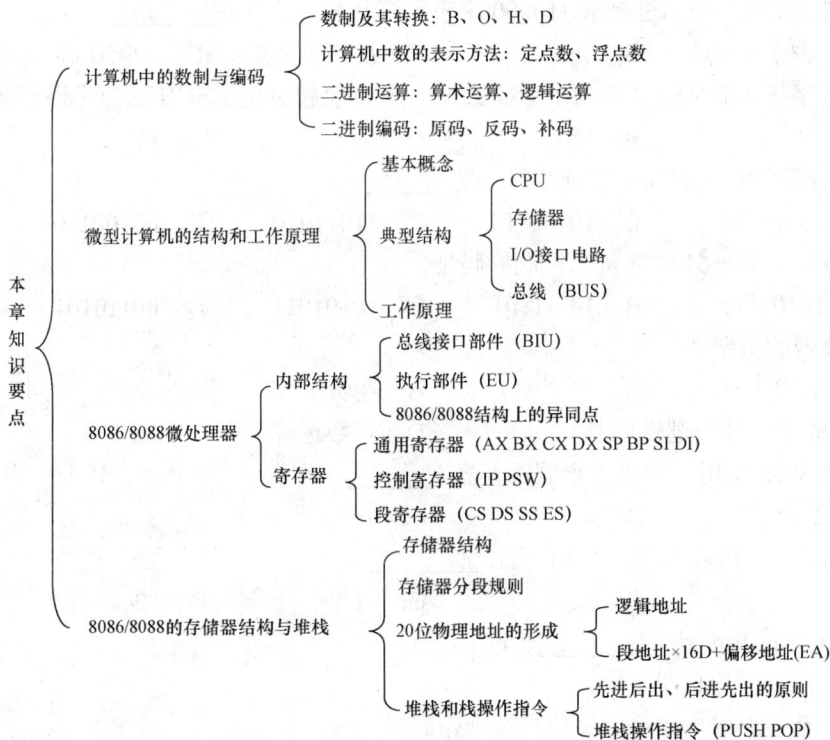

计算机中的数制与编码
- 数制及其转换：B、O、H、D
- 计算机中数的表示方法：定点数、浮点数
- 二进制运算：算术运算、逻辑运算
- 二进制编码：原码、反码、补码

微型计算机的结构和工作原理
- 基本概念
- 典型结构
  - CPU
  - 存储器
  - I/O接口电路
  - 总线（BUS）
- 工作原理

8086/8088微处理器
- 内部结构
  - 总线接口部件（BIU）
  - 执行部件（EU）
  - 8086/8088结构上的异同点
- 寄存器
  - 通用寄存器（AX BX CX DX SP BP SI DI）
  - 控制寄存器（IP PSW）
  - 段寄存器（CS DS SS ES）

8086/8088的存储器结构与堆栈
- 存储器结构
- 存储器分段规则
- 20位物理地址的形成
  - 逻辑地址
  - 段地址×16D+偏移地址(EA)
- 堆栈和栈操作指令
  - 先进后出、后进先出的原则
  - 堆栈操作指令（PUSH POP）

本章知识要点

习 题 一

1-1 填空题

1. 8088CPU 内部结构按功能分为两部分，即_____和_____。

2. 8086 中的 BIU 由_____个_____位段寄存器、一个_____位指令指针、_____字节指令队列、_____位地址加法器和_____控制电路组成。

3. 8086/8088 的执行部件 EU 由_____个通用寄存器、_____个专用寄存器、一个标志寄存器和_____等构成。

4. 根据功能不同，8086 的标志位可分为_____状态位和_____控制位。

5. 逻辑地址由段地址和_____组成。将逻辑地址转换为物理地址的公式是_____，其中的段地址是由_____存储。

6. 十进制数 72 转换成八进制数是_____，与十进制数 67 等值的十六进制数是_____。

7. 二进制数 101.011 转换成十六进制数是_____，十六进制数 0E12H 转换成二进制数是_____。

1-2 选择题

1. 下面几个不同进制的数中，最大的数是_____。

    A. 1100010B   B. 225Q   C. 500   D. 1FEH

2. 八进制数 253.6 转换成二进制数是_____。

    A. 10101011.11   B. 10111011.0101

    C. 11001011.1001   D. 10101111.1011

3. 十进制数−65 用二进制数 11000001 表示，其表示方式是_____。

    A. 原码   B. 补码   C. 反码   D. ASCII 码

4. 数字字符 4 的 ASCII 码为十进制数 52，数字字符 9 的 ASCII 码为十进制数_____。

    A. 57   B. 58   C. 59   D. 60

5. 十进制正数 38 的 8 位二进制补码是_____。

    A. 00011001   B. 10100110   C. 11011010   D. 00100110

6. 十进制负数−61 的 8 位二进制原码是_____。

    A. 10101111   B. 10111101   C. 10101011   D. 00110101

7. 运算器的主要功能是_____。

    A. 算术运算   B. 逻辑运算

    C. 算术运算与逻辑运算   D. 函数运算

8. 8086/8088 可用于间接寻址的寄存器有_____个。

    A. 2   B. 4   C. 6   D. 8

9. 若将 BX 的内容入栈，则 SP 指针_____。

    A.+1   B. +2   C. −1   D. −2

10. 控制器的功能是_____。

    A. 产生时序信号

    B. 从主存取出指令并完成指令操作码译码

C．从主存取出指令、分析指令并产生有关的操作控制信号

D．从内存取出数据送 ALU

1-3 简答题

1．典型的微型计算机由哪几部分构成？各部分的功能是什么？

2．在 8086 中，逻辑地址、偏移地址、物理地址分别指的是什么？具体说明。其中，逻辑地址是由哪几部分组成的？怎样将逻辑地址转换为物理地址？

3．8086/8088 微处理器内部有哪些寄存器，它们的主要作用是什么？

4．如果一个堆栈是从地址 2000:0100 开始，（SP）=0012H，试回答以下问题：

（1）SS 段的段地址是多少？

（2）栈顶的物理地址是多少？

（3）栈底的物理地址是多少？

（4）存入字数据后，SP 的内容是什么？

5．8086CPU 的标志寄存器中有哪些标志位？它们的含义和作用是什么？

6．有两个二进制数 X=11101101，Y=10000101，试比较它们的大小。

（1）X 和 Y 两个数均为无符号数。

（2）X 和 Y 两个数均为有符号的补码数。

第2章 8086/8088 指令系统

本章要点

（1）指令的基本格式及操作数的 3 种类型。

（2）8086/8088 的 7 种基本寻址方式及地址的计算方法。

（3）8086/8088 的指令系统及其应用。

（4）8086/8088 各指令运行时对 CF 等 6 个状态标志位的影响及判定方法。

2.1 指令的基本格式

指令系统是指计算机能够执行的全部指令的集合。用户利用指令编写各种各样的应用程序，控制计算机完成各项不同的任务，不同的计算机具有不同的指令系统，用户要使用计算机就必须掌握它的指令系统。在计算机中，指令一般由操作码字段和操作数字段两部分组成。其中操作码字段指出计算机所要执行的操作，而操作数字段指出执行指令的过程中所需要的操作数。其格式如下：

操作码	操作数	...	操作数

操作数字段可以是 0 个、1 个、2 个或 3 个，通常称为零操作数、单操作数、双操作数和三操作数指令。在 8086/8088 系统中，指令格式可以分为以下 3 种。

零操作数指令：OPR

一操作数指令：OPR DEST

二操作数指令：OPR DEST,SRC

其中，OPR 是指令操作码，也称为助记符，它表示指令的基本功能。二操作数指令指定两个操作数，一个是源操作数（SRC），另一个是目的操作数（DEST），它们的位置不能互换。一操作数指令只需要一个操作数，它既是源操作数（SRC），也是目的操作数（DEST）。零操作数指令虽然未指明操作数在哪里，但指令中隐含指明了操作数所在的位置。

2.2 寻 址 方 式

指令执行时首先要找到操作数，寻找操作数地址的过程称为寻址；寻找操作数存放地址的各种方式称为寻址方式。8086/8088 有七种基本的寻址方式：立即寻址、寄存器寻址、直接寻址、寄存器间接寻址、寄存器相对寻址、基址加变址寻址和相对基址加变址寻址。

其中，直接寻址、寄存器间接寻址、寄存器相对寻址、基址加变址寻址和相对基址加变址寻址，这五种寻址方式属于存储器寻址，用于说明操作数所在存储单元的地址。

除了这些基本的寻址方式外，还有固定寻址和 I/O 端口寻址等。本节主要介绍 8086/8088 所采用的 7 种寻址方式。

2.2.1　操作数类型

8086/8088 系统中的操作数，从其使用角度可以分为目的操作数和源操作数。目的操作数为指令提供操作数据及操作结果的存放位置，其值是随执行结果变化而变化；源操作数只为指令提供操作数据，其值在指令执行过程中是不变的。例如：

```
ADD AX,BX
```

其中，AX 是目的操作数，BX 是源操作数。执行前，AX 存放被加数，BX 存放加数，执行后，AX 与 BX 相加的结果存放在 AX 中。

从书写形式来看，8088/8086 系统中的操作数可以分为 3 种类型，分别是立即数操作数、寄存器操作数和存储器操作数。

一、立即数操作数

立即数是作为指令代码的一部分出现在指令中。它通常作为源操作数使用。其书写形式可以为二进制数、八进制数、十进制数和十六进制数，也可以是一个可求出确定值的表达式。

二、寄存器操作数

寄存器操作数是把操作数存放在寄存器中，用来参加运算或存放结果。在双操作数指令中，它可以作为源操作数和目的操作数。其书写形式就是寄存器的名称。

三、存储器操作数

存储器操作数是将存储器某地址的内容作为指令的操作数，即把操作数放在存储器中。在双操作数指令中，它可以作为源操作数和目的操作数。

存储器操作数存放的地址本来应该是物理地址，但为了书写方便，一般采用偏移地址 EA（或称有效地址）来代替物理地址，段地址以隐含方式给出。其书写形式是，假如偏移地址是 X，该地址中的内容为 Y，则表示为(X)=Y，即用括号将偏移地址括起来表示该地址的内容。

2.2.2　寄存器寻址

寄存器寻址方式，指令所需要的操作数存放在指令指明的寄存器中。对 16 位操作数，寄存器可以是 AX、BX、CX、DX、SI、DI、SP、CS、DS、SS、ES 和 BP；对 8 位操作数，寄存器可以是 AL、AH、BL、BH、CL、CH、DL 和 DH。寄存器寻址方式速度较快，对于那些需要经常存取的操作数，采用这种寻址方式较为合适。

例如：MOV AX,BX

执行前：(AX)=3064H，(BX)=547BH。指令执行后：(AX)=547BH，(BX)=547BH。

例如：MOV AH,BL

执行前：(AH)=44H，(BX)=8BH。指令执行后：(AH)=8BH，(BX)=8BH。

例如：MOV DH,14H

指令执行后：(DH)=14H。

寄存器寻址由于操作数就在寄存器中，不需动用总线、访问内存，因而可取得较高的执行速度，常用于 CPU 内部操作。同时为避免指令过长，双操作数指令一般必须有一个操作数使用寄存器寻址。

注意

（1）16 位的操作数必须使用 16 位的寄存器，8 位的操作数必须使用 8 位的寄存器。
如：MOV AX,DH；这条指令是错误的，原因是操作数类型不匹配。

（2）操作数中的寄存器还可能是隐含的寄存器，如 PUSHF 指令。

2.2.3　立即寻址

立即寻址方式中，操作数直接放在指令中，也就是说，操作数的存放地址就是指令操作码的下一个单元。该操作数可以是 8 位或 16 位二进制补码表示的常数。这种方式不需要再寻找操作数，所以其指令的执行速度很快。但是由于操作数是指令的一部分，不能修改，而在很多场合，指令所处理的数据都是在不断地变化，因此立即寻址只适用于操作数固定的情况，通常用于为主存和寄存器提供常数。

当用立即寻址方式给寄存器赋值时，立即数可以是 8 位或 16 位。当立即数是 16 位时，在机器语言指令中，低位字节存放在低地址单元，高位字节存放在高地址单元。

例如：MOV AL,12H

目的操作数是 AL 寄存器。源操作数 12H，其地址是指令的下一个单元。源操作数 12H 紧跟着指令操作符存放在代码段中。

指令执行后：(AL)=12H。

例如：MOV BX,30H

指令执行后：(BX)=30H，其中低位字节的(BL)=30H，高位字节(BH)=00H

例如：MOV CH,'A'

该指令的功能是把 A 的 ASCII 送入寄存器 CH 中。

指令执行后：(CH)=41H。

例如：MOV DX, 'AB'

该指令的功能是将高地址的字母 A 的 ASCII 码送入寄存器 DH 中，将低地址中的字母 B 的 ASCII 码送入寄存器 DL 中。

指令执行后：(DX)=4142H。

注意

（1）立即数寻址方式不能用在单操作数指令中。

（2）在双操作数指令中，立即数寻址方式不能用于目的操作数字段，也就是说它只能用于源操作数字段。

2.2.4　直接寻址

直接寻址指令所需要的操作数在存储器中。在直接寻址方式中，指令操作数字段中存放的是操作数的 16 位偏移地址，即操作数的偏移地址 EA 与操作码一起存放在代码段中，而操作数可以存放在数据段，也可以存放在其他段。操作数的物理地址由其所在段的寄存器内容乘以 16 与指令中给出的偏移地址相加形成。

偏移地址可以用符号或数值表示。如果用数值表示偏移地址，则必须用方括号括起来，而且在方括号前应给出段寄存器名,默认段寄存器为 DS;直接寻址的操作数可以是字或字节。

例如: MOV AH,DS:[2000H]

指令中的 DS 表示偏移地址 2000H 与段寄存器 DS 中的段地址组成该存储单元的物理地址。

指令执行前: 设(DS)=1000H, (12000H)=40H,根据物理地址形成公式:

$$物理地址=DS×16+偏移地址$$

指令执行后: (AH)=40H。

例如: MOV BX,DS:[2000H]

指令执行前: 设(DS)=1000H, (12000H)=40H, (12001H)=30H,源操作数的物理地址为

$$1000H×16+2000H=12000H$$

指令执行后: 把地址为 12000H 的字节单元中的内容 40H 存入 BL 中,把地址 12001H 的字节单元中的内容 30H 存入 BH 中, 即 (BX)=3040H。

2.2.5　寄存器间接寻址

寄存器间接寻址,指令所需要的操作数在存储器中。寄存器间接寻址方式中, 操作数的偏移地址在指令指明的寄存器中, 即寄存器的内容为操作数的偏移地址, 而操作数存放在存储器中。能够用来间接寻址的寄存器只能是寄存器 SI、DI、BX、BP 其中之一。在指令中用寄存器号外面加上方括号[]来表示该偏移地址单元的内容（操作数）。

例如: MOV AX,[BX]

指令执行前: (AX)=64H, (BX)=100H, (DS)=5000H, (50100H)=40AFH。[BX]指明了源操作数采用寄存器间接寻址方式,[BX]的内容为源操作数的偏移地址。

源操作数的物理地址=DS×16+BX=5000H×16+100H=50100H。

指令执行后: (AX)=40AFH,BX、DS、(50100H)的内容不变。

例如: MOV AX,[BP]

指令执行前: (AX)=2B41H, (SS)=1000H, (BP)=400H, (10400H)=78FAH。[BP]指明了源操作数采用的寄存器间接寻址方式, 源操作数的物理地址=(SS)×16+(BP)=1000H×16+400H=10400H

指令执行后: (AX)=78FAH,BP、SS、(10400H)的内容不变。

寄存器的间接寻址方式可以用于表格处理,执行完一条指令后, 只需修改寄存器内容就可取出表格中的下一项, 所以, 通常将它们称为地址指示器,用于存取存储器数据。

2.2.6　寄存器相对寻址

寄存器相对寻址,指令所需要的操作数在存储器中。 如果指令中操作数的偏移地址是给定寄存器的内容和指令中指定的 8 位或 16 位偏移量之和构成的,其中 8 位偏移量是一个有符号数（用补码表示）, 16 位偏移地址可以是有符号数, 也可以是符号地址（无符号数）。那么这种寻址方式称为寄存器相对寻址方式。其中, 寄存器只能选择 BX、BP、SI、DI 其中之一。

例如: MOV AX,1500H[BX]或 MOV AX,[BX+1500H]
上述两种写法的含义都是一样的。

指令执行前：已知(DS)=3000H，(BX)=4000H，(35500H)=345AH，即

源操作数的物理地址=DS×16+BX+COUNT=3000H×16+4000H+1500H=35500H

指令执行后：(AX)=345AH，DS、BX、(35500)单元的内容不变。

例如：`ADD 9[BP],CX`

指令执行前：设(BP)=4000H，(CX)=44H，(SS)=1000H，(14009H)=55H。

目的操作数的物理地址=(SS)×16+ (BP)+9=1000H×16+4000H+9=14009H

指令执行后：(14009H)=99H，BP、SS、CX 的值不变。

2.2.7　基址加变址寻址

基址变址寻址中，指令所需要的操作数在存储器中。操作数的偏移地址，是一个基址寄存器和一个变址寄存器之和，两个寄存器均由指令指定。基址寄存器只能使用 BX 和 BP。变址寄存器只能使用 SI 和 DI。

例如：`MOV AX,[BX]+[DI]` 或 `MOV AX,[BX+DI]`

上述两种写法的含义都是一样的。

指令执行前：设(AX)=456DH，(BX)=1000H，(DI)=2000H，(DS)=4000H，(43000H)=54ACH

源操作数采用的是基址变址寻址，物理地址=(DS)×16+(BX)+(DI)=4000H×16+1000H+2000H=43000H。

指令执行后：(AX)=54ACH，BX、DI、(43000H)单元的内容不变。

例如：`MOV CX,[BP]+[SI]` 或 `MOV CX,[BP+SI]`

上述两种写法的含义都是一样的。

指令执行前：设(CX)=98C1H，(BP)=2470H，(SI)=1200H，(SS)=4000H，(43670H)=3284H

源操作数采用的是基址变址寻址，物理地址＝(SS)×16+(BP)+(SI)=4000H×16+2470H+1200H=43670H

指令执行后：(CX)=3284H，BP、DI、(43670H)单元的内容不变。

2.2.8　相对基址变址寻址

在相对基址加变址寻址方式中，操作数的偏移地址是指令中指定的基址寄存器内容、变址寄存器的内容及 8 位或 16 位位移量三项相加之和。基址寄存器只能使用 BX 和 BP。变址寄存器只能使用 SI 和 DI。

例如：`MOV AX,50[BX+SI]`

指令执行前：(AX)=98FBH，(BX)=1000H，(SI)=800H，(DS)=5000H，(51850H)=44DAH

源操作数采用的是相对基址变址寻址，

物理地址=(DS)×16+(BX)+(SI)+50=5000H×16+1000H+800H+80=51850H

指令执行后：(AX)=44DAH，BX、SI、DS、(51850H)单元内容不变。

例如：`MOV -6[BP+DI],DX`

指令执行前：(DX)=36H，(BP)=10H，(DI)=48H，(SS)=4000H，(40052H)=44DH

目的操作数采用的是相对基址变址寻址，

物理地址=(SS)×16+(BP)+(DI)-6=4000H×16+10H+48H-6=40052H

指令执行后：(40052H)=36H，BP、DI、SS、DX 内容不变。

2.2.9　存储器寻址中段寄存器的约定

上述 7 种寻址方式中，除立即数寻址方式和寄存器寻址方式外，其他各种寻址方式的操作数都在除代码段以外的存储区中，8086/8088 的存储器是分段使用的。通常，若选用寄存器 BP 作为间址寄存器、变址寄存器或基址寄存器，即在采用寄存器间接寻址、变址寻址或基址加变址寻址时，只要 BP 出现在方括号之内，则操作数在当前堆栈段，此时，操作数的物理地址由堆栈寄存器 SS 的内容乘以 16 与偏移地址 EA 相加形成。否则，操作数在当前数据段，此时操作数的物理地址由数据段寄存器 DS 的内容乘以 16 与偏移地址 EA 相加形成 。这是 8086 的基本约定，即默认状态。当要否定默认状态，到非约定段寻找操作数时，必须用跨段前缀指明操作数所在段的段寄存器名。具体的段更换情况见表 2.1。

表 2.1　　　　　　　　存储器寻址时段寄存器的基本约定和段更换

存储器存取方式	约定段	段更换	偏移地址
取指令	CS	不允许	IP
堆栈操作（CALL、RET、PUSH、POP 等）	SS	不允许	SP
数据存取（BP 间址、基址外）	DS	ES SS CS	EA
BP 间址、基址数据存取	SS	DS ES CS	EA
字符串处理指令的源串	DS	ES CS SS	SI
字符串处理指令的目的串	ES	不允许	DI

例如：

（1）MOV BX,DS:[BP]

（2）MOV CX,ES:[BX]

（3）MOV DX,SS[DI]

其中，"DS:"、"ES:"、"SS:"均为跨段前缀。此时，默认状态不起作用。所以操作数的物理地址由":"前面的段寄存器内容乘以 16 与偏移地址相加形成。按跨段前缀的说明，上述 3 条指令的源操作数物理地址分别按如下方法计算。

（1）物理地址=(DS)×16+(BP)

（2）物理地址=(ES)×16+(BX)

（3）物理地址=(SS)×16+(DI)

若删去上述指令中的跨段前缀（"DS:"、"ES:"、"SS:"），则默认状态确定操作数所在段。此时，第（1）条的源操作数在堆栈段，第（2）条和第（3）条的源操作数在 DS 所指的数据段。

事实上，无论是段默认状态，还是跨段情况，操作数的物理地址均由系统自动计算。所以，在实际应用中，当要访问某段中的某一单元时，着重考虑的不是其物理地址的计算方法及结果，而是其类型及偏移地址的表示形式。

2.3　指 令 系 统

指令系统直接反映了整个计算机系统的性能和特点，采用它编写的程序具有存储空间占用少，执行速度快特点。根据指令的操作功能，8086 指令系统中的 92 条指令可分为如下 6 类：

（1）数据传送类指令 14 条。

（2）算术运算类指令 20 条。

（3）逻辑运算类指令 12 条。

（4）串操作类指令 8 条。

（5）控制转移类指令 26 条。

（6）处理器控制类指令 12 条。

2.3.1 通用数据传送类指令

数据传送指令用来实现寄存器和存储器间的字节或字的数据传送。其中包括堆栈操作、地址传送等。数据传送的规则如图 2.1 所示。

一、通用数据传送指令

1. 数据传送指令

格式：MOV DEST,SRC

功能：该语句的功能是将源操作数送至目的地址中。

执行的操作：DEST←SRC。

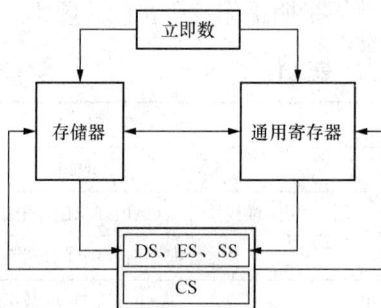

图 2.1　数据传送的规则

说明

MOV 指令可以在 CPU 内或 CPU 和存储器之间传送字或字节。它传送的信息可以有如下 7 种形式。

（1）寄存器到寄存器，如：

```
MOV CX,AX          ;将 AX 的内容送到 CX 中。
```

（2）立即数到寄存器，如：

```
MOV SI,1245H       ;将立即数 1245H 送到 SI 寄存器中。
```

（3）立即数到存储单元，如：

```
MOV [4000H],5A4DH  ;将立即数 5A4DH 送到将(DS)×16 加上偏移地址为 4000H 存储单元中。
```

（4）存储单元到寄存器，如：

```
MOV CX,[BP+DI]     ;将地址为段地址(SS)×16+(BP)+(DI)的存储单元的内容存到 CX 中。
```

（5）寄存器到存储单元，如：

```
MOV COUNT,BX       ;将寄存器 BX 的内容送到 COUNT 存储单元中。
```

（6）寄存器或存储单元到除 CS 外的段寄存器，如：

```
MOV DS,DATA        ;将 DATA 的内容送到段寄存器 DS 中。
```

（7）段寄存器到寄存器或存储单元，如：

```
MOV AX,DS          ;将段寄存器 DS 的内容送到 AX 中。
```

使用 MOV 指令时要注意以下一些问题：

1）MOV 指令不允许在两个存储单元之间直接传送数据。

2）MOV 指令不允许在两个段寄存器之间直接传送数据。

3）MOV 指令不允许用立即数直接为段寄存器赋值。

4）MOV 指令不影响标志位。

2. 堆栈操作指令

堆栈是内存中一个特殊的存储区，该存储区最高地址单元的底部称为栈底。堆栈只有一个出入口，使用堆栈指针寄存器 SP 来确定当前进栈或出栈的地址单元。堆栈的特点是"先进后出"。

IBM-PC 堆栈操作必须以"字"为单位进行，堆栈中的数据在堆栈段中从地址高端向低段存放。堆栈操作指令包括入栈指令 PUSH 和出栈指令 POP。

（1）PUSH 入栈指令。

格式：PUSH SRC

功能：将寄存器、段寄存器或存储器中的一个字数据压入堆栈中。

执行的操作：(SP)←(SP)−2

　　　　　　　((SP+1 SP))←SRC

例如：PUSH DX

指令执行前：(DX)=1234H，(SP)=1000H，堆栈情况如图 2.2（a）所示；指令执行后：(0FFEH)=1234H，AX 内容不变，堆栈情况如图 2.2（b）所示。

（2）POP 出栈指令。

格式：POP DEST

功能：将堆栈栈顶内容弹入寄存器、段寄存器或存储器中。

执行的操作：DEST←((SP+1 SP))

　　　　　　　(SP)←(SP)+2

例如：POP DX

指令执行前：(DX)=0999H；指令执行后：(DX)=1234H。

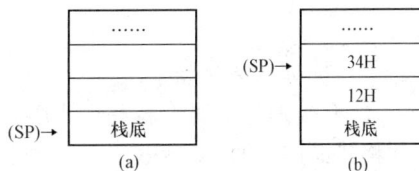

图 2.2　堆栈情况

（a）指令执行前；（b）指令执行后

说明

1）PUSH 和 POP 指令的操作数不能是"立即数"，POP 指令的操作数不能是段寄存器 CS。

2）PUSH 和 POP 指令都不影响标志位。

3）在堆栈操作中，堆栈的正确存取顺序十分重要。当多个数据暂存时，PUSH 压入数据的顺序与 POP 弹出的顺序正好相反。

例如：依次用堆栈保存 AX、BX、CX、DX 寄存器的内容，然后再将它们复原。

```
PUSH AX
PUSH BX
PUSH CX
PUSH DX
…
POP DX
```

```
POP CX
POP BX
POP AX
```

3. 交换指令 XCHG

格式：XCHG DEST，SRC

功能：将两个操作数的内容互换。

说明

（1）它可在累加器、通用寄存器或存储器之间相互交换，但两个存储器间不能直接交换，也不允许使用段寄存器。

（2）由于两个操作数既是源操作数又是目的操作数，所以它们绝不能是立即数。

（3）XCHG 指令可以是字节或字操作，且不影响标志位。

例如：`XCHG AX,[1000H]`

指令执行前：(AX)=1234H，(DS)=F000H，(F1000H)=5678H。

指令执行后：(F1000H)=1234H，(AX)=5678H，交换 AX 寄存器和 1000H 地址单元的内容。

二、地址传送指令

1. 有效地址送寄存器指令 LEA

格式：LEA DEST,SRC

功能：该指令把源操作数的偏移地址送到指定的寄存器中。

例如：`LEA AX,[BX+SI]`

指令执行前：(BX)=4002H，(SI)=67H。

指令执行后：(AX)=4069H，BX、SI 寄存器内容不变。

说明

（1）DEST 可以为任一个 16 位通用寄存器，SRC 可以是变量名、标号或地址表达式。如：

```
LEA SI,TABLE;TABLE 为标号。
LEA AX,[BX+SI]
LEA CX,NUM[BP+DI];NUM 为变量。
```

（2）例如：试比较以下两条指令的区别。

```
LEA DI,[BP+SI]
MOV BX,[BP+SI]
```

指令执行前：(SS)=3000H，(BP)=80H，(SI)=0AH，(3008AH)=9ADCH。

指令执行后：(DI)=8AH，(BX)=9ADCH。

2. 数据段指针送寄存器指令 LDS

格式：LDS DEST，SRC

功能：该指令把源操作数指定的内存中连续 4B 单元（即双字）中的低地址中的字（标号或变量所在段的地址偏移量）送到由指令指定的通用寄存器中，通常指定 SI 寄存器，将双字的高地址中的字（标号或变量所在的段地址）送到 DS 寄存器中。

执行的操作：DEST←(SRC)

　　　　　　　DS←(SRC+2)

说明
DEST 是一个 16 位通用寄存器，SRC 是存储器地址。

例如：LDS DI,[BX+DI]

指令执行前：(BX)=3054H，(DI)=06H，(DS)=6000H，(6305AH)=87C2H，(6305CH)=7000H。

指令执行后：(DI)=87C2H，(DS)=7000H。

例如：试比较以下两条指令的区别。

```
LEA DI,[BX]
LDS SI,[BX]
```

指令执行前：(DS)=9000H，(BX)=04H，(90004H)=76A2H，(90006H)=4000H。

指令执行后：(DI)=04H，(SI)=76A2H，(DS)=4000H。

3. 附加段指针送寄存器指令 LES

格式：LES DEST，SRC

功能：该指令与 LDS 相似，但它是对附加数据段工作。它把源操作数指定的内存中连续 4B 单元（即双字）中的低地址中的字（标号或变量所在段的地址偏移量）送到由指令指定的通用寄存器中，通常指定寄存器，将双字的高地址中的字（标号或变量所在的段地址）送到 ES 寄存器中。

例如：LES DI,[BX]

执行前：(DS)=B000H，(BX)=0020H，(B0020H)=0044H，(B0022H)=78ABH。

执行后：(ES)=78ABH，(DI)=0044H。

说明
（1）3 条地址传送指令的目的操作数都不为段寄存器。

（2）3 条地址传送指令源操作数寻址方式必须是除立即数方式和寄存器方式以外的其他寻址方式。

（3）3 条地址传送指令不影响标志位。

三、标志寄存器传送指令

1. 标志寄存器送 AH 指令

格式：LAHF

功能：将标志寄存器的低 8 位送到 AH 中。

执行的操作：AH←PSW 的低位字节。

2. AH 送标志寄存器指令

格式：SAHF

功能：将的 AH 内容送到标志寄存器的低 8 位中。

执行的操作：PSW 的低位字节←AH；与 LAHF 指令执行的操作相反。

3. 标志寄存器入栈指令

格式：PUSHF

功能：将标志寄存器的内容压入堆栈。

执行的操作：(SP)←(SP)−2

　　　　　　((SP+1 SP))←PSW

4．标志寄存器出栈指令

格式：POPF

功能：将栈顶内容弹出，送入标志寄存器中。

执行的操作：PSW←((SP+1 SP))

　　　　　　(SP)←(SP)+2

以上 4 条指令中，LAHF 和 PUSHF 不影响标志位，SAHF 和 POPF 则由装入值来确定标志位的值。

2.3.2　算术运算类指令

算术运算类指令可以对无符号或有符号二进制数以及十进制数进行算术运算。其中，包括 4 种标准算术运算指令加、减、乘、除，以及十进制调整指令和操作数符号扩展指令。在指令中，立即数不能作目的操作数，因此，它不能出现在单操作数指令中。双操作数指令中的两个操作数不能同时为存储器操作数，即除源操作数是立即数外，必须有一个是寄存器操作数。算术运算类指令的操作数可以是字节或字操作。

一、加法指令

1．加法指令

格式：ADD DEST，SRC

功能：源操作数与目的操作数相加，其和送入目的地址中。

执行的操作：DEST←(DEST)+(SRC)

说明

该指令影响标志位 CF、OF、SF、ZF、PF、AF。

例如：假定有(AL)=07H，(BL)=0FBH，那么执行指令：

```
ADD AL,BL
```

即做如下加法运算：

$$
\begin{array}{r}
00000111 \quad \text{(AL)} \\
+) \quad 11111011 \quad \text{(BL)} \\
\hline
1 \leftarrow 00000010 \quad 02H
\end{array}
$$

执行指令后：(AL)=02H。

注意

由于有进位，因此 PSW 中的 CF=1；结果不为 0，因此 ZF=0；和的最高位为 0，因此 SF=0；和中 1 的个数为奇数，因此 PF=0；D3 向 D4 有进位，因此 AF=1。

在加减运算中，有符号数和无符号数分别用同一套指令。指令执行时，通常把操作数看作有符号数。结果应是 7+(−5)=2，没超出 8 位补码的表示范围，无溢出，则 OF=0。结果是正确的。若把 07H、0FBH 看作无符号数时，结果应是 7+251=258，而指令执行的结果是 2，结果错。因为 258 超出 8 位无符号数的表示范围，这种情况称为无符号数的"溢出"。

有符号数运算是否溢出，用 OF 位判定。OF=0，无溢出；OF=1，有溢出。

无符号数运算是否溢出，用 CF 位判定。CF=0，无溢出；CF=1，有溢出。

例如：假定有 AL=D7H，BL=0F5H，那么执行指令：

```
ADD AL,BL
```

即做如下加法运算：

$$
\begin{array}{r}
11010111 \quad \text{(AL)}\\
+) \quad 11110101 \quad \text{(BL)}\\
\hline
1 \leftarrow 11001100 \quad \text{(AL)=CCH}
\end{array}
$$

指令执行后：OF=1，CF=1。这表明，无论把 97H，0F5H 看成是有符号数还是无符号数，都产生溢出，所以结果都是错的。

2. 加 1 指令

格式：INC DEST

功能：目的操作数加 1 再送回目的地址中。

执行的操作：DEST←(DEST)+1

> **说明**
> 该指令影响标志位 AF、OF、PF、SF、ZF，但不影响 CF。

例如：INC AL

指令执行前：(AL)=0FEH。

指令执行后：(AL)=0FFH。

3. 带进位加法指令

格式：ADC DEST,SRC

功能：将源操作数、目的操作数和标志位 CF 相加，结果送回目的操作数地址。

执行的操作：DEST←(DEST)+(SRC)+CF

> **说明**
> 该指令影响标志位 AF、OF、PF、SF、ZF、CF。

这条指令主要用于多字节（或多字）加法运算，与 ADD 指令一起完成大于 16 位二进制数的双精度数或多精度数的运算。

例如：将双字数 12345678H 与 98ABCD12H 相加，高位字存放在 DX 中，低位字存放在 AX 中。

```
MOV AX,5678H
ADD AX,0CD12H
MOV DX,1234H
ADC DX,98ABH
```

二、减法指令

1. 减法指令

格式：SUB DEST，SRC

功能：SUB 将目的操作数减去源操作数，结果送入目的地址中。

执行的操作：DEST←(DEST)-(SRC)

说明

该指令影响标志位为 OF、SF、ZF、AF、PF、CF。

例如：假定(AX)=9543H，(BX)=28A7H，那么执行指令：

```
SUB AX,BX
```

即做如下减法运算：

$$
\begin{array}{r}
1001010101000011 \\
-)\ 0010100010100111 \\
\hline
0110110010011100
\end{array}
$$

看作无符号数相减时，没有借位，因此 CF=0，结果是对的；看作有符号数相减时，负数减正数应该得负数，但指令执行结果却是正的，结果错。结果产生溢出，则 OF=1。这时因为 (AX)−(BX)=−27 325−10 407=−37 732，这个数已超出最小负数−32 768 的范围。

2. 带进位减法指令

格式：SBB DEST，SRC

功能：SBB 将目的操作数减源操作数，还要减 CF(低位借位)值，结果送入目的地址中。

执行的操作：DEST←(DEST)−(SRC)−CF

说明

该指令影响标志位为 OF，SF，ZF，AF，PF，CF。

作用：SBB 指令主要用于多字节或多字减法运算中。假设被减数存放在 DX、AX 中，其中 DX 存放高位字。减数存放在 BX、CX 中，其中 BX 存放高位字。执行双字减法的指令序列：

```
SUB AX,CX        ;低位字相减
SBB DX,BX        ;高位字带借位减
```

3. 减 1 指令

格式：DEC DEST

功能：DEC 指令将目的操作数减 1，结果送目的操作数。

执行的操作：DEST←(DEST)−1

说明

该指令影响标志位为 OF、SF、ZF、AF、PF，但不影响 CF。

例如：DEC AX

指令执行前：(AX)=00H。

指令执行后：(AX)=0FFFFH。

4. 比较指令

格式：CMP DEST,SRC

功能：CMP 指令与 SUB 指令一样都执行减法操作，但它并不保存运算结果，而只是根据结果设置标志位，即 CMP 指令执行后 DEST 的内容不变。

执行的操作：(DEST)–(SRC)

说明
（1）该指令影响标志位为 OF，SF，ZF，AF，PF，CF。
（2）在 CMP 指令后面常跟一条条件转移指令，以便根据比较结果产生不同的程序分支。

5. 求补指令
格式：NEG DEST
功能：操作数求反再加 1。

说明
指令执行后 CF 一般总是 1，除非源操作数内容为 0。利用该指令可以求负数的绝对值。NEG 指令影响标志位为 OF、SF、ZF、AF、PF、CF。

三、乘法指令

1. 无符号乘法指令
格式：MUL SRC
功能：字节乘：AX←(AL)×(SRC)
　　　字乘：DX AX←(AX)×(SRC)

2. 有符号数乘法指令
格式：IMUL SRC
功能：字节乘：AX←(AL)×(SRC)
　　　字乘：DX AX←(AX)×(SRC)

乘法指令格式中的操作数为源操作数，可以使用除立即数以外的任何一种寻址方式。乘法指令的目的操作数为隐含操作数，隐含累加器 AX（字节操作用 AL，字操作用 AX）。乘法运算的结果，如果源操作数是字节类型，则 16 位乘积存放在 AX 中；如果源操作数是字类型，32 位乘积存放在 DX 和 AX 寄存器中，其中 DX 存放高位字，AX 存放低位字。

乘法指令除影响标志位 CF 和 OF 外，指令执行后其他的标志位不定。在具体运算中，是使用 MUL 指令还是使用 IMUL 指令，由操作数的类型确定。如果是无符号数乘法，则使用 MUL 指令；如果是有符号数乘法，则使用 IMUL 指令。

例如：MUL BL
　　　IMUL BL

执行指令前：(BL)=14H，(AL)=9CH，分别作为无符号数和有符号数参加运算。

执行指令后：

（1）当作为无符号数时，使用指令 MUL 指令。

(AL)=9CH 的十进制数为 156；(BL)=14H 的十进制数为 20；其结果为(AX)=C30H=3120，CF=OF=1。

（2）当作为有符号数时，使用指令 IMUL 指令。

(AL)=9CH 的十进制数为−100；(BL)=14H 的十进制数为 20；其结果为(AX)=7D0H=−2000，CF=OF=1。

四、除法指令

1. 无符号数除法

格式：DIV SRC

功能：实现两个无符号二进制数除法运算。字节相除，被除数 AX 中；字相除，被除数存放在 DX、AX 中，除数在 SRC 中。

字节操作：AL←(AX)/(SRC)的商

AH←(AX)/(SRC)的余数

字操作：AX←(DX、AX)/(SRC)的商

DX←(DX、AX)/(SRC)的余数

说明

字节操作 16 位的被除数存放在 AX 中，8 位商存放在 AL 中，8 位余数存放在 AH 中。字操作的 32 位的被除数存放在 DX 和 AX 中（其中 DX 存放高位字），16 位商存放在 AX 中，16 位余数存放在 DX 中。

2. 有符号数除法指令

格式：IDIV SRC

功能：与 DIV 相同，但操作数必须为有符号数。计算的商和余数也为有符号数，且余数的符号和被除数的符号相同。

说明

除法指令的源操作数可以除立即数以外的任何一种寻址方式，而目的操作数隐含，必须存放在 AX 或（DX、AX）寄存器中。除法指令中标志位的值不定。

例如：DIV CL

IDIV CL

指令执行前：(CL)=A0H，(AX)=0400H

指令执行后：当为无符号数时，使用 DIV 指令。

(AX)=0400H 的十进制数为 1024；(CL)=A0H 的十进制数为 160；其结果为(AL)=06H=6（商），(AH)=40H=64（余数）。

当为有符号数时，使用 IDIV 指令。

(AX)=0400H 的十进制数为 1024；(CL)=A0H 的十进制数为−96；其结果为(AL)=F6H=−10（商），(AH)=40H=64（余数）。

五、BCD 数调整指令

在本节中，介绍的算术运算指令都是对二进制数进行操作，为了方便地进行十进制数的算术运算，8086/8088 提供了各种调整指令。

8086/8088 的十进制算术运算调整指令所认可的十进制数十以 8421BCD 码（见表 2.2）表示的，它分为非压缩（或未组合）的和压缩（或组合）的两种。压缩的 BCD 码是指一个字节含两位 BCD 码；未压缩的 BCD 码是指一字节含一位 BCD 码，字节的高 4 位无意义。ASCII

码是一种非压缩的 BCD 码，因为数字的 ASCII 码的低 4 位是对应的 8421 BCD 码。

表 2.2   **8421 码表示十进制数**

十进制数	0	1	2	3	4	5	6	7	8	9
BCD 码	0000	0001	0010	0011	0100	0101	0110	0111	1000	1001

1. 压缩的 BCD 码算术运算调整指令

（1）压缩的 BCD 码加法调整指令 DAA。

格式：DAA

功能：对在 AL 中的和（由两个压缩的码相加后的结果）进行调整，产生一个压缩的码。调整方法如下：

1）如 AL 中的低 4 位在 A～F 之间，或 AF 为 1，则 AL←(AL)+6，且 AF 位置 1。

2）如 AL 中的高 4 位在 A～F 之间，或 CF 为 1，则 AL←(AL)+60H，且 CF 位置 1。

说明

该指令影响标志 AF，CF，PF，SF 和 ZF，但不影响 OF。

下面是为了说明该指令而写的一个程序片段，每条指令执行后的结果作为注释给出。第一条指令使 AL 含表示两位是进制数 34 的压缩 BCD 码；第二条指令进行加操作，因为 ADD 是二进制数相加，所以结果为 7BH，但作为十进制数 34 加 47 的结果应为 81。第三条指令进行调整，得正确结果 81。第五条指令又把由第四条指令相加的结果进行调整，得结果 68（百位进入 CF）。第七条指令把由第六条指令相加的结果进行调整，得结果 48（百位进入 CF）。

```
MOV AL,34H
ADD AL,47H;AL=78H,AF=0, CF=0
DAA;AL=81H,AF=1, CF=0
ADC AL,87H;AL=08H,AF=0, CF=1
DAA;AL=68H,AF=0, CF=1
ADC AL,79H;AL=E2H,AF=1, CF=0
DAA;AL=48H,AF=1, CF=0
```

（2）压缩的 BCD 码减法调整指令 DAS。

格式：DAS

功能：对在 AL 中的差（由两个压缩的 BCD 码相减后的结果）进行调整，产生一个压缩的 BCD 码。调整方法如下：

1）如 AL 中的低 4 位在 A ～ F 之间，或 AF 为 1，则 AL←(AL)-6，且 AF 为至 1；

2）如 AL 中的高 4 位在 A ～ F 之间，或 CF 为 1，则 AL←(AL)-60H，且 CF 位置 1。

说明

该指令影响标志 AF，CF，PF，SF 和 ZF，但不影响 OF。

下面是为了说明指令而写的一个程序片段，每条指令执行后的结果作为注释给出。第一条指令使 AL 含表示两位十进制数 35 的压缩 BCD 码；第二条指令进行减操作，因 USB 是二进制数相减，所以结果是 1EH，但作为十进制数 45 减 27 的结果应为 18。第三条指令进行调整，得正确结果 18。第五条指令又把由第四条指令相减的结果进行调整，得结果 69（百位上的借位在 CF 中）。

```
MOV AL,45H
SUB AL,27H;AL=1EH,AF=1,CF=0
DAS;AL=18H,AF=1,CF=0
SBB AL,49H;AL=CFH,AF=1,CF=0
DAS;AL=69H,AF=1,CF=1
```

2. 非压缩 BCD 码的算术运算调整指令

（1）非压缩的 BCD 码加法调整指令 AAA。

格式：AAA

功能：对在 AL 中的和（由两个未压缩的 BCD 码相加后的结果）进行调整，产生一个未压缩的 BCD 码。调整方法如下：

1）如 AL 中的低 4 位在 0～9，且 AF 为 0，则转 3）。

2）如 AL 中的低 4 位在 A～F，或 AF 为 1，则 AL←(AL)+6，AH←(AH)+1，AF 置位 1。

3）清除 AL 的高 4 位。

4）AF 位的值送 CF 位。

说明

该指令影响标志 AF 和 CF，对其他标志均无定义。

下面是为了说明该指令而写的一个程序片段，每条指令执行后的结果作为注释给出，注意比较：

```
MOV AX,7
ADD AL,6;AL=0DH,AH=00H,AF=0,CF=0
AAA;AL=03H,AH=01H,AF=1,CF=1
ADC AL,5;AL=09H,AH=01H,AF=0,CF=0
AAA;AL=09H,AH=01H,AF=0,CF=0
ADD AL,39H;AL=42H,AH=01H,AF=1,CF=0
AAA;AL=08H,AH=02H,AF=1,CF=1
```

（2）非压缩的 BCD 码减法调整指令 AAS。

格式：AAS

功能：对在 AL 中的差（由两个未压缩的 BCD 码相减后的结果）进行调整，产生一个未压缩的 BCD 码。调整方法如下：

1）如 AL 中的低 4 位在 0～9，且 AF 为 0，则转 3）。

2）如 AL 中的低 4 位在 A～F，或 AF 为 1，则 AL←(AL)-6，AH←(AH)-1，且 AF 置位 1。

3）清除 AL 的高 4 位。

4）AF 位的值送 CF 位。

说明

该指令影响标志 AF 和 CF，对其他标志均无定义。

下面是为了说明该指令而写的一个程序片段，每条指令执行后的结果作为注释给出，注意比较：

```
MOV AX,0103H;(AH)=01H,(AL)=03H
MOV BL,04H;(BL)=04H
SUB AL,BL;(AL)=03H-04H=FFH
AAS;(AL)=09H,(AH)=0
```

（3）非压缩的 BCD 码乘法调整指令 AAM。

格式：AAM

功能：对在 AL 中的积（由两个压缩的 BCD 码相乘的结果）进行调整，产生两个未压缩的 BCD 码。调整方法为把 AL 中的值除以 10，商放在 AH 中，余数放在 AL 中。

> **说明**　该指令影响标志 SF、ZF 和 PF，对其他标志无影响。

下面是为了说明该指令而写的一个程序片段，每条指令执行后的结果作为注释给出，注意比较：

```
MOV AL,03H
MOV BL,04H
MUL BL;AL=0CH,AH=00H
AAM;AL=02H,AH=01H
```

（4）未压缩的 BCD 码除法调整指令 AAD。

格式：AAD

功能：该指令和其他调整指令的使用次序上不同，其他调整指令均安排在有关算术运算指令后，而这条指令应安排在除运算指令之前。其功能是把存放在寄存器 AH(高位十进制数)及存放在寄存器 AL 中的两位非压缩 BCD 码调整为一个二进制数，存放在寄存器 AL 中。调整的方法如下：

```
AL←AH*10+(AL)
AH←0
```

由于采用上述调整方法，存放在 AL 和 AH 中的非压缩 BCD 的高 4 位应为 0。

> **说明**　该指令影响标志 SF、ZF 和 PF，对其他标志无影响。

下面是为了说明该指令而写的一个程序片段，每条指令执行后的结果作为注释给出，注意比较：

```
MOV AH,04H
MOV AL,03H
MOV BL,08H
AAD;AL=2BH,AH=00H
DIV BL;AL=05H,AH=03H
```

六、符号扩展指令

由于被除数必须是除数的双倍字长，一般应使用扩展指令进行高位扩展。当进行无符号数除法时，被除数高位按 0 扩展为双倍除数字长。当进行有符号数除法时，被除数以补码表示。可使用扩展指令进行高位扩展。

1. 字节转换为字指令

格式：CBW

功能：把 AL 的符号位扩展到 AH 中。如果 AL 的最高位为 0（正数），则扩展后，(AH)=00H，如果 AL 的最高位为 1（负数），则扩展后(AH)=FFH。

2. 字转换为双字指令

格式：CWD

功能：把 AX 的符号位扩展到 DX 中。如果 AX 的最高位为 0（正数），则扩展后，(DX)=0000H；如果 AX 的最高位为 1（负数），则扩展后(DX)=FFFFH。

2.3.3 逻辑运算类指令

在计算机中，逻辑运算是按位进行操作的。除了逻辑非指令 NOT 执行后不影响任何标志位外，其他指令执行后，将会使 CF=0，OF=0，AF 位无定义，并影响 SF、ZF 和 PF 标志位。

逻辑运算指令 AND、OR、XOR 和 TEST 都是双操作数指令，源操作数可以是通用寄存器、存储器或立即数。目的操作数可以是通用寄存器或存储器操作数。

一、逻辑与指令

格式：AND DEST，SRC

功能：目的操作数和源操作数按位进行逻辑与运算，结果存在目的操作数中。

执行的操作：DEST←(DEST)∧(SRC)

作用：

（1）AND 指令常用于将操作数中某位清 0(称屏蔽)，只需将要清 0 的位与 0，其他不变的位与 1 即可。

例如：AND AL, 0FH;

指令执行前：(AL)=39H

指令执行后：(AL)=09H，屏蔽了 AL 寄存器的高 4 位。

（2）在保持操作数不变的情况下，可用 AND 指令来检测该数是正数或是负数。

例如：AND AX,AX

指令执行后：AX 寄存器的内容保持不变。若这时 SF=0，则表明 AX 中的是正数；若 SF=1，则表明 AX 中的是负数。

二、逻辑或指令

格式：OR DEST，SRC

功能：目的操作数和源操作数按位进行逻辑或运算，结果存在目的操作数中。

执行的操作：DEST←(DEST)∨(SRC)

作用：OR 指令通常用于使某个操作数的若干位保持不变，而使另外若干位为 1。可以对两个操作数进行压缩。

例如：若让 AL 中操作数的最高位置 1，其余位不变。

OR AL,80H

指令执行前：(AL)=12H

指令执行后：(AL)92H

三、逻辑异或指令

格式：XOR DEST，SRC

功能：目的操作数和源操作数按位进行逻辑异或运算，结果送目的操作数。

执行的操作：DEST←(DEST)⊕(SRC)

作用：（1）XOR 指令通常用于使某个操作数清 0，同时使 CF=0，清除进位位。

例如：XOR AX,AX

指令执行后：(AX)=0，CF=0。

（2）XOR 指令常用于将操作数中某些位取反，只需将要取反的位异或 1，其他不改变的位异或 0 即可。

例如：若使 AL 中操作数的低两位取反，其他位保持不变。

XOR AL,03H

指令执行前：(AL)=BAH

指令执行后：(AL)=B9H

$$
\begin{array}{r}
10111010 \quad (AL)=BAH \\
\oplus \ 00000011 \quad 03H \\
\hline
10111001 \quad (AL)=B9H
\end{array}
$$

（3）XOR 指令还可以判断两个操作数符号是否相同。

例如：XOR AX,BX

指令执行后：若 SF=1，则两数异号，即一正一负；

若 SF=0，则两数同号。注意，这条指令会改变目的操作数 AX 的内容。

> 说明
>
> AND、OR 和 XOR 三条指令都将标志位 CF 和 OF 清 0，对 SF、ZF 和 PF 的影响同加操作。

四、逻辑非指令

格式：NOT DEST

功能：对目的操作数按位取反，结果回送目的操作数。

执行的操作：DEST←(DEST)取反

> 说明
>
> 目的操作数可以为通用寄存器或存储器。NOT 指令对标志位无影响。

五、测试指令

格式：TEST DEST，SRC

功能：目的操作数和源操作数按位进行逻辑与操作，结果不回送目的操作数。

执行的操作：(DEST)∧(SRC)

作用：在不改变原有操作数的情况下，用来测试某一位或某几位的值。根据测试结果的标志位，判断是否满足预想的条件，从而使程序产生转移。

例如：若要检测 AL 中的数是否为奇数，若为奇数则转移，否则顺序执行，那么可以执行如下的两条指令：

```
TEST AL,1
JNZ TABL
```

屏蔽 AL 的高 7 位，测试最低位。若 ZF=0，则 AL 的最低位为 1，AL 中的数是奇数，因此转移到 TABL；若 ZF=1，则 AL 中的数是偶数，顺序执行。

2.3.4　移位指令

移位指令对操作数按某种方式左移或右移，移位位数可以由立即数直接给出，或由 CL 间接给出。移位指令分一般移位指令和循环移位指令。

一、算术/逻辑左移指令

格式：SAL DEST，CNT

　　　SHL DEST，CNT

功能：CNT 表示移位次数。CNT=1 时，可在指令中直接用 1 代替。当 CNT 大于 1 时，要在移位指令前面先把移位次数置于 CL 寄存器中。这一规定适合所有的移位指令。将 DEST 向左移动指定的位数，而最低位补上相应个数的 0。CF 的内容为最后移入位的值。

执行的操作：

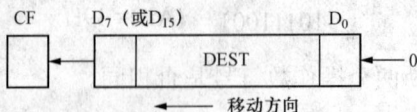

> 说明
>
> 算术/逻辑左移，只要结果未超出目的操作数所能表达的范围，每左移一次相当于原数乘 2。

例如：计算(BX)←(BX)×10

分析：可以将上式变换成(BX)×8+(BX)×2。

```
MOV AX,BX;将 BX 内容备份
MOV CL,3
SHL AX,CL; (BX)×8
SHL BX,1; (BX)×2
ADD BX,AX
```

指令执行前：设(BX)=0012H

指令执行后：(BX)=00B4H，CL 寄存器的内容不变。

二、算术右移指令

格式：SAR DEST,CNT

功能：目的操作数 DEST 向右移动指定的位数，将最高有效位右移，同时再用它自身的值填入。即如果原来是 0 则仍为 0，原来是 1 则仍为 1。CF 的内容为最后移入位的值。

执行的操作：

说明

算术右移只要无溢出，每右移一次相当于原数（有符号数）除以 2。

例如：计算 DI←(DI)/4

```
MOV CL,2
SAR DI,CL
```

指令执行前：设(DI)=FF00H

指令执行后：(DI)=FFC0H，CL 寄存器的内容不变。

三、逻辑右移指令

格式：SHR DEST,CNT

功能：将 DEST 向右移动指定的位数，最高位补以相应个数的 0，CF 的内容为最后移入位的值。

执行的操作：

说明

逻辑右移只要无溢出，每右移一次相当于原数（无符号数）除以 2。

例如：
```
MOV CL,2
     SHR [BX],CL
```

指令执行前：(DS)=2000H，(BX)=200H，(20200H)=0008H

指令执行后：(20200H)=0002H，CF=0，相当于把 20200 单元的内容除以 4。

四、循环左移指令

格式：ROL DEST,CNT

功能：将目的操作数的最高位与最低位连接起来，组成一个环，将环中所有位一起向左移动由 CNT 指定的次数。CF 的内容为最后移入位的值。CNT 的含义与前面相同。

执行的操作：

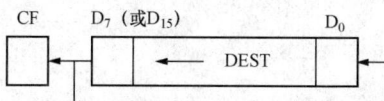

例如：将 BX 内容高低 8 位互换。

```
MOV CL,8
ROL BX,CL
```

指令执行前：设(BX)=1234H

指令执行后：(BX)=3412H，CL 寄存器的内容不变。

五、循环右移指令

格式：ROR DEST，CNT

功能：将目的操作数的最高位与最低位连接起来，组成一个环，将环中所有位一起向右移动由 CNT 指定的次数。CF 的内容为最后移入位的值。CNT 的含义与前面相同。

执行的操作：

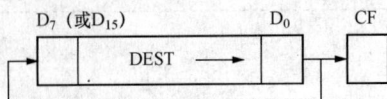

例如：如果(AX)=0012H，(BX)=0034H。要求指导它们装配在一起形成(AX)=1234H。

```
MOV CL,8
ROR AX,CL
ADD AX,BX
```

六、带进位循环左移

格式：RCL DEST,CNT

功能：将目的操作数连同 CF 标志位一起向左循环由 CNT 指定的次数。

执行的操作：

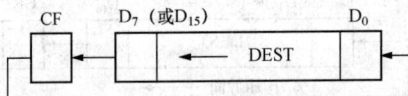

七、带进位循环右移指令

格式：RCR DEST,CNT

功能：将目的操作数连同 CF 标志位一起向右循环由 CNT 指定的次数。

执行的操作：

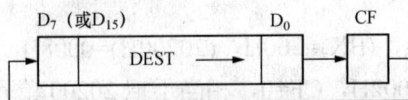

说明

循环移位指令可以改变操作数中所有位的位置。

例如：实现把 AL 的最低位送入 BL 的最低位，仍保持 AL 不变。

```
ROR BL,1
ROR AL,1
RCL BL,1
ROL AL,1
```

指令执行前：设(AL)=1AH，(BL)=12H

指令执行后：(BL)=13H，AL 寄存器的内容不变。

可以看出，这 8 种指令可以分为两组，前 4 种为移位指令，后 4 种为循环移位指令。所有移位指令都可以做字或字节操作。所有移位指令都影响 CF 和 OF 标志位。其中，CF 位根据各条指令的规定设置；OF 位只有当 CNT=1 时才有效，当移位后最高有效位的值发生变化时，OF 置 1，否则置 0。循环移位指令不影响除 CF 和 OF 以外的其他标志位。而算术和逻辑移位指令则根据移位后的结果设置 SF、ZF 和 PF 位，AF 位无意义。

2.3.5　控制转移类指令

大多数情况下，程序中的指令都不可能是逐条按顺序地执行，而是会根据实际需要，有条件或无条件地转移到指定的地址，去执行从该地址开始往下的指令。转移到的指定地址称为转移地址，该地址处的指令称为转移目标指令。

转移可分为段内转移和段间转移。段内转移是在同一代码段范围内的转移，此时只需要把转移地址中的偏移地址存入 IP 寄存器（IP 始终指向下一条指令的首地址），就可达到转移的目的。段间转移是要转移到另一个段去执行程序，此时需把转移地址的偏移地址和段地址分别存入 IP 寄存器和 CS 寄存器，由它们构成转移地址，这样才能达到转移的目的。

8086/8088 提供了 4 种转移指令：无条件转移指令、条件转移指令、循环控制指令和子程序调用指令。

一、无条件转移指令

1. 段内直接转移

（1）短跳转指令。

格式：JMP SHORT TABLE ；该指令的机器码占用 2B

功能：使程序无条件地转移到指令规定的目的地址 TABLE 去执行指令。

执行的操作：(IP)←(IP)+8 位位移量

（2）近跳转指令。

格式：JMP NEAR PTR TABLE ；该指令的机器码占用 3B

功能：使程序无条件地转移到指令规定的目的地址 TABLE 去执行指令。

执行的操作：(IP)←(IP)+16 位位移量

> **说明**
>
> TABLE 为转移目标指令的标号。汇编指令格式中，给出的是转移地址的偏移地址（标号），但在机器指令格式中，存放的是该转移地址相对于 JMP 指令的下一条指令首地址的偏移量 DISP。这两条指令也可以直接写成 JMP TABLE，用户不需要考虑是短转移，还是近转移，汇编程序在汇编时，计算出 JMP 下一条指令与目标地址间的相对偏移量，若该偏移量在+127B 之内时，则产生一个短转移，否则，产生一个在 ±32KB 范围内的近转移。

例如：设指令 JMP SHORT TABLE 的偏移地址是 2194H，TABLE 是转移目标指令的标号，其偏移地址是 2170H。试问汇编程序对该指令进行汇编后，指令机器码中给出的偏移量是多少？

分析：由于 JMP 指令的偏移地址是 2194H，它的机器码是 2B，因此，它的下一条指令的首地址（在 IP 中）应该是(IP)=2194H+2=2196H。

转移地址的偏移地址与 IP 和偏移量之间的关系为

$$转移地址的偏移地址=(IP)+偏移量$$

$$2170H=2196H+偏移量$$

所以，指令机器码中给出的偏移量为 DAH。

2. 段内间接转移

如果转移地址的偏移地址是基址寄存器 BX 或变址寄存器 SI 和 DI 的内容，或是字存储单元的内容。这就是段内间接转移。可以用除立即数以外的任何一种寻址方式取得。再将取得的偏移地址装入指令寄存器 IP，实现程序转移。

例如：`JMP BX`

指令执行前：(BX)=4532H

指令执行后：(IP)=4532H，程序转移到地址为 4532H 处继续执行。

例如：`JMP [BX]`

指令执行前：(DS)=4000H，(BX)=1234H，(41234H)=0302H。

指令执行后：(IP)=0302H，程序转移到地址为 0302H 处继续执行。

3. 段间直接转移

格式：**JMP FAR PTR NEXTTABLE**

执行的操作：(IP)←NEXTTABLE 的偏移地址

(CS)←NEXTTABLE 的段地址

> **说明**
>
> 在这种指令寻址方式中，指令转移的段地址和偏移地址直接存放在指令的操作数字段中，所以只要用其中的段地址和偏移地址分别取代 CS 和 IP 寄存器中的内容，就可以实现从一个段到另一个段的转移操作。

4. 段间间接转移

格式：**JMP DWORD PTR [BX]**

功能：其中 DWORD PTR 为双字操作符，指明转移地址的偏移地址和段地址在 BX 所指的两个相继字单元取得偏移地址和段地址的值，修改 CS 和 IP 寄存器的内容。

执行的操作：(IP)←偏移地址（BX 所指字单元的内容）

(CS)←段地址（BX+2 所指字单元的内容）

例如：`JMP DWORD PTR [BX]`

指令执行前：(DS)=4000H，(BX)=0034H，(40034H)=2345H，(40036H)=5000H。

指令执行后：(CS)=5000H，(IP)=2345H。

二、条件转移指令

8086/8088 提供了大量的条件转移指令，它们根据某标志位或某些标志位的逻辑运算来判别条件是否成立。如果条件建立，则转移，否则继续顺序执行。

条件转移也采用相对转移方式。即通过在 IP 上加一个地址差的方法实现转移。但条件转移指令中只用一个字节表示地址差，所以，如果以条件转移指令本身作为基准，那么条件转移的范围在−126～+129。如果条件转移的目的超出此范围，那么必须借助于无条件转移指令。

> **注意**
>
> （1）条件转移指令不影响标志。
>
> （2）所有条件转移都只是段内转移。

条件转移指令的格式见表 2.3，有些条件转移指令有两个助记符，还有些条件转移指令有三个助记符。使用多个助记符的目的是便于记忆和使用。

表 2.3　　　　　　　　　　　　条 件 转 移 指 令

指令格式	转 移 条 件	转 移 说 明	其他说明
JZ 标号 JE 标号	ZF=1 ZF=1	等于 0 转移 或者，相等转移	单个标志
JNZ 标号 JNE 标号	ZF=0 ZF=0	不等于 0 转移 或者不相等转移	单个标志
JS 标号	SF=1	为负转移	单个标志
JNS 标号	SF=0	为正转移	单个标志
JO 标号	OF=1	溢出转移	单个标志
JNO 标号	OF=0	不溢出转移	单个标志
JP 标号 JPE 标号	PF=1 PF=1	偶转移	单个标志
JNP 标号 JPO 标号	PF=0 PF=0	奇转移	单个标志
JB 符号 JNAE 符号 JC 符号	CF=1 CF=1 CF=1	低于转移或者不高于等于转移 或者进位标志被置转移	单个标志 无符号数
JNB 符号 JAE 符号 JNC 符号	CF=0 CF=0 CF=0	不低于转移或者高于等于转移 或者进位标志被清转移	单个标志 无符号数
JBE 符号 JNA 符号	（CF 或 ZF）=1 （CF 或 ZF）=1	低于等于转移或者不高于转移	两个标志无符号数
JNBE 符号 JA 符号	（CF 或 ZF）=0 （CF 或 ZF）=0	不低于等于转移或者高于转移	两个标志无符号数
JL 符号 JNGE 符号	（SF 异或 OF）=1 （SF 异或 OF）=1	小于转移或者不大于等于转移	两个标志有符号数
JNL 标号 JGE 标号	（SF 异或 OF）=0 （SF 异或 OF）=0	不小于转移或者大于等于转移	两个标志有符号数
JLE 标号 JNG 标号	（（SF 异或 OF）或 ZF）=1 （（SF 异或 OF）或 ZF）=1	小于等于转移 不大于转移	三个标志有符号数
JNLE 符号 JG 符号	（（SF 异或 OF）或 ZF=1 （（SF 异或 OF）或 ZF）=1	不小于等于转移 大于转移	三个标志有符号数

　　条件转移指令是使用最多的转移指令。通常，在条件转移指令前，必须存在条件判别的相关指令，如 CMP、TEST 指令等。

　　下面的程序片段测试 AX 的低 4 位是否全是 0，如果均是 0，那么使 CX=0，否则使 CX=-1。

```
MOV CX,- 1      ;先使 CX= - 1
TEST AX,0FH     ;测试 AX 的低 4 位
JNZ NZERO       ;不全为 0 则转移
MOV CX,, 0      ;全为 0 时使 CX=0
NZERO:……
```

　　从表 2.3 中可见，无符号数之间大小比较后的条件转移指令和有符号数之间的大小比较

后的条件转移指令有很大不同。有符号数间的次序关系称为大于（G）、等于（E）和小于（L）；无符号数间的次序关系称为高于（A）、等于（E）和低于（B）。所以，在使用时要注意区分它们，不能混淆。

下面的程序片段实现两个无符号数（设在 AX 和 BX 中）的比较，把较大的数存放到 AX 中，把较小的数存放在 BX 中：

```
    CMP AX,BX
    JAE OK          ;无符号数比较大小转移
    XCHG AX,BX
OK:……
```

如果要比较的两个数是有符号数，则可用下面的程序片段：

```
    CMP AX,BX
    JGE OK          ;有符号数比较大小转移
    XCHG AX,BX
OK:……
```

从表 2.3 中可见，无符号数之间大小比较后的条件转移指令和有符号数之间的大小比较后的条件转移指令测试的标志完全不同。

不论无符号数还是有符号数，两数是否相等由 ZF 标志反映。

当两个无符号数相减时，CF 位的情况说明是否有借位。因此进位标志 CF 反映两个无符号数比较后的大小关系，所以用于无符号数比较后的条件转移指令（如 JB 和 JAE 等）检测标志 CF，以判别条件是否成立。但进位标志 CF 不能反映两个有符号数比较后的大小关系。两个有符号数比较后的大小关系由符号标志 SF 和溢出标志 OF 一起反应。所以用于有符号数比较后的条件转移指令（如 JL 和 JGE 等）检测标志 SF 和 OF，以判别条件是否成立。

设要比较的两个不相等的有符号数 a 和 b 分别存放在寄存器 AX 和 BX 中，执行指令 CMP AX，BX 后，标志 SF 及 OF 的设置情况和两数的大小情况如下：

当没有溢出（OF=0）时，若 SF=0，则 a>b；若 SF=1，则 a<b。

当产生溢出（OF=1）时，若 SF=0，则 a<b；若 SF=1，则 a>b。

三、循环控制指令

利用条件转移指令和无条件转移指令可以实现循环，但为了更加方便于循环的实现，8066/8088 还提供了四种用于实现循环的循环指令。

循环指令类似于条件转移指令，不仅属于段内转移，而且也采用相对转移式，即通过在 IP 上加一个地址差的方式实现转移。循环指令中也只用一个字节表示地址差，所以，如果以循环指令本身作为基准，那么循环转移的范围在-126～+129。

循环指令不影响各标志。

1. 计数循环指令 LOOP

计数循环指令的格式如下：

```
LOOP 标号
```

这条指令使寄存器 CX 的值减 1，如果结果不等于 0，则转移到标号，否则顺序执行 LOOP 指令后的指令。该指令类似于如下的两条指令：

```
DEC CX
JNZ 标号
```

通常在利用 LOOP 指令构成循环时，先要设置好计数器 CX 的初值，即循环次数。由于首先进行 CX 寄存器减 1 操作，再判结果是否为 0，所以最多可循环 65 536 次。

例如：编写程序，实现把从偏移 1000H 开始的 512B 的数据复制到从偏移 3000H 开始的缓冲区中（假设在当前数据段中进行转移）。

```
MOV SI,1000H          ;置源指针
MOV DI,3000H          ;置目标指针
MOV CX,512            ;置计数初值
NEXT:MOV   AL,[SI]
INC SI
MOV [DI],AL
INC DI
LOOP NEXT             ;控制循环
```

2. 等于/全零循环指令 LOOPE/LOOPZ

等于/全零循环指令有两个助记符，格式如下：

```
LOOPE  标号
```

或者

```
LOOPZ  标号
```

这条指令使寄存器 CX 的值减 1，如果结果不等于 0，并且零标志 ZF 等于 1，那么转移到标号，否则顺序执行。注意指令本身实施的寄存器 CX 减 1 操作不影响标志。

例如：在字符串中查找第一个非 'A' 字符，如果找不到，那么使(BX)=0FFFFH。

```
      ……
      MOV AL,'A'
      DEC DI
NEXT:INC DI
      CMP AL,[DI]
      LOOPE NEXT
      MOV BX,DI
      JNE OK
      MOV BX,-1
  OK:……
```

3. 不等于/非零循环指令 LOOPNE/LOOPNZ

不等于/非零循环指令有两个助记符，格式如下：

```
LOOPNE 标号
LOOPNZ 标号
```

这条指令使寄存器 CX 的值减 1，如果结果不等于 0，并且零标志 ZF 等于 0，那么转移到标号，否则顺序执行。注意指令本身实施的寄存器 CX 减 1 操作不影响标志。

4. 跳转指令 JCXZ

跳转指令也可以认为是条件转移指令。跳转指令的格式如下：

```
JCXZ 标号
```

该指令实现当寄存器 CX 的值等于 0 时转移到标号，否则顺序执行。

通常该指令用在循环开始前，以便在循环次数为 0 时，跳过循环体。

例如：

```
        ......
        JCXZ OK          ;如果循环计数为 0，就跳过循环
NEXT:......              ;循环体
        ......
        LOOP NEXT        ;根据计数控制循环
    OK:......
```

四、子程序调用与返回指令

1. 调用指令 CALL

格式：CALL DEST

功能：把返回点 （即 CALL 指令的下一条指令地址）压入堆栈保护后，转向目标地址处执行子程序。本指令不影响标志位的值。

（1）段内直接调用。

格式：CALL <过程名>

功能：先将指令指针的值入栈保护，然后将目标地址与调用指令地址相减的相对偏移量加到指令指针 IP 上，实现过程调用。

执行的操作：(SP)←(SP)−2

$\qquad$(SP+1 SP)←(IP)

$\qquad$(IP)←D16

> **说明**
>
> 过程名代表子程序的入口地址，但在机器语言指令中保存的是一个 16 位的偏移量，即这个子程序的入口地址和返回地址（CALL 指令的下一条指令的地址）之间的差值，记为 D16，指令的机器代码是 3B。

（2）段内间接调用。

格式：CALL DEST

功能：先将指令指针入栈保护，然后从 16 位通用寄存器或所寻址的存储器字中取出目标地址，替换 IP，实现子程序调用。

执行的操作：(SP)←(SP)−2

$\qquad$(SP+1 SP)←(IP)

$\qquad$(IP)←(DEST 所确定的偏移地址)

> **说明**
>
> DEST 可以是基址寄存器 BX 或变址寄存器 SI 和 DI 的内容，也可以是各种寻址方式的存储器操作数。

例如：CALL BX

指令执行前：(BX)=1234H，(SS)=2000H，(SP)=0046H，(IP)=56E0H。

指令执行后：(SP)=0044H，(200044H)=56E0H，(IP)=1234H。

例如：CALL [SI]

指令执行前：(DS)=1000H，(SS)=2000H，(SI)=7ACH，(SP)=45A8H，(IP)=1237H，(107ACH)=5621H

指令执行后：(SP)=45A6H，(245A6H)=1237，(IP)=5621H。

（3）段间直接调用。这种调用方式，将在 CALL 指令中直接给出转移地址所在段的段地址和偏移地址。这条汇编指令相应的机器代码是 5B。

格式：CALL <过程名>

功能：先将当前 CS 入栈后，把指令中的段地址字送入 CS，然后将指令指针 IP 入栈，再将指令中的偏移量送入 IP，实现不同段的过程转移。

执行的操作：(SP)←(SP)−2

(SP+1 SP)←(CS)

(SP)←(SP)−2

(SP+1 SP)←(IP)

(IP)←偏移地址（指令的第 2，3B）

(CS)←段地址（指令的第 4，5B）

（4）段间间接调用。

格式：CALL DWORD PTR DEST

功能：先将当前 CS 入栈，把所寻址的存储器双字中的第 2 个字的内容送入 CS，然后让指令指针 IP 入栈，再把存储器双字中的第 1 个字的内容送入 IP，以实现段间调用。

执行的操作：(SP)←(SP)−2

(SP+1 SP)←(CS)

(SP)←(SP)−2

(SP+1 SP)←(IP)

(IP)←(偏移地址)

(CS)←(段地址)

> 说明
>
> DEST 可以是基址寄存器 BX 或变址寄存器 SI 和 DI 的内容，也可以是各种寻址方式的存储器操作数。

不难看出，段间直接调用和段间间接调用的区别：段间直接调用的转移地址在代码段的机器指令代码中；段间间接调用的转移地址在数据段的相继的两个字单元。

2. RET 返回指令

格式：RET

功能：过程执行完后，通过本指令返回原调用程序的返回处。本指令不影响标志位。

> 说明
>
> 对段内调用，返回指令由堆栈弹回返回点的偏移量到 IP 中实现调用返回。

对段间调用，返回指令处从堆栈弹回返回点的偏移量到指令指针 IP 外，还把返回点所在的段地址弹回代码段寄存器 CS 中，才能实现返回。

2.3.6 处理器控制类指令

一、标志操作指令

程序状态寄存器的条件标志位记录着程序运行的状态信息。IBM-PC 还专门提供了一组用于设置或清除标志位的指令。这些指令如下：

（1）CLC 进位位置 0 指令。

执行的操作：CF←0

（2）STC 进位位置 1 指令。

执行的操作：CF←1

（3）CMC 进位位求反指令。

执行的操作：CF←(CF)取反

（4）CLD 方向标志位置 0 指令。

执行的操作：DF←0

（5）STD 方向标志位置 1 指令。

执行的操作：DF←1

（6）CLI 中断标志位置 0 指令。

执行的操作：IF←0

> **说明**
> 禁止 CPU 相应的外部中断。

（7）STI 中断标志位置 1 指令。

执行的操作：IF←1

> **说明**
> 允许 CPU 相应的外部中断。

二、其他处理器控制指令

1. 空操作指令

格式：NOP

功能：本指令不执行任何操作，其机器码占用 1B 单元。通常用在调试程序时替代被删除指令的机器码而无需重新汇编连接。

2. 停机指令

格式：HLT

功能：本指令使处理器暂停工作，等待一次外部中断，中断处理结束后继续执行后续指令。

3. 等待指令

格式：WAIT

功能：该指令使处理器处于空转等待状态，等待期间不断检测 TEST 引脚，若为 1 则继续等待，若 0 为则结束等待。

4. 封锁指令

格式：LOCK 指令

功能：LOCK 是指令前缀，它与其他指令配合，用来维持总线的控制权不为其他处理器占有，直到与其配合的指令执行完为止。

本 章 小 结

本章的主要内容为 8086CPU 指令系统的寻址方式，指令的格式、功能及对标志位的影响；同时还涉及存储单元物理地址的计算、标志位填写和堆栈操作。为了便于学习和掌握前面所学的知识，下面将本章的知识点做了如下归类。

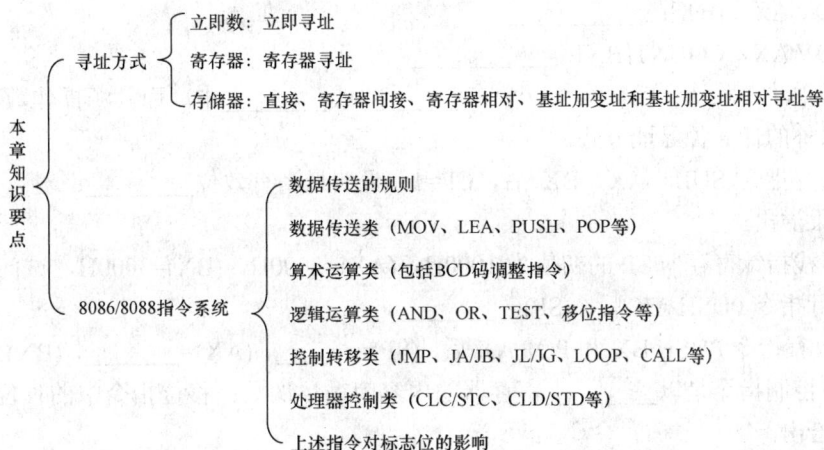

本章知识要点
- 寻址方式
  - 立即数：立即寻址
  - 寄存器：寄存器寻址
  - 存储器：直接、寄存器间接、寄存器相对、基址加变址和基址加变址相对寻址等
- 8086/8088指令系统
  - 数据传送的规则
  - 数据传送类（MOV、LEA、PUSH、POP等）
  - 算术运算类（包括BCD码调整指令）
  - 逻辑运算类（AND、OR、TEST、移位指令等）
  - 控制转移类（JMP、JA/JB、JL/JG、LOOP、CALL等）
  - 处理器控制类（CLC/STC、CLD/STD等）
  - 上述指令对标志位的影响

习 题 二

2-1　填空题

1. 通常一条指令包括两个基本部分，即_____和_____。

2. 指出下列指令源操作数的寻址方式：

（1）MOV　AX，'$'；_____

（2）MOV　AX，ES：[BX]；_____

（3）MOV　AX，[200H]；_____

（4）MOV　AX，[BX+DI]；_____

（5）MOV　AX，BX；_____

（6）MOV　AX，1200H；_____

（7）MOV　AX，20[BX+SI]；_____

（8）MOV　AX，[DI+20]；_____

3. 现有（DS）=2000H，（BX）=0100H，（SI）=0002H，（20100H）=12H，（20101H）= 34H，（20102H）=56H，（20103H）=78H，（21200H）=2AH，（21201H）=4CH，（21202H）= 0B7H，（21023H）=65H，下列指令执行后填入 AX 寄存器的内容：

（1）MOV AX，1200H；   （AX）=_____

（2）MOV AX，BX；   （AX）=_____

（3）MOV AX，[1200H]；   （AX）=_____

（4）MOV AX，[BX]；   （AX）=_____

（5）MOV AX，1100[BX]；   （AX）=_____

（6）MOV AX，[BX][SI]；   （AX）=_____

（7）MOV AX，1100[BX][SI]；   （AX）=_____

4．设(DS)=2100H，(BX)=0100H，COUNT=0250H，用 MOV 指令将数据送入 AX 中，写出采用下面几种寻址方式时源操作数的物理地址。

（1）MOV AX，[1000H]；_____

（2）MOV AX，[BX]；_____

（3）MOV AX，COUNT[BX]；_____

5．对于乘法、除法指令，结果存放在_____或_____中，而其源操作数可以用除_____以外的任一种寻址方式。

6．当执行指令 SUB AX，BX 后，CF=1，说明最高有效位_____；对_____数，说明操作结果溢出。

7．设堆栈指针寄存器 SP 的初值为 1000H，(AX)=2000H，(BX)=3000H，试问：

（1）执行指令 PUSH AX 后，(SP)= _____。

（2）再执行指令 PUSH BX 和 POP AX 后，(SP)=_____，(AX)=_____，(BX)=_____。

8．循环控制指令是以_____寄存器的内容为循环次数；移位指令中的移位次数可由寄存器间接给出。

9．对于指令 XCHG BX，[BP+SI]，如果指令执行前，(BX)=6F30H，(BP)=0200H，(SI)=0064H，(SS)=2F00H，(2F264H)=4154H，则执行指令后，(BX)=_____，(2F264H)= _____。

10．写出一条能完整完成下述操作的指令：

（1）将 AH 的最高 3 位清零，其他位不变：_____。

（2）将 AH 的低半字节全置"1"，高半字节不变：_____。

（3）将 AH 的最低位取反，其他位不变：_____。

2-2 指出下列指令中的错误，并改正。

（1）MOV AH,BX

（2）MOV [BX],[DX+10H]

（3）MOV AX,[SI+DI]

（4）MOV CS,AX

（5）MOV SI,[AX+BP]

（6）MOV [CX],AL

（7）MUL AX,BX

（8）MOV BH,-360

（9）LDS BX,[DX]

（10）PUSH AL

2-3　选择题

1. 寄存器间接寻址方式中，操作数在_____中。

　　A．通用寄存器　　B．堆栈　　　　C．主存单元　　　D．段寄存器

2. 逻辑移位指令 SHL 用于_____；而算术移位指令 SAL 用于_____。

　　A．带符号数乘以 2　　　　　　　　B．带符号数除以 2

　　C．无符号数乘以 2　　　　　　　　D．无符号数除以 2

3. 已知(AX)=4038H，(BX)=2409H，执行指令 ADD AX，BX 后，CF、OF、ZF、AF 的值分别为___。

　　A．0，1，0，1　　B．1，0，1，0　　C．1，1，1，0　　D．0，0，0，1

4. 不需要访问内存的寻址方式是_____。

　　A．直接寻址　　　B．立即数寻址　　C．间接寻址　　　D．基址变址寻址

5. 8086 CPU 在进行无符号数比较时，应根据_____标志位来判断。

　　A．CF 和 ZF　　　B．CF 和 BF　　　C．CF 和 OF　　　D．ZF 和 OF

2-4　简单题

1. 与地址传送有关的指令有哪些？

2. 8086/8088 指令按功能可以分为哪几大类？

3. 如何计算指令中存储器操作数的物理地址？

4. 简述 CMP 指令和 SUB 指令、AND 和 TEST 指令在操作上有何不同之处。

实训 2.1　DEBUG 的 使 用

一、实训目的

1. 熟悉 DOS 有关命令的使用。

2. 进一步熟悉汇编语言的上机过程。

3. 掌握 DEBUG 的使用方法。

二、实训内容

编辑下列程序并运行，然后写出其寄存器的内容。

```
MOV AX, 1234H
MOV BX, 5678H
MOV CL, 8
SHL AX, CL
SHR BX, CL
ADD AX, BX
```

三、实验步骤

（1）用 DEBUG 的 A 命令输入该程序，即先启动 DEBUG 软件，在提示符"-"下输入 A　CS：100 命令，表示程序段从偏移地址为 100H 的单元开始。具体操作如下：C:\MASM> DEBUG <CR>

-A CS：100 <CR>

然后输入程序。

（2）用反汇编命令验证输入程序的正确性，操作如下：

-U CS：100

然后从屏幕上可看所输入的程序。

（3）用 G 命令连续执行程序，操作如下：

-G =100 [断点地址]<CR>

或者使用

-T =100 [执行指令条数]

（4）用 R 命令查看 AX、BX 寄存器的内容，并说明程序完成的功能。

第3章 汇编语言程序设计

本章要点

（1）汇编语言语句的类别与格式。
（2）汇编语言伪指令及 OFFSET 等各种操作符的运用。
（3）汇编语言程序的典型结构及上机过程。
（4）汇编语言程序设计的基本步骤和基本方法。
（5）顺序程序、分支程序、循环程序、子程序的基本结构和设计方法。
（6）DOS 功能调用、宏功能程序、串操作程序的基本结构和设计方法。

3.1 8086/8088 汇编语言基础

3.1.1 语句格式

一、汇编语句的类别

汇编语言源程序由若干语句组成，通常，这些语句可以分为以下三类。

1. 指令语句

汇编指令是用助记符表示的机器指令，所以这类语句又称机器指令语句，它们由汇编程序汇编成相应的能被直接识别并执行的目标代码，或称机器代码，例如 MOV、ADD、SUB 等指令均属机器指令语句。

2. 宏指令语句

在 8086/8088 系列的汇编语言中，允许用户为多次重复使用的程序段命一个名字，然后就可以在程序中用这个名字代替该程序段，我们将定义的过程称为宏定义，将该程序段称为宏。宏的定义必须按相应的规定进行，每个宏都有相应的宏名。在程序的任意位置，若需要使用这段程序，只要在相应的位置使用宏名，即相当于使用了这段程序。因此，宏指令语句就是宏的引用。宏的引用语句就是宏指令语句。汇编程序遇到宏指令语句时将它还原成一组机器指令。

指令语句和宏指令语句都是指令性语句。

3. 伪指令语句

伪指令语句是一种指示性语句，这类语句向汇编程序提供汇编过程要求的一些辅助信息，如给变量分配内存单元地址、定义各种符号、实现分段等。

伪指令与指令性语句的最大区别：伪指令语句经汇编后不产生任何机器代码，而指令性语句经汇编后会产生相应的机器代码；伪指令语句所指示的操作是在程序汇编时就完成了的，而指令性语句的操作必须在程序运行时才能完成。

例如，将要介绍的数据定义伪指令 DB、DW 等就属伪指令语句。

二、汇编语言的语句格式

汇编语言的三类语句可以用以下格式统一表示为

[名字项] 操作项 [操作数][;注释项]

其中带方括号的项表示可选项；名字项是用标识符表示的符号；操作项是语句要进行某种操作的助记符，它可以是前述三类语句之一；操作数根据不同的语句，操作数项由零个、一个或者多个表达式组成，并由它提供执行指定操作所需要的操作数或地址，当操作数不止一个时，相互之间应该用逗号隔开；注释项必须以分号开头，主要用来说明程序或重要语句的功能。注释项也可单独出现在程序的任何位置。

语句书写时项与项之间必须用空格或 TAB 符分隔。

例如：BEGIN:MOV AX,DATA

MOV DS,AX   ;数据段段寄存器的填充

下面对语句格式的各个组成项分别加以说明。

1. 名字项

在三类语句中，名字项有不同的名称和含义。名字项出现在指令语句或宏指令语句前时，称该名字项为标号且对应的标识符后面必须跟有冒号，标号在汇编以后分配有地址。标号又称为符号地址，可作为转移指令或子程序调用的目标地址。若名字项出现在伪指令语句前，则该名字项称为符号名，根据不同的伪指令，这些符号名又可分为变量名、符号常数名、子程序名或段名等。

名字项的书写有严格的规定，它可使用下列字符：

（1）字母 A~Z，a~z。

（2）数字 0~9。

（3）特殊符号？、@、_、$等。

名字项的第一个字符不可以是数字，必须是字母或特殊字符，但是问号本身不能单独作为名。名字最多由 31 个字符组成，多则无效。

注意，名字不能使用汇编语言的专用保留字，寄存器名、汇编语言中的指令助记符、伪指令名、表达式中使用的运算符和属性运算符等均不能作为名字项，否则汇编会给出错误信息；名字项在程序中不能重复定义。

2. 操作项

操作项表示语句要实现的具体操作，可以是指令、宏指令语句、伪指令的助记符，操作项是汇编语句中不可缺少的部分。汇编程序对上述三类语句会做不同的处理。对指令语句，汇编程序会将它翻译成二进制指令代码；对于宏指令语句，汇编程序将其展开，也就是用宏体替代原来的宏指令语句，并翻译成机器指令；对于伪指令语句，汇编程序会按其指定的伪操作进行处理。

3. 操作数

操作数项根据不同的语句由一个或多个表达式组成，它给执行的操作提供原始数据并指出结果数据存储的位置。

操作数项的常见形式有常量、寄存器、标号、变量或表达式等。寄存器主要指 8086/8088 提供的寄存器组，表达式将在下节中做详细讲解，所以，这里着重其他三种操作数。

（1）常量。常量分为数值常量、字符串常量和符号常量。

数值常量可以是二、八、十、十六进制数，使用时在这些常量后分别加不同的后缀来区别。要说明的一点是，当操作数或地址使用十六进制数表示时，若数的最高 A～F 开头，则必须在它前面位以字母加一个 0，以避免和变量、标号或寄存器名混淆。例如 MOV AL，AH 与 MOV AL，0AH 执行的结果是完全不同的，前一指令的源操作数采用寄存器寻址，后一指令的源操作数采用的是立即数寻址。

字符串常量是指用单引号括起来的一个字符或多个字符的序列。使用时可以在单引号内直接写字符序列，也可以写字符的 ASCII 码，但 ASCII 码之间必须用逗号作分隔（此时不需要用单引号）。例如，MOV AL，'A'指令和 MOV AL，41H 指令是等价的。

符号常量一般在数据段中用 EQU 伪指令或"="伪指令定义。程序中可以用符号名代表一个常量或表达式值，以增加程序的可读性。符号常量经常在表达式中使用，也可单独作为操作数出现在语句中。在程序中要注意区分符号常量和变量的不同。

（2）变量。变量是一个数据存储单元的名字，即数据存放地址的符号表示。变量一般是在除代码段以外的其他段中用伪指令进行定义的，变量经常作为操作数出现在各种语句中，定义变量实际上就是给变量分配内存单元。变量有三种属性：段属性、偏移属性和类型属性。

段属性：表示变量所在段的起始地址。该地址必须在除代码段以外的其他段寄存器中。

偏移属性：表示变量在段内的偏移地址，即从段的起始地址开始到变量所对应的内存单元之间的字节数，用 16 位无符号表示偏移地址。

类型属性：表示该变量能存放的数据长度，它与变量定义时使用的伪指令有关。长度为 1B 的变量，类型为 BYTE；长度为 2B 的变量，类型为 WORD 等。

注意
　　同一个标号或变量的定义在一个程序中只允许一次，否则会出现重复定义错误。

（3）标号。标号一般在代码段中定义，出现在指令语句前面，后面跟冒号（：）与指令操作符分离，它表示指令的符号地址，指示汇编后本指令代码在内存中的位置。它也有三种属性：段属性、偏移属性和类型属性。

段属性：表示该标号的段起始地址。

偏移量属性：表示标号在代码段中的段内偏移地址。

类型属性：表示该标号是在本段内引用，还是在其他段中引用。在段内引用的标号为 NEAR 属性，段外属性，引用的标号为 FAR 属性。

例如：标号的使用
```
          …………
          CMP AL，'*'
          JZ NEXT          ;如果 AL 的内容为'*'，则转移到 NEXT 去执行。
          …………
NEXT: INC DL
```

4. 注释项

注释项主要用来说明程序或语句功能，增加程序的可读性。对于较大的程序，注释项更不能少。

分号（;）放在语句后，用来说明该语句的功能；分号放在某一行的开头，用来说明下面一段程序的功能；分号加到指令前，可暂时冻结有疑问的指令，调试正确后，再把这些指令解冻或删除，这样可减少语句增、删的编辑工作。

3.1.2 表达式

表达式是由常数、变量、标号通过运算符或操作符连接而成的，它可以分为数值表达式和地址表达式。

数值表达式主要由算术运算符、关系运算符和逻辑运算符连接常数组成的有意义的式子，它的运算结果是数值常数，只有大小，没有属性。

地址表达式是由变量、标号、常数、寄存器（AX、BX、CX、DX）的内容和操作符组成的有意义的式子，它的运算结果不是一个单纯的数值，总是和存储器地址相联系。单个变量、标号、寄存器的内容是地址表达式的特例，第 2 章介绍的各种存储器寻址方式的汇编表示都属于简单的地址表达式。

说明

在 8086/8088 汇编语言中，在数值表达式中进行算术运算的符号称为运算符，为了以示区别，而地址表达式中的运算符称为操作符。

MASM 6.X 支持的运算符和操作符见表 3.1。

表 3.1   MASM 6.X 支持的运算符和操作符

运算符类型	运 算 意 义
算术运算符	+（加）–（减）*（乘）/（除）MOD（取余）
逻辑运算符	AND（与）OR（或）XOR（异或）NOT（非）
移位运算符	SHL（逻辑左移）SHR（逻辑右移）
关系运算符	EQ（等于）NE（不等于）LT（小于）LE（小于等于） GT（大于）GE（大于等于）
属性获取操作符	SEG（段地址）OFFSET（偏移量）TYPE（类型） LENGTH（数组元素个数）SIZE（数组字节数）
属性修改操作符	PTR THIS（改变存储器操作数的类型属性）
常量分离运算符	HIGH（取高位字节）LOW（取低位字节） HIGHWORD（取高位字）LOWWORD（取低位字）

一、算术运算符

算术运算符完成+、–、*、/和取余数（MOD）运算，常用于数值操作数，得到数值运算结果。算术运算符也可以用于地址操作数，但只能进行下面两种对地址有意义的加、减运算，其他的运算无意义。

（1）同一段内两个存储器单元地址相减，其差代表了两个存储单元之间相差的字节数。

（2）一个存储器单元地址可以加、减一个常量，产生的新地址是该单元邻近单元的地址。

例如：

```
A DB 12H,34H,56H
B DB 78H
...
MOV AL,B-A ；（AL）=3
```

二、移位运算符

移位运算符用于对常数进行逻辑右移和左移，其语法形式为

表达式　　移位运算符　　移位位数

例如：`MOV AX,01011010 SHR 2` 　　　;等效于`MOV AX,00010110B`

上述表达式中的运算符 SHR 在汇编时参与运算，而指令 SHL 在程序运行时执行。

三、逻辑运算符

逻辑运算符对常数按位进行逻辑与、逻辑或、异或和求非运算。

例如：`MOV AX,NOT 0FF00H` 　　　　　;等效于`MOV AX,0FFH`

`ADD BL,37H AND 0FH` 　　　　　　　;等效于`ADD BL,07H`

四、关系运算符

关系运算符用于比较两个表达式，表达式中的项必须是常数或同一段内的变量。对于常数按无符号数比较，对于变量则比较它们的偏移量。比较结果如果为真，则关系表达式的值为 0FFFFH；如果为假，则关系表达式的值为 0。

例如：`MOV AX,12H EQ 34H` 　　　　　;等效于`MOV AX,0`

`MOV BX,0ABH GE 97H` 　　　　　　　;等效于`MOV BX,0FFFFH`

五、运算/操作符的优先级

表达式中有多个运算符时，按优先级从高到低顺序运算，优先级相同的运算符按从左至右的规则运算，任何情况都可以用圆括号改变运算顺序。运算/操作符优先级见表 3.2。

表 3.2　　　　　　　　　　　运算/操作符优先级

优先级	运　算　符
1	LENGTH, SIZE, [ ], < >, WIDTH, MASK
2	段前缀, PTR, OFFSET, SEG, TYPE, THIS
3	HIGH, LOW, HIGHWORD, LOWWORD
4	*, /, MOD, SHL, SHR
5	+, −
6	EQ, NE, LT, LE, GT, GE
7	NOT
8	AND
9	OR, XOR
10	SHORT

> **说明**
>
> LENGTH 等操作符将在下节做详细介绍。

3.1.3 伪指令

伪指令也称为伪操作，是在汇编时由汇编程序执行的操作，通常完成数据定义、存储器单元分配、段定义及过程定义等功能。伪指令一般可分为下列几类：

①数据定义伪指令；②符号定义伪指令；③过程定义伪指令；④段定义伪指令；⑤其他伪指令。

一、符号定义伪指令

符号定义伪指令用于给程序中多次出现的同一个常量或表达式赋予一个符号名。该符号名可在程序中替代相应的常量和表达式。这样就便于常量和表达式的引用，简化程序书写，并且提高程序的可读性和可修改性。

1. EQU 伪指令

伪指令把一个符号名定义为一个常量或表达式。

格式：符号名 EQU 表达式

例如：下面都是合法的符号定义。

```
COUNT EQU 100
   SUM EQU COUNT+20H
    JF EQU ADD
   YW EQU CL
```

使用 EQU 伪指令时应注意：

（1）表达式中出现的符号名必须已经定义。

（2）在同一个源程序中，用 EQU 定义的符号不能再重新定义。

例如：

```
SHL AX,YW        ;等价于 SHL AX,CL
JF AX,BX         ;等价于 ADD AX,BX
```

2. "=" 伪指令

"=" 伪指令的功能类似于 EQU，不同之处是允许对同一符号名多次重新定义。

格式：符号名 = 表达式

例如：用 "=" 伪指令定义符号常量。

```
VALUE=100
VALUE=36H
VALUE=VALUE+1
```

二、数据定义伪指令

数据定义伪指令用于分配存储单元，并给所分配的存储单元定义符号名（即定义符号地址），同时还可给存储单元赋初值。常用的数据定义伪指令有 DB、DW、DD、DQ、DT。

1. DB 伪指令

用于定义字节变量，格式为

```
符号名 DB 初值表
```

初值表中各项数据用逗号隔开，每项数据占一个字节单元。符号名为变量名，是初值表中第一项数据所在存储器单元的符号地址，初值表中各项数据的单元地址依次在该符号地址上递增。初值表中的 "？" 表示相应的字节单元不赋初值，其内容为未定义的不确定值。

例如：用 DB 伪指令定义字节变量

```
A DB 20H
```

```
B DB 100,12H,34H,'A'
C DB 'ABCD'
D DB '?' ,?
```

以上伪指令经汇编后的存储单元分配情况如图 3.1 所示。

2. DW 伪指令

DW 伪指令用于定义字变量，格式为

符号名 DW 初值表

DW 定义的数据占一个字单元，并且字单元不仅可以存放整型数，还可以存放变量的偏移地址。

例如：用 DW 伪指令定义字变量

```
E DW 1234H,56H,7800H,?
F DW 'AB'
G DW E
```

令 E 的偏移量为 000BH。

以上伪指令经汇编后的存储单元分配情况如图 3.2 所示。

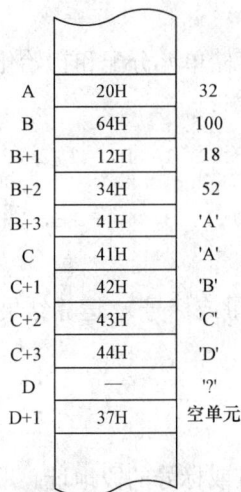

A	20H	32		E	34H	
B	64H	100		E+1	12H	
B+1	12H	18		E+2	56H	
B+2	34H	52		E+3	00H	
B+3	41H	'A'		E+4	00H	
C	41H	'A'		E+5	78H	
C+1	42H	'B'		E+6	00H	
C+2	43H	'C'		E+7	00H	
C+3	44H	'D'		F	42H	'B'
D	—	'?'		F+1	41H	'A'
D+1	37H	空单元		G	0BH	E的偏移量
				G+1	00H	

图 3.1　由 DB 伪指令分配的存储单元　　　　图 3.2　由 DW 伪指令分配的存储单元

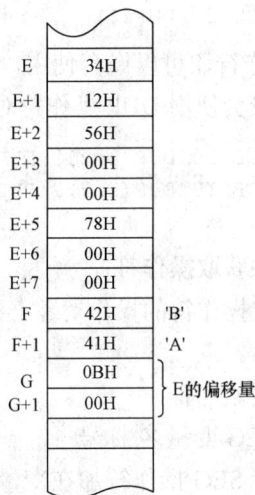

注意

高地址存放高字节，低地址存放低字节。

3. DD 伪指令

伪指令用于定义双字变量，格式为

符号名 DD 初值表

DD 伪指令定义的每个数据项占 4B 单元（双字）。双字单元除了可以存放双字整数外，还可存放实数或存放一个变量的段地址和偏移地址。

例如：用 DD 伪指令定义双字变量

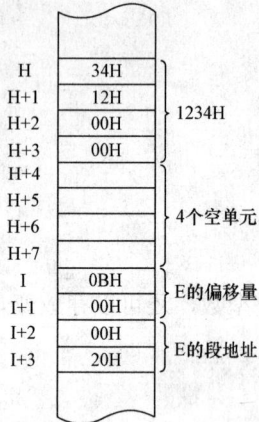

图 3.3　由 DD 伪指令分配的存储单元

```
H DD 1234H,?
I DD E
```

令 E 的段地址为 2000H，偏移量（偏移地址）为 000BH。

以上伪指令经汇编后的存储单元分配情况如图 3.3 所示。

4．复制操作符

在以上数据定义伪指令的操作数字段中，还可以使用复制操作符，以便定义数组和初始化大量相同的数据。复制操作符格式如下：

表达式 DUP（初值 1，初值 2，…，初值 n）

其中，表达式的值为一个正整数，用做重复计数，指定括号中的初值重复定义次数。

例如：用复制操作符定义数组

```
ARRAY1 DB 3 DUP(1,2,3)   ;定义了 3 组数据，每组数据为 1，2，3
ARRAY2 DW 20 DUP(?)      ;定义了 40 个空单元
```

DUP 操作符还可以嵌套使用，用于完成有一定规律的存储单元分配和初始化。

例如：嵌套使用 DUP 操作符对数组进行初始化。

```
ARRAY3 DB 10 DUP(1,2,2 DUP(3,4))   ;等效为 ARRAY3 DB 10 DUP(1,2,3,4,3,4)
ARRAY4 DB 10 DUP(1,2,2 DUP(3,4,2 DUP（5）))
                  ;等效为 ARRAY4 DB 10 DUP(1,2,3,4,5,5,3,4,5,5)
```

三、属性获取操作符

属性获取操作符的操作对象必须是存储器操作数（即变量或标号），运算结果是该操作数的某一属性值。

1．SEG 操作符

格式：SEG 变量名/标号

功能：将 SEG 操作符加在变量或标号前，可得到该变量或标号的段地址。

2．OFFSET 操作符

格式：OFFSET 变量名/标号

功能：将 OFFSET 操作符加在变量或标号前时，可得到该变量或标号的偏移地址。

例如：下段程序经过汇编后，AX、BX 的内容为多少？

```
ARRAY DW 20 DUP(?)
……
MOV BX,SEG ARRAY
MOV SI,OFFSET ARRAY
```

设 ARRAY 的段地址为 2000H，偏移量为 1234H。

结果为（BX）=2000H，（SI）=1234H。

3．TYPE 操作符

格式：TYPE 变量名/标号

功能：将 TYPE 操作符运算符加在变量或标号前时，可以返回该变量或标号的类型值。表 3.3 列出了存储器操作数的类型值。

表 3.3   存储器操作数的类型值

类 型	类 型 属 性	类 型 值
变量	BYTE（字节）	1
	WORD（字）	2
	DWORD（2 字）	4
标号	NEAR	−1
	FAR	−2

例如：X1 DB 'HOW ARE YOU!'
```
    X2 DW 1234H
    ……
    MOV AL,TYPE X1    ;等效于 MOV AL, 1
    MOV BL,TYPE X2    ;等效于 MOV BL, 2
```
变量的类型值不仅区分变量类型，还分别是相应类型变量所占有的存储单元字节数，而标号的类型值仅仅区分标号类型。

4. LENGTH 操作符

格式：LENGTH 变量名

功能：LENGTH 操作符仅用于变量操作数，并且只对用 DUP 操作符定义的数组变量才有意义，运算结果是返回数组变量中的元素个数。如果有 DUP 嵌套，则只返回外层的重复计数值。对于没有使用 DUP 操作符定义的变量，则无论是数组变量还是单个变量，返回值总是 1。

5. SIZE 操作符

格式：SIZE 变量名

功能：SIZE 操作符也仅用于数组变量操作数，其使用规则与 LENGTH 操作符类似。若将 SIZE 操作符加在数组变量前，可返回数组变量所占的总字节数。

例如：CH1 DB 12H,34H,56H
```
    CH2 DB 20 DUP (1,2,3 DUP(1, 2))
    CH3 DW 60 DUP（1）
    ……
    MOV AL,LENGTH CH1;(AL)=1
    MOV BL,LENGTH CH2;(BL)=20
    MOV CL,LENGTH CH3;(CL)=60
    MOV AH,SIZE CH1;(AH)=1
    MOV BH,SIZE CH3;(BH)=120
```
SIZE、LENGTH 和 TYPE 操作符的关系可以用下式表示：
```
SIZE CH3=(LENGTH CH3)*(TYPE CH3)
```

四、属性修改操作符

这类操作符用于改变存储器地址操作数的属性，使得同一存储器单元可以作为不同类型的变量使用，或者使同一标号既可以供段内转移引用，也可以供段间转移引用。

1. PTR 操作符

PTR 操作符与 EQU 伪指令联用，可以为已定义的存储单元或标号建立新类型。格式：
新类型 PTR 表达式

其中，表达式的值是已定义的存储单元或标号的地址。PTR 只为已定义的存储单元或标号建立一个新类型的符号地址，并不分配新存储单元，即新建立的变量名、标号具有与原变量、标号相同的段地址和偏移地址，只是数据类型不同。

例如：D_BYTE DB 40 DUP(?)
　　　D_WORD EQU WORD PTR D_BYTE

上面的指令定义 D_BYTE 为 40B 的数组起始地址，D_WORD 为 20 个字单元的数组起始地址,2 个不同类型的数组共享同一段（40B）存储区。

例如：用 PTR 指定操作数的类型。

```
YAH DB 12H,34H,56H,78H
……
MOV AL,YAH                ;正确
MOV AX,YAH                ;类型不匹配，应改为 MOV AX，WORD PTR YAH
```

2. THIS 操作符

THIS 操作符也可以为已定义的存储单元或标号赋予新类型。

格式：THIS 新类型

例如：TD_WORD EQU THIS WORD
　　　TD_TYPE DB 100 DUP(?)

此例为 THIS 后面已定义的 TD_TYPE 存储区建立了字类型符号地址 TD_WORD。

五、分离操作符

HIGH 取字数据的高位字节，LOW 取字数据的低位字节。

例如：已知一个符号常量。

```
VAR DW 1234H
```

执行指令：MOV AL,HIGH VAR;等效为 MOV AL, 12H

六、段定义伪指令

1. 定义段伪指令

格式：段名 SEGMENT
　　　……
段名 ENDS

注意

（1）段名是由编程者自定义，是不可缺少的，它的值是程序加载内存后由系统自动确定的。段名应便于记忆，望名知意。

（2）SEGMENT 和 ENDS 语句必须成对使用，而且在使用时，还可以使用简化的段定义。

例如：定义一个数据段 DATA。

```
DATA SEGMENT
```

```
STRING DB "HOW ARE YOU! "
COUNT  EQU $-STRING
DATA ENDS
```

2．段分配伪指令

格式：ASSUME 段寄存器名：段名，段寄存器名：段名，…

功能：ASSUME 伪指令设定段和段寄存器的关系，其中段寄存器名必须是 CS、DS、ES 和 SS 中的一个，而段名必须是由 SEGMENT 定义的段名。

ASSUME 伪指令只是指定某个段分配给哪一个段寄存器，它并没有把段地址装入段寄存器中，所以一般在代码段开始，还必须把段地址装入相应的段寄存器中。但是，代码段的填充是由系统自动完成的。

3．程序结束伪指令

格式：END 标号

功能：通知汇编程序，停止对源程序进行汇编。

格式中的标号为源程序中第一条可执行语句的标号，指定了程序运行的首地址。

七、过程定义伪指令

格式：过程名 PROC [NEAR/FAR]

    ……

     RET

  过程名 ENDP

功能：过程定义伪指令用于定义子程序。其中过程名为标识符，它又是子程序入口的符号地址，它的写法与标号的写法相同。属性是指类型属性，它可以是 FAR 或 NEAR 段内调用使用属性，段间调用使用 FAR 属性。

八、其他伪指令

1．模块定义伪指令 NAME/END

格式：NAME 模块名

   ……

 END 标号

功能：由 NAME 和 END 定义一个程序模块。标号为模块执行时程序的起始地址。

说明

（1）如果程序中没有 NAME 伪指令，也可使用 TITLE 伪指令。

格式：TITLE text

TITLE 伪指令可指定每一页上打印的标题。同时，如果程序中没有使用 NAME 伪指令，则汇编程序将用 text 中的前 6 个字符作为模块名。text 最多为 60 个字符。如果程序既无 NAME，又无 TITLE，则用源程序文件名作为模块名。

（2）当 NAME 默认时，END 只表示源程序结束。

2．ORG 伪指令

格式：ORG 数值表达式

功能：ORG 伪指令指定在它之后的程序段或数据块所存放的起始地址的偏移量。

地址计数器的值可以用$来表示，即'$'可用来表示当前地址，汇编语言允许用户直接用\$来引用当前地址即地址计数器的值。

例如：
```
DATA SEGMENT
      ORG 100H
   BUF DB 10 DUP (1, 2)
COUNT EQU $-BUF
   DATA ENDS
```

如果没有 ORG 伪指令时，BUF 的偏移地址为 0000H，有 ORG 指令时，BUF 的偏移地址为 0100H。COUNT 的值为 20。

3.1.4 汇编语言的程序结构

汇编语言源程序经汇编、连接后，按照生成可执行程序不同的形式，可以分为生成 EXE 可执行程序的源程序格式和生成 COM 程序的汇编语言源程序格式两种。

一、EXE 程序的汇编语言源程序格式

典型结构如下：

```
NAME 模块名；可有可无
数据段名 SEGMENT
        变量定义
        数据空间预置
数据段名 ENDS
附加段名 SEGMENT
        变量定义
        数据空间预置
附加段名 ENDS
堆栈段名 SEGMENT PARA STACK 'STACK'  ;堆栈段段寄存器自动填充
        堆栈段空间预置
堆栈段名 ENDS
代码段名 SEGMENT
        ASSUME CS:代码段名,DS:数据段名,ES:附加段名,SS:堆栈段名
BEGIN: 指令1
        指令2
        ……
        指令n
代码段名 ENDS
END BEGIN
```

说明

（1）任何一个汇编语言源程序由若干段组成，最多有 4 个段：数据段、附加段、堆栈段和代码段，前 3 个段将根据具体程序的需要可有可无，但程序至少有一个代码段。各段的定义由伪指令 SEGMENT 和 ENDS 来完成。

（2）当有变量定义或预置数据空间时，应在数据段或附加段中进行定义。

（3）如果使用堆栈，则用户最好自己设置专用的堆栈空间，也可由系统自行分配堆栈空间。

（4）代码段中，用 ASSUME 指令指出各段寄存器与当前被使用的逻辑段的对应关系，但不能把段地址装入相应的寄存器中，所以，在任何程序的开始，都要使用指令给

DS、ES 赋值：

```
MOV AX,数据段名
MOV DS,AX          ;有数据段时，用这两条命令将数据段首址放入 DS
MOV AX,附加段名
MOV ES,AX          ;有附加数据段时，用这两条命令将其段首址放入 ES
```

（5）CS 是系统在加载程序后由系统自动置入，不能使用如下指令：

```
MOV AX,代码段名
MOV CS,AX
```

二、COM 程序的汇编语言源程序格式

典型结构如下：

```
NAME 模块名;可有可无
代码段名 SEGMENT
        ASSUME CS:CODE
        ORG 100H
START: JMP BEGIN
变量定义
        数据空间预置
BEGIN: 指令 1
        指令 2
        ……
        指令 n
代码段名 ENDS
END START
```

说明

（1）COM 程序的源程序形式不允许分段（或者说，只有一个段），程序中用到的数据定义、存储空间预置、堆栈区域以及程序代码均在仅有的一个段内，程序开始运行的起点必须是 100H，程序结束使用 END。

（2）为了符合编程的习惯，将变量定义和数据空间预置（相当于 EXE 程序格式的数据段）放到了程序的前面并用 JMP 指令跳过（设置 JMP 指令是为了保证程序的入口地址 100H），读者也可以将其放到后面并去掉 JMP 指令。

三、EXE 和 COM 程序的区别

EXE 和 COM 程序有如下不同：

（1）EXE 程序分为 1~4 个段；COM 程序不允许分段。

（2）EXE 程序的入口地址由系统自行安排；COM 程序的入口地址必须为 100H。

（3）程序每个段均可占用 64KB 的存储空间（段与段也可以重叠使用），一个程序最多可分配 256KB 的存储空间；COM 程序所占用的总空间不允许超过 64KB。

（4）EXE 程序，用户可以设置堆栈也可以不设置；COM 程序，用户不必设置堆栈，在程序装入时，由系统自动把 SP 建立在该段之末。

（5）COM 程序没有程序所具有的包括有关文件信息的标题区（header），因此，在 64KB

之内和 EXE 同样大的程序，COM 程序的载入速度比 EXE 程序要快。此外，COM 程序不定期可以直接在调试程序 debug 中用 a 或 e 命令建立，对于一些短小的程序，这也是一种很方便的方法。

用户在建立 COM 源程序之后，同样经汇编、连接形成 EXE 程序，然后可以通过 exe2bin 程序来建立 COM 程序，方法如下：

```
exe2bin 程序名.EXE 程序名.COM
```

四、常用返回 DOS 的方法

在程序的代码段结束之前用下面两条命令：

```
MOV AH,4CH
INT 21H                 ;DOS 功能调用，下节做详细介绍。
```

【例 3.1】 将变量 X 的值加上变量 Y 的值，结果保存在变量 Z 中。设运算结果不超出 1B。

```
DATA SEGMENT
    X DB 6              ;X 是 1B 类型的变量
    Y DB 9              ;Y 是 1B 类型的变量
    Z DB ?              ;Z 是 1B 类型的变量
 DATA ENDS
 CODE SEGMENT
     ASSUME CS:CODE,DS:DATA
BEGIN:MOV AX,DATA    ;DATA 不能直接赋值给 DS
     MOV DS,AX        ;对 DS 赋值
     MOV AL,X         ;存储器寻址方式不能确定数据类型
     MOV BL,Y         ;X、Y 先分别送到不同的字节（8 位）寄存器中
     ADD AL,BL
     MOV Z,AL
     MOV AH,4CH
     INT 21H          ;返回 DOS
CODE ENDS
     END BEGIN
```

3.1.5 常用 DOS 功能调用

一、DOS 功能调用的方法

DOS 功能调用需要进行如下三项工作：

（1）置入口参数，如果所调用的子程序不需要参数，则可省略此步。

（2）要调用的子程序编号→AH。

（3）发中断调用指令 INT 21H。

二、DOS 基本功能调用

1. 键盘输入（1 号调用）

入口参数：无。

出口参数：所读取的字符的 ASCII 码在 AL 内。

功能：此调用扫描键盘，若有键按下，先检查是否是 Ctrl+Break。若是，则退出命令执行并调用 DOS 的 Ctrl+Break 处理程序；若不是，则将字符 ASCII 码设置到 AL 中，同时在屏幕上显示这个字符，然后返回。若无键按下，该调用等待直到有键按下为止。

调用示例：

```
MOV AH,1
INT 21                  ;等待从键盘输入一个字符，存入 AL 中
```

2. 在屏幕上显示一个字符（2 号调用）

入口参数：DL=待显示字符的 ASCII 码。

出口参数：无。

功能：将字符显示在屏幕上。但如果字符是控制符，则实际执行相应的功能，

调用示例：显示字符 A。

```
MOV DL,'A'
MOV AH,2
INT 21H
```

3. 字符串显示（9 号调用）

入口参数：DS：DX 指向待显示字符入口，且字符串必须以"$"作为结束符。

出口参数：无。

功能：结束符之前的字符都被显示在屏幕上。

调用示例：编程在屏幕上显示"HOW ARE YOU"。

```
DATA SEGMENT
 DISP DB 'HOW ARE YOU','$'
 DATA ENDS
 CODE SEGMENT
     ASSUME CS:CODE,DS:DATA
BEGIN:MOV AX,DATA
     MOV DS,AX
     LEA DX,DISP
     MOV AH,9
     INT 21H            ;显示 DX 指定的缓冲区数据
     MOV AH,4CH
     INT 21H;返回 DOS
CODE ENDS
     END BEGIN
```

4. 字符串输入号（10 号调用）

入口参数：指向输入缓冲区。

输入缓冲区必须由用户在调用前准备好，且具有如下格式：

第一个字节必须放一个非 0 数据，该数值指明准备接收的最大字符数，这个字符数包括用户在结束时必须输入的回车符，如果输入的字符数达到了此数减 1，那么系统将不再接收字符（按键时会发出"嘟嘟"声，而且光标不再向右移动），直到用户按 Enter 键为止。

第二个字节保留，DOS 在功能调用结束后填入实际输入的字符个数（这个数并不包括最后的回车符）。

用户输入的字符串从第三个单元开始存放。

出口参数：用户实际输入字符个数在缓冲区第二个单元中。

调用示例：

```
DATA SEGMENT
  BUF DB 10          ;接收的最大字符数
      DB ?           ;实际输入的字符个数
      DB 10 DUP(?)   ;用户输入的字符存放区
DATA ENDS
CODE SEGMENT
      ASSUME CS:SODE,DS:DATA
BEGIN:MOV AX,DATA
      MOV DS,AX
      LEA DX,BUF
      MOV AH,10
      INT 21H        ;10号功能调用
      ...
      MOV AH,4CH
      INT 21H        ;返回DOS
CODE ENDS
      END BEGIN
```

【例 3.2】 编一段程序先提示用户输入一个字符串，然后读取用户的输入，并将用户输入的数据在下行输出。

分析：根据题意，首先确定字符串的输入、输出采用 9、10 号 DOS 功能调用，如果要将输入的字符通过 9 号功能调用显示出来，必须将实际输入字符串的首地址送入 DX。

```
   DATA SEGMENT
MESSAGE DB "PLEASE INPUT A STRING:$"
    BUF DB 255,?,255 DUP(?)
   DATA ENDS
   CODE SEGMENT
       ASSUME CS:CODE,DS:DATA
 BEGIN:MOV AX,DATA
       MOV DS,AX
       MOV DX,OFFSET MESSAGE
       MOV AH,9       ;显示提示信息
       INT 21H
       MOV DX,OFFSET BUF
       MOV AH,10      ;接收用户输入
       INT 21H
       MOV AH,2
       MOV DL,0AH     ;换行
       INT 21H
       MOV BL,BUF+1
       MOV BH,0
       MOV BYTE PTR BUF+2[BX],'$'    ;在字符结束处放置一个'$'
       MOV DX,OFFSET BUF+2
       MOV AH,9
       INT 21H        ;显示用户输入的字符
       MOV AH,4CH
       INT 21H
   CODE ENDS
       END BEGIN
```

3.2　汇编语言上机过程

3.2.1　汇编语言的工作环境

（1）硬件环境：IBM-PC 及其系列机。

（2）软件环境：

编辑程序：EDIT.COM 或其他编辑程序，如：记事本等。

汇编程序：MASM.EXE。

连接程序：LINK.EXE。

调试程序：DEBUG.COM 或 DEBUG.EXE。

3.2.2　上机过程

汇编语言程序设计的上机过程如图 3.4 所示。首先用 EDIT 或记事本等文本编辑软件建立汇编语言源程序文件（扩展名为.ASM），然后再用汇编程序进行汇编，产生二进制的目标文件（扩展名为.OBJ），OBJ文件虽然已经是二进制代码，但还不能直接运行，必须用连接程序把程序所需的库文件及有关目标文件和汇编产生的OBJ 文件连接起来，形成可执行文件（扩展名为.EXE），才能装入内存运行。

建议将 MASM.EXE、LINK.EXE 等与汇编语言源程序放在同一个文件夹里（如 D:\MASM），下面以 MASM5.0 开发包为例进行讲解。

一、编辑源程序

以例 3.2 为例，令源程序文件名为 STRINGIO.ASM。

方法一：打开记事本，编辑源程序后保存，文件名为STRINGIO.ASM。

注：保存文件时保存类型选择"所有文件"。

方法二：进入 MS DOS 模式，转换到 D:\MASM，输入 EDIT STRINGIO.ASM 后按 Enter 键。

图 3.4　汇编语言程序上机过程

二、对源程序进行汇编

在 DOS 提示符（如 D:\MASM）下，输入 MASM STRINGIO.ASM<CR>，具体过程如下：

```
Microsoft (R) Macro Assembler Version 5.00
Copyright (C) Microsoft Corp 1981-1985, 1987.All rights reserved.
Object filename [STRINGIO.OBJ]:
Source listing [NUL.LST]:
Cross-reference [NUL.CRF]:
  50608 + 415936 Bytes symbol space free
     0 Warning Errors
     0 Severe  Errors
```

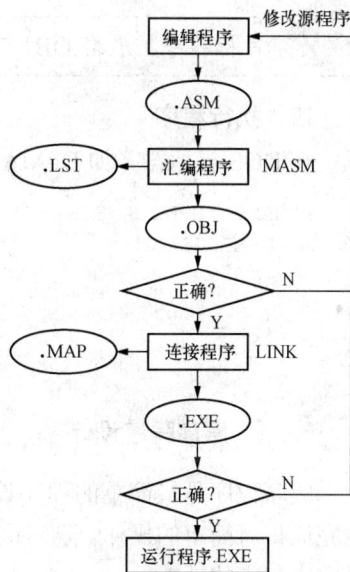

说明

　　汇编过程中若有错误，则需要重新修改源程序，再对源程序进行汇编，直至出现两种错误均为 0 时，便产生了.OBJ 文件。需要注意的是，只要出现 Severe Errors，就不会产生.OBJ 文件。

三、对目标程序进行连接

在 DOS 提示符（如 D:\MASM）下，输入 LINK STRINGIO.OBJ<CR>，具体过程如下：

```
Microsoft (R) Macro Assembler Version 5.00
Copyright (C) Microsoft Corp 1981-1985, 1987.All rights reserved.
Object filename [STRINGIO.OBJ]:
Source listing [NUL.LST]:
Cross-reference [NUL.CRF]:
  50608 + 415936 Bytes symbol space free
    0 Warning Errors
    0 Severe  Errors
```

说明

　　目标程序扩展名.OBJ 可以省略，LINK 程序可默认为.OBJ。

四、执行程序

在 DOS 提示符（如 D:\MASM）下，输入 STRINGIO<CR>。

```
PLEASE INPUT A STRING:MY NAME IS WM
MY NAME IS WM
```

3.3　汇编语言程序设计

3.3.1　顺序程序设计

　　顺序程序是最简单的程序设计，这种程序不使用分支、循环结构，程序按顺序执行，只能完成相对简单的操作。限于这种特点，在进行顺序程序设计时应合理安排指令的先后顺序，以完成相应的功能。

　　在较为复杂的程序中，顺序程序是逐段出现，它主要完成一些简单操作或过程的准备、任务的过渡、结果的存储及程序结束等。它是程序的基本组成部分。以下结合几个实例说明顺序程序的基本设计方法，它们是以后各种复杂程序设计的基础。

　　【例 3.3】　设在 X、Y 单元中分别存放着一个 BCD 数，试编程实现将两个 BCD 数相加存于 Z 单元中，同时将结果显示到屏幕上。X、Y、Z 均为字节类型的变量，且运算结果不超出一个字节。

　　分析：首先在完成两个 BCD 数相加时采用 DAA 调整指令进行调整，其次，由于 BCD 数本身的特点是由 0～9 的数构成的，所以在显示时只需要将高、低 4 位加 30H 后送 DL，使用 2 号 DOS 功能调用输出。

　　程序如下：

```
DATA SEGMENT
    X DB 25H            ;X 是 1 字节类型的变量
    Y DB 49H            ;Y 是 1 字节类型的变量
    Z DB ?              ;Z 是 1 字节类型的变量
 DATA ENDS
 CODE SEGMENT
        ASSUME CS:CODE,DS:DATA
START:MOV AX,DATA;DATA
        MOV DS,AX
        MOV AL,X
        MOV BL,Y
        ADD AL,BL
        DAA                 ;调整
        MOV Z,AL
        MOV CL,4
        ROR AL,CL
        AND AL,0FH
        ADD AL,30H          ;将高 4 位转换成对应的 ASCII 码
        MOV DL,AL
        MOV AH,2
        INT 21H             ;显示高 4 位
        AND Z,0FH
        ADD Z,30H           ;将低 4 位转换成对应的 ASCII 码
        MOV DL,Z
        MOV AH,2
        INT 21H             ;显示低 4 位
        MOV AH,4CH
        INT 21H
 CODE ENDS
        END START
```

【例 3.4】 设在 X 单元中存放一个 0～9 的整数，用查表法求出其平方值，并将结果存入 Y 单元。

分析：根据题意，首先将 0～9 所对应的平方值存入连续的 8 个单元中，构成一张平方值表，其首地址为 SQTAB。由表的存放规律可知，表首址 SQTAB 与 X 单元中的数 i 之和，正是 i^2 所在单元的地址。

程序如下：

```
DATA SEGMENT
SQTAB DB 0,1,4,9,16,25,36,49,64,81 ;平方值表
    X DB 5
    Y DB ?
 DATA ENDS
STACK SEGMENT PARA STACK 'STACK'
 TAPN DB 100 DUP (?)
  TOP EQU LENGTH TAPN
STACK ENDS
 CODE SEGMENT
        ASSUME CS:CODE,DS:DATA,SS:STACK
START:MOV AX,DATA
```

```
        MOV DS,AX
        MOV AX,STACK
        MOV SS,AX
        MOV AL,X
        MOV AH,0;
        MOV BX,OFFSET SQTAB        ;将表首址送BX
        ADD BX,AX
        MOV AL,[BX]
        MOV Y,AL
        MOV AH,4CH
        INT 21H
    CODE ENDS
        END START
```

3.3.2 分支程序设计

分支程序使计算机具备判断能力，计算机可以根据给定的条件进行判断，并做出相应的处理，它可以把程序分成不同的处理段，实现情况不同的处理，从而使计算机具有一定的"思维"能力。这是顺序程序所不能实现的。所以，分支程序是程序的重要组成结构之一。汇编语言的分支主要由转移指令实现，而过多的转移指令会使程序的结构变得复杂，因而进行分支程序设计时进行合理安排是至关重要的。

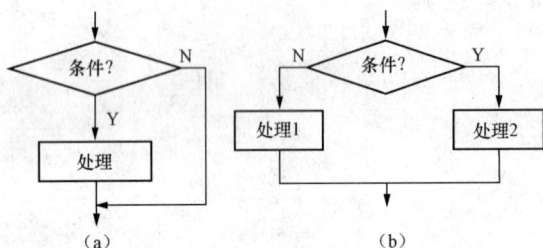

图 3.5　常用分支结构

一、单重分支

单重分支是最简单的分支结构，如果条件成立，则完成某项操作，否则执行其他操作或后续指令。常用分支结构如图 3.5 所示。

以上两种结构的不同在于结构（a）在条件不成立时并未执行其他处理，两者的结构基本是一致的。条件判断及转移操作通常利用比较指令及条件转移指令实现。比较指令根据比较结果影响标志位，而转移指令根据标志位决定分支的走向。

【例 3.5】 已知在存储单元 SUM 中存放着 2 位十六进制数，试编程将其显示到屏幕上。

分析：分两个步骤完成，先显示高 4 位，后显示低 4 位。另外，在显示十六进制数时，0～9 加 30H，A～F 加 37H。

```
DATA SEGMENT
  SUM DB 3DH
 DATA ENDS
 CODE SEGMENT
    ASSUME CS:CODE,DS:DATA
BEGIN:MOV AX,DATA
      MOV DS,AX
      MOV AL,SUM
      MOV BL,AL
      MOV DL,AL
      MOV CL,4
```

```
        SHR DL,CL
        CMP DL,9
        JBE NEXT1
        ADD DL,7
NEXT1:ADD DL,30H
        MOV AH,2
        INT 21H          ;显示高 4 位
        MOV DL,BL
        AND DL,0FH
        CMP DL,9
        JBE NEXT2
        ADD DL,7
NEXT2:ADD DL,30H
        MOV AH,2
        INT 21H          ;显示低 4 位
        MOV AH,4CH
        INT 21H
 CODE ENDS
        END BEGIN
```

二、多重分支

在程序设计中，更多的情况是对几个条件同时进行判断从而确定程序的转移方向，此时只能采用数个单重分支的组合来完成，这就是多重分支结构。

【例 3.6】 试编写一个程序，计算符号函数的值：

$$Y = \begin{cases} -1 & \text{当} X < 0 \\ 0 & \text{当} X = 0 \\ 1 & \text{当} X > 0 \end{cases}$$

分析：该程序为 3 路分支，首先判断 X 单元的内容是否为正？如果为正，则转移，实现 $Y=1$；如果为负，则继续执行，其次判断是否为 0。如果为 0，则转移，实现 $Y=0$；如果不为 0，则继续执行，实现 $Y=-1$。

程序如下：

```
DATA SEGMENT
    X DB 6
    Y DB ?
 DATA ENDS
 CODE SEGMENT
        ASSUME CS:CODE,DS:DATA
BEGIN:MOV AX,DATA
        MOV DS,AX
        MOV AL,X
        CMP AL,0
        JG G1            ;结果为正,则转移
        JZ Z1            ;结果为 0,则转移
        MOV AL,-1
        JMP EXIT
    G1:MOV AL,1
        JMP EXIT
```

```
    Z1:MOV AL,0
  EXIT:MOV Y,AL
       MOV AH,4CH
       INT 21H
  CODE ENDS
       END BEGIN
```

三、用地址表实现分支

当程序分支比较复杂时，可将各分支的入口地址存于地址表中，以实现分支程序设计。

【例3.7】 查看变量 BUF 中的值，如果是 0 则执行模块 0（用标号 J0 表示的内容，下同），如果是 1 则执行模块 1，依次类推，其中 BUF 的值在 0～7。

分析：根据题意，首先建立一个地址表，其次根据变量 BUF 中的值在地址表中找到确切的位置，最后通过段内间接转移指令实现程序的转移。

程序如下：

```
DATA SEGMENT
  BUF DB 2
    J DW J0,J1,J2,J3,J4,J5,J6,J7
 DATA ENDS
 CODE SEGMENT
       ASSUME CS:CODE,DS:DATA
BEGIN:MOV AX,DATA
       MOV DS,AX
       MOV BX,OFFSET J
       MOV AJ,BUF
       AND AJ,07H
       MOV AH,00H
       ADD AX,AX
       ADD BX,AX
       JMP WORD PTR [BX]        ;段内间接转移
       …
    J0:…
       …
    J1:…
       …
       …
    J7:…
       …
       MOV AH,4CH
       INT 21H
  CODE ENDS
       END BEGIN
```

数据段中变量 J 的值是 J0、J1、…、J7，实际上就是程序段中的标号 J0、J1、…、J7，也就是说，J 其实是一个转移地址表。显然这里用的是段内间接转移，如果是段间转移，则应该将段地址与偏移地址一同存入地址表中：

```
J DW J0,J1,J2,J3,J4,J5,J6,J7
```

3.3.3 循环程序设计

在进行程序设计时，会出现某段程序反复多次执行的情况，如果这段程序是连在一起反复执行的，可用循环程序结构来实现。其方法是用重复次数或某个条件控制循环程序的执行。采用循环程序结构不仅使程序变得简洁清晰，而且减少了程序对内存的占用，因此，循环程序是重要的程序结构之一。

循环程序是多种多样的，但一般认为循环程序由四部分构成。

1. 初始化部分

本部分主要为循环程序做准备工作，如置循环次数、地址指针或关键字，寄存器置初值及标志位设置等。

2. 循环工作部分

本部分是实际进行工作的部分，是循环结构的主体。

3. 参数调整部分

本部分实现地址指针或循环次数的修改等，以便继续循环。

4. 循环控制部分

本部分是循环条件的检查，判断是否继续循环。

以上四部分中，循环工作部分、参数调整部分、循环控制部分有时统称为循环体。循环程序根据循环控制条件的不同，通常又分两种结构，如图 3.6 所示。

通常图（a）所示为后判断型循环，循环次数已知，多用 LOOP 指令等构造循环；而图（b）所示为先判断型循环，循环次数未知，多用条件转移指令构造循环。

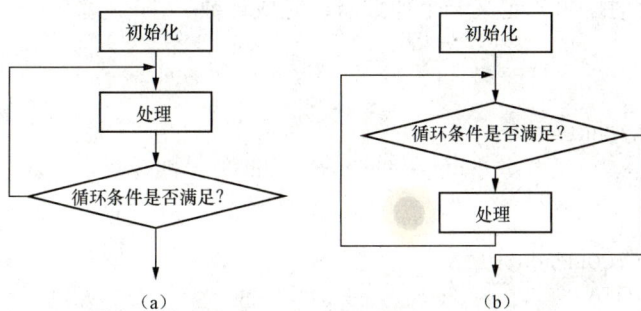

图 3.6　常用循环结构

（a）先工作后判断循环条件；（b）先判断循环条件后工作

一、单重循环

程序中只有一个循环体，循环体内不再含有其他循环体，下面举例说明。

【例 3.8】　在以 NUM 为首址的存区中存有一组带符号的字节类型的数据，从中找出最大数并送入 MAX 单元。

分析：由于 NUM 单元中存放的是一组带符号数，所以应采用 JG/JL 转移指令来判断大小关系；在算法上采用逐一比较互相交换的原则实现最大数查找。

程序如下：

```
DATA SEGMENT
  NUM DB 7,9,-10,0,100,-27,99
```

```
     COUNT EQU $-NUM
      MAX DB ?
     DATA ENDS
     CODE SEGMENT
         ASSUME CS:CODE,DS:DATA
     START:MOV AX,DATA
         MOV DS,AX
         MOV CL,COUNT-1
         MOV CH,00H
         MOV BX,OFFSET NUM
         MOV AL,[BX]        ;取第一个数
      LP1:INC BX
         CMP AL,[BX]
         JGE NEXT           ;大于等于时继续循环
         MOV AL,[BX]        ;交换数据
     NEXT:LOOP LP1
         MOV MAX,AL
         MOV AH,4CH
         INT 21H
     CODE ENDS
         END START
```

【例3.9】 在以 STRING 为首地址的缓冲区中存放着一个以"$"为结尾的字符串，试编程统计该字符串的长度，并把它存入 LENGTH 单元中。

分析：这是一个循环次数未知的循环程序，所以要以"$"作为判断是否继续循环的条件；在统计字符串的长度时应事先定义一个计数器，完成计数。

程序如下：

```
DATA SEGMENT
  STR DB 'HDKAYFBKLA$'
 LENG DB ?
 DATA ENDS
 CODE SEGMENT
     ASSUME CS:CODE,DS:DATA
START:MOV AX,DATA
     MOV DS,AX
     MOV BX,OFFSET STR
     MOV DI,0
 LP1:MOV AL,[BX][DI]    ;取字符
     CMP AL,
     JZ EXIT            ;为'$'时退出循环
     INC DI
     JMP LP1
EXIT:MOV CX,DI
     MOV LENG,CL
     MOV AH,4CH
     INT 21H
 CODE ENDS
     END START
```

【例3.10】 设在缓冲区 DATA 中存放着 12 个压缩的 BCD 码，求它们的和，把结果存放

到缓冲区 SUM 中。

分析：由于是完成压缩的 BCD 码相加，所以要用到 DAA 指令进行调整；另外在加的过程中要考虑到进位。

程序片段如下：

```
        ...
  NUM1 DB 12H,34H,56H,78H,90H,98H,87H,76H,65H,54H,43H,32H
RESULT DB 2 DUP(0)
        ...
        MOV AX,SEG NUM1
        MOV DS,AX
        MOV BX,OFFSET DATA
        MOV CX,10
        XOR AL,AL
        XOR AH,AH
NEXT:ADD AL,[BX]
        DAA                     ;调整
        ADC AH,0                ;考虑进位
        XCHG AH,AL
        DAA                     ;调整
        XCHG AH,AL
        INC BX
        LOOP NEXT
        XCHG AH,AL              ;准备高位低地址存放
        MOV WORD PTR RESULT,AX
        ...
```

二、多重循环

程序设计中，有时单重循环不能完成一项工作，需用多重循环完成。多重循环就是循环体内含有其他循环体的结构，也称为循环嵌套。多重循环以双重循环最常用，内外层的循环由程序员用跳转指令控制，要注意不同循环体之间的界限。

【例 3.11】 统计一个班级学生的总分。

分析：对于每个学生而言，需要循环累加各门成绩，对于班级而言，需要对每个学生进行循环操作。

程序如下：

```
DATA SEGMENT
   X1 DB 70,90,80,76,89,?
   X2 DB 89,70,67,90,100,?
   X3 DB 90,90,98,100,79,?   ;假设有三个学生,五门功课
 DATA ENDS
 CODE SEGMENT
      ASSUME CS:CODE,DS:DATA
START:MOV AX,DATA
      MOV DS,AX
      MOV BX,0;也可以写成 MOV BX,OFFSET X1
      MOV CX,3
  LP2:PUSH CX
      MOV DI,0
```

```
        MOV CX,5
        XOR AX,AX
    LP1:MOV AH,[BX][DI]
        ADD AL,AH
        INC DI
        LOOP LP1
        MOV [BX][DI],AL
        POP CX
        ADD BX,6
        LOOP LP2
        MOV AH,4CH
        INT 21H
    CODE ENDS
        END START
```

3.3.4　子程序设计

程序中可能某段程序反复多次执行，如果这段程序是连在一起反复执行的，则可用循环程序结构来实现。但如果这样的程序段是在程序的不同位置反复执行，则不能用循环程序结构，此时有两种方法可提高编程效率，即采用子程序或宏。本节主要讨论子程序的设计方法。

一、子程序的调用与返回

有关子程序的定义与调用方法在前面已做过介绍，子程序是一个过程，它是由调用程序或主程序用 CALL 指令调用的。而子程序的返回是由 REP 指令实现的。主程序与子程序的调用关系如图 3.7 所示。

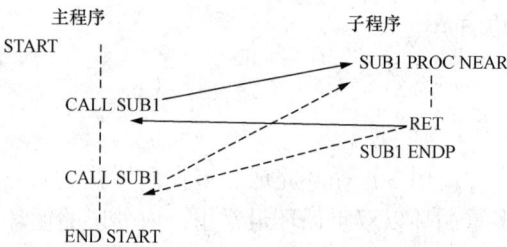

由图可知，主程序可多次调用子程序，子程序执行完毕返回主程序调用指令的下一条指令继续执行。段间调用与段内调用方法相似，只是子程序为 FAR 类型并与主程序分属于不同的代码段。

图 3.7　主程序与子程序的调用关系

1．段内调用

供段内调用的子程序必须被定义为 NEAR 类型，并与主程序位于同一个代码段中。子程序的位置通常在主程序的所有可执行指令之前或之后，不能放在主程序的可执行指令序列内部，否则会破坏主程序结构。

【例 3.12】　将 BUF 开始的 10 个单元中的十六进制数转换为其对应的 ASCII 码，在屏幕上显示出来。要求码型转换通过子程序 HEXAC 实现，在转换过程中，通过子程序 DISP 实现显示功能。

分析：由于在调用 HEXASC 子程序时，子程序又调用了 DISP 子程序，这叫子程序的嵌套调用。另外，十六进制数转换 ASCII 码可参照前面介绍过的例子。

程序如下：

```
DATA SEGMENT
  BUF DB 0ABH,0CDH,0DEH,01H,02H,03H,3AH,4BH,5CH,6FH
 DATA ENDS
 CODE SEGMENT
```

```
         ASSUME CS:CODE,DS:DATA
BEGIN:MOV AX,DATA
      MOV DS,AX
      MOV CX,10
      LEA BX,BUF
AGAIN:MOV AL, [BX]
      CALL HEXA
      INC BX
      LOOP AGAIN
      MOV AH,4CH
      INT 21H
 HEXA PROC NEAR
      MOV DL,AL
      PUSH CX
      MOV CL,4
      SHR DL,CL
      POP CX
      CALL DISP            ;显示高位 HEX 数
      MOV DL,AL
      AND DL,0FH
      CALL DISP
      RET
 HEXA ENDP
DISP PROC
      CMP  DL,9
      JBE  NEXT
      ADD  DL,7
NEXT:ADD DL,30H
      MOV AH,2
      INT 21H              ;显示
      RET
DISP ENDP
CODE ENDS
      END BEGIN
```

2. 段间调用

供段间调用的子程序必须被定义为 FAR 类型，并与主程序位于不同的代码段中，也可分属于不同的模块。

【例 3.13】 从键盘上输入一个长度小于 200 的字符串，存入以 BUF 为首地址的缓冲区，其中如有大写字母，要求用子程序转换为小写字母，字符串以按 Enter 键作为结束。

分析：本例中子程序以远程子程序的方式书写，它单独占用一个代码段。子程序位于 CODE2 段内，而主程序位于 CODE1 段内。子程序的功能是将大写字母转换为小写字母，方法是在大写字母的 ASCII 码加上 20H。

程序如下：

```
DATA SEGMENT
      BUF DB 200 DUP(?)
 DATA ENDS
CODE1 SEGMENT
```

```
        ASSUME CS:CODE1,DS:DATA
   BEGIN:MOV AX,DATA
        MOV DS,AX
        LEA SI,BUF
    NEXT:MOV AH,1
        INT 21H
        CMP AL,0DH
        JZ EXIT
        CALL FAR PTR CHANG        ;远调用
        MOV [SI],AL
        INC SI
        JMP NEXT
    EXIT:MOV AH,4CH
        INT 21H
   CODE1 ENDS
   CODE2 SEGMENT
        ASSUME CS:CODE2
   CHANG PROC FAR
        CMP AL,'A'
        JB OVER
        CMP AL,'Z'
        JA OVER
        ADD AL,20H                ;将大写转换为小写字母
    OVER:RET
   CHANG ENDP
   CODE2 ENDS
        END BEGIN
```

思考

AL 寄存器在该程序中的作用。

二、子程序与主程序的参数传递

主程序调用子程序时，通常会向子程序传递一些参数，称为入口参数；子程序执行完毕返回主程序时也可能返回子程序执行过程中产生的一些结果，称为出口参数。以上两种情况都属于主程序之间的参数传递。正确地进行参数传递对于子程序设计是至关重要的。传递参数通常有三种方法：寄存器传递参数、存储器传递参数和堆栈传递参数。在例 3.14 中，AL寄存器既是入口参数也是出口参数。

1. 利用寄存器传递参数

使用寄存器传递参数最快速、直观，是最常用的参数传递方式。但由于寄存器是计算机中的稀有资源，数目有限，因而只适合于传递较少数目的参数。其方法是主程序将子程序的入口参数放入指定的寄存器，然后再调用子程序。

2. 利用存储单元传递参数

当主程序向子程序传递的参数较多时，例如超过 10 个，则很难用寄存器传递参数，此时可用约定的存储单元传递参数。方法是主程序将要传递给子程序的数据存入存储单元，在调用子程序时只需要将这些数据的首地址告诉子程序即可。

3. 利用堆栈传递参数

这是通过堆栈这个临时存储区来实现参数传递的，主程序将入口参数压入堆栈，子程序

从堆栈中取出参数；子程序将出口参数压入堆栈，主程序从堆栈中取出参数。一般在汇编语言和高级语言混合编程时经常采用。

三、寄存器的保护与恢复

主程序在调用子程序之前，如果已经使用了若干寄存器，而且这些寄存器中保存的数据后面还要用到，那么这些寄存器的内容就不能被修改。而子程序如果也必须使用这些寄存器，则必定会修改这些寄存器的内容。这样会使程序出错。但如果在子程序中对这些寄存器予以保护和恢复，则可以避免这种错误。需要保护的寄存器主要满足下面两个条件：

（1）其中存放着主程序后面还要用到的内容。

（2）子程序要改变其中的内容。

编程时要注意，作为出口参数的寄存器不能是需要保护的寄存器。上述寄存器的保护是针对某一个主程序的，当子程序是一个公用子程序时，事先并不知道需要保护哪些寄存器，所以通常的做法是将子程序所用到的除作为出口参数的寄存器之外的所有寄存器全部保护与恢复。

例如：需要保护的寄存器为 AX、BX。

```
过程名 PROC
       PUSH AX
       PUSH BX
       ……
       POP BX
       POP AX
过程名 ENDP
```

以上是寄存器保护与恢复的一般形式，在程序设计中可根据实际情况进行安排，但后进先出的次序不能改动。

【例 3.14】　编写一个子程序，将入口参数 AL 中的二进制数以十六进制形式显示到屏幕上。

分析：由于 4 位二进制数据就是 1 位十六进制数据，因而它们之间不需转换。但该数据包含两个十六进制数据，因此必须单独转换为 ASCII 码，然后再显示。本题只需按照上面介绍的方法编程即可。

参考程序如下：

```
;子程序名：SDISP
;功能：将 AL 中的二进制数据以十六进制形式显示到屏幕上
;入口参数：AL=二进制数据
;出口参数：无
SDISP PROC NEAR
      PUSH BX
      PUSH DX
      PUSH CX
      PUSH AX              ;寄存器保护
      MOV CL,4
      SHR AL,CL
      AND AL,0FH
      CMP AL,0AH           ;先转换高 4 位
      JB AD130
```

```
        ADD AL,37H
        JMP NEXT
 AD130:ADD AL,30H
  NEXT:MOV DL,AL
        POP AX
        PUSH AX
        AND AL,0FH
        CMP AL,0AH
        JB AD230
        ADD AL,37H
        JMP DISP
 AD230:ADD AL,30H
  DISP:MOV BL,AL
        MOV AH,2
        INT 21H              ;显示高 4 位
        MOV AH,2
        MOV DL,BL
        INT 21H              ;显示低 4 位
        POP AX
        POP CX
        POP DX
        POP BX
        RET
SDISP ENDP
```

3.3.5 宏功能程序设计

当需要重复执行的程序很短，或需要传送的参数很多时，就可以使用宏汇编语句。宏是汇编语言源程序中一段具有独立功能的程序代码，宏的使用是先定义后调用。

一、宏定义与宏调用

1. 宏定义的一般格式

宏指令名 MACRO [形式参数表]
　　　　　宏体
宏指令名 ENDM

说明

（1）MACRO 和 ENDM 是一条必须成对出现的伪指令。这对伪指令之间的宏体是一组具有独立功能的程序代码。

（2）宏指令名给出该宏定义的名称，调用时就使用宏指令名来调用该宏定义。宏指令名可以与伪指令、机器指令的助记符同名，但它具有比机器指令、伪指令更高的优先权。

（3）形式参数表（也叫哑元表）可有可无，它给出了该宏定义中所用到的形式参数（或称虚参），每个形式参数之间用逗号隔开。形参个数不限，但字符个数不得超过132 个。

2. 宏调用

经宏定义后的宏指令在源程序中的调用称为宏调用。

宏调用的格式是

宏指令名 [实在参数表]

说明

（1）宏指令名必须与宏定义中的宏指令名一致。

（2）实在参数表中的实在参数（简称实参）必须与宏定义中的形参按位置一一对应，如果实参的个数多于形参的个数时，则多余的实参被忽略；如果实参的个数少于形参的个数时，缺少的实参被处理为空白，则实参可以和形参同名。

二、宏的使用

例如，把 BL 的内容右移 4 位。

宏定义：

```
RIGHT MACRO
      MOV CL, 4
      SAR BL, CL
RIGHT ENDM
```

宏调用：

```
RIGHT                  ;将 BL 内容算术右移 4 位。
```

上述宏定义是不带参数的，为了使宏指令具有灵活性，可以通过参数指定移位的次数。

宏定义：

```
RIGHT MACRO X
      MOV CL, X
      SAR BL, CL
RIGHT ENDM
```

宏调用：

```
RIGHT 6            ;将 BL 内容算术右移 6 位
RIGHT 4            ;将 BL 内容算术右移 6 位
```

还可以引入第二个参数来指定被移位的寄存器。

宏定义：

```
RIGHT MACRO X, Y
      MOV CL, X
      SAR Y, CL
RIGHT ENDM
```

宏调用：

```
RIGHT 6, AL        ;将 AL 内容算术右移 6 位
RIGHT 4, BL        ;将 BL 内容算术右移 4 位
```

形参不仅可以出现在操作数部分，也可以出现在操作码部分。

宏定义：

```
RIGHT MACRO X, Y, Z
      MOV CL, X
```

```
        S&Z  Y, CL
RIGHT ENDM
```

宏调用：

```
RIGHT 6, AL, HR      ;将 AL 内容逻辑右移 6 位
RIGHT 4, BL, AL      ;将 BL 内容算术左移 4 位
```

在汇编上述指令时，将产生如下的指令语句：

```
+MOV CL, 6
+SHR AL, CL          ;将 AL 内容逻辑右移 6 位
+MOV CL, 4
+SAL BL, CL          ;将 BL 内容算术左移 4 位
```

说明

宏指令是在汇编过程中展开的，上述带 "+" 的部分就是宏的展开。

【例 3.15】 定义一条 DISP 宏指令，既可以引用它输入一串字符，也可以引用它显示一串提示字符。

分析：根据题意，DISP 宏指令应包含两个参数，一个为功能号（9、10），另一个为地址变量。

```
    LF MACRO             ;定义一条换行宏指令 LF
        MOV DL,10
        MOV AH,2
        INT 21H
        ENDM
    CR MACRO             ;定义一条回车宏指令 CR
        MOV DL,13
        MOV AH,2
        INT 21H
        ENDM
  DISP MACRO X,Y         ;定义一条 DISP 宏指令
        MOV AH,X
        LEA DX,Y
        INT 21H
        ENDM
 DATA SEGMENT
MESS DB 'PLEASE INPUT A STRING:', '$'
 BUF DB 10,11 DUP( ),13,10,'$'
 DATA ENDS
 CODE SEGMENT
        ASSUME CS:CODE,DS:DATA
START:MOV AX,DATA
        MOV DS,AX
        DISP 9,MESS      ;显示提示信息
        LF               ;换行
        CR               ;回车
        DISP 10,BUF      ;输入一串字符
        LF
        CR
```

```
    DISP 9,BUF+2        ;显示输入的串字符
    MOV AH,4CH
    INT 21H
CODE ENDS
    END START
```

三、宏调用与子程序调用的区别

（1）宏调用是在汇编时宏展开，子程序则在程序执行期间调用和返回。

（2）宏调用一次，插入一次宏体，调用次数越多，占用存储空间越大；子程序的代码只在存储器中存放一份，调用一次，转入子程序代码段执行一次，节省存储空间。

（3）宏展开的指令插入在程序中直接执行，速度快，子程序调用需要花费保护断点、转子程序入口以及返回等时间开销。

（4）宏调用的形参、实参结合是字符串替换，子程序调用的形参、实参结合是参数传递。

宏指令和子程序的相似之处是都可以简化源程序的书写。当要重复执行的一段程序很短，且该程序段要求执行速度快时，通常使用宏指令，子程序则主要用于软件的模块化。

3.3.6　串操作程序设计

字符串是字符的一个序列。对字符串的操作处理包括复制、检索、插入、删除和替换等。为了便于对字符串进行有效处理，8086/8088 提供专门用于处理字符串的指令，称为字符串操作指令，简称为串操作指令。

一、字符串操作指令

8086/8088 共有五种基本的串操作指令。每种基本的串操作指令包括两条指令，一条适用于以字节为单元的字符串，另一条适用于以字为单元的字符串。

在字符串操作指令中，由变址寄存器 SI 指向源操作数（串），由变址寄存器 DI 指向目的操作数（串）。规定源串存放在当前数据段中，目的串存放在当前附加段中，也即在涉及源操作数时，引用数据段寄存器 DS，在涉及目的操作数时，引用附加段寄存器 ES。换句话说，DS:SI 指向源串，ES:DI 指向目的串。

串操作指令执行时会自动调整作为指针使用的寄存器 SI 或 DI 之值。如果串操作的单元是字节，则调整值为 1；如果串操作的单元是字，则调整值为 2。此外，字符串操作的方向（处理字符串中单元的次序）由标志寄存器中的方向标志 DF 控制。当方向标志 DF 复位（为 0）时，按递增方式调整寄存器 SI 或 DI 值；当方向标志 DF 置位（为 1）时，按递减方式调整寄存器 SI 或 DI 之值。

1. 字符串装入指令

格式：

LODSB；装入字节。

LODSW；装入字。

字符串装入指令只是把字符串中的一个字符装入到累加器中。字节装入指令 LODSB 把寄存器 SI 所指向的 1B 数据装入到累加器 AL 中，然后根据方向标志复位或置位使 SI 之值增 1 或减 1。它类似下面的两条指令：

```
MOV AL,[SI]
INC SI 或 DEC SI
```

字装入指令 LODSW 把寄存器 SI 所指向的一个字数据装入到累加器 AX 中，然后根据方向标志 DF 复位或置位使 SI 之值增 2 或减 2。类似于如下的两条指令：

```
MOV AX,[SI]
ADD SI,2 或 SUB SI,2
```

字符串装入指令的源操作是存储操作数，所以引用数据段寄存器 DS。

【例 3.16】 编写一个子程序，利用 LODSB 指令实现把字符串中的大写字母转化为小写字母（字符串以 0 结尾）

```
STRLWR PROC
        PUSH SI
        CLD                   ;清方向标志（以便按增值方式调整指针）
        JMP SHORT STRLWR2
STRLWR1:SUB AL,'A'
        CMP AL,'Z'-'A'
        JA STRLWR2
        ADD AL,'a'
        MOM[SI-1],AL          ;注意指针已被调整
STRLWR2:LODSB                 ;取一字符，同时调整指针
        AND AL,AL
        JNZ STRLWR1
        POP SI
        RET
 STRLWR ENDP
```

在汇编语言中，两条字符串装入指令的格式可统一为如下一种格式：

```
LODS OPRD
```

汇编程序根据操作数的类型决定使用字节装入指令还是字装入指令。即如果操作数的类型为字节，则采用 LODSB 指令；如果操作数的类型为字，则采用 LODSW 指令。请注意，操作数 OPRD 不影响指针寄存器 SI 的值，所以在使用上述格式的串装入指令时，仍必须先给 SI 赋合适的值。

2. 字符串存储指令

格式：

STOSB；存储字节。

STOSW；存储字。

字符串存储指令只是把累加器的值存到字符串中，即替换字符串中的一个字符。

字节存储指令 STOSB 把累加器 AL 的内容送到寄存器 DI 所指向的存储单元中，然后根据方向标志 DF 复位或置位使 DI 的值增 1 或减 1。它类似下面的两条指令：

```
MOV ES: [DI], AL
INC DI 或 DEC DI
```

字装入指令 STOSW 把累加器 AX 的内容送到寄存器 DI 所指向的存储单元中，然后根据方向标志 DF 复位或置位使 DI 的值增 2 或减 2。类似于下面的两条指令：

```
MOV ES:[DI],AX
ADD DI,2 或 SUB DI,2
```

字符串存储指令的源操作是累加器 AL 或 AX，目的操作是存储操作数，所以引用当前附加段寄存器 ES。

【例 3.17】 编写程序：将当前数据段中偏移量为 1000H 开始的 100B 的数据传送到偏移量为 2000H 开始的单元中。

```
        CLD
        PUSH DS
        POP ES              ;使ES等于DS
        MOV SI,1000H
        MOV DI,2000H
        MOV CX,100
NEXT:LODSB                  ;取1B数据
        STOSB               ;存1B数据
```

在汇编语言中，两条字符串存储指令的格式可统一为如下一种：

```
STOS OPRD
```

汇编程序根据操作数 OPRD 的类型决定是使用字节存储指令还是字存储指令。操作数 OPRD 不影响指针寄存器 DI 的值。

3. 字符串传送指令

格式：

MOV SB；字节传送

MOV SW；字传送

字节传送指令 MOVSB 把寄存器 SI 所指向的 1B 数据传送到由寄存器 DI 所指向的存储单元中，然后根据方向标志 DF 复位或置位使 SI 和 DI 之值分别增 1 或减 1。字传送指令 MOVSW 把寄存器 SI 所指向的一个字数据传送到由寄存器 DI 所指向的存储单元中，然后根据方向 DF 标志复位或置位使 SI 和 DI 之值分别增 2 或减 2。注意，根据 DS 和 SI 计算源操作数地址，根据 ES 和 DI 计算目的操作数地址。

源操作、目的操作都是存储操作数，源操作引用数据段寄存器 DS。目的操作引用附加段寄存器 ES。类似于如下的两条指令：

```
MOV AL,[SI]
MOV ES:[DI],AL
```

上面利用了字符串装入指令和字符串存储指令的结合实现数据块的移动，现在利用字符串传送指令实现数据块的移动。假设要求同上，程序片段如下：

```
        CLD
        ……                ;其他指令同上
        MOV CX,100
NEXT:MOV SB              ;每次传送一个字节数据
LOOP NEXT
```

在汇编语言中，两条字符串传送指令的格式可统一为如下一种：

```
MOVS ORPD1,ORPD2
```

两个操作数的类型应该一致。汇编程序根据操作数的类型决定是使用字节传送指令还是字传送指令。如果操作数的类型为字节，则采用 MOV SB 指令；如果操作数的类型为字，则采用 MOVSW 指令。请注意，操作数 OPRD1 或 OPRD2 可起到方便阅读程序的作用，但不影响寄存器 SI 和 DI 之值，所以在使用上述格式的串传送指令时，仍必须先给 SI 和 DI 赋合适的值。

> **注意**
> 上述 LODS、STOS 和 MOVS 指令均不影响标志位。

4. 字符串扫描指令

格式：

SCASB；串字节扫描

SCASW；串字扫描

串字节扫描指令 SCASB 把累加器 AL 的内容与由寄存器 DI 所指向 1B 数据采用相减方式比较，相减结果反映到各有关标志位(AF，CF，OF，PF，SF 和 ZF)，但不影响两个操作数，然后根据方向标志复位或置位使之值增 1 或减 1。串字扫描指令 SCASW 把累加器 AX 的内容由寄存器 DI 所指向的一个字数据比较，结果影响标志，然后 DI 之值增 2 或减 2。

【例 3.18】 编写程序：判断 AL 中的字符是否为十六进制数符。

```
       ……
STRING DB '0123456789ABCDEFabcdef'
COUNT EQU $-STRING
       ……
       CLD
       MOV DX,SEG STRING
       MOV ES,DX
       MOV CX,COUNT
       MOV DI,OFFSET STRING
NEXT:  SCASB
       LOOPNZ NEXT
       JNZ NOT_F
FOUND:…
       …
 NOT_F:…
```

在汇编语言中，两条字符串比较指令的格式可统一为如下一种：

```
SCAS OPRD
```

汇编程序根据操作数的类型决定是使用串字节扫描指令还是串字扫描指令。

5. 字符串比较指令

格式：

CMP SB；串字节比较。

CMP SW；串字比较。

串字节比较指令 CMPS 把寄存器 SI 所指向的 1B 数据与由寄存器 DI 所指向的 1B 数据采用相减方式比较，相减结果反映到各有关标志位(AF，CF，OF，PF，SF 和 ZF)，但不要影响两个操作数，然后根据方向标志 DF 复位或置位使 SI 和 DI 之值分别增 1 或减 1。串字比较指令 CMPSW 把寄存器 SI 所指向的一个字数据与由寄存器 DI 所指向的一个字数据比较，结果影响标志，然后按调整 2 调整和的值。

在汇编语言中，两条字符串比较指令的格式可统一为如下一种：

```
CMPS OPRD1, OPRD2
```

两个操作数的类型应该一致。汇编程序根据操作数的类型决定是使用串字节比较指令还是串字比较指令。请注意，OPRD1 或 OPRD2 不影响寄存器 SI 和 DI 之值和段寄存器 DS 和 ES 之值。

二、重复前缀

由于串操作指令每次只能对字符串中的一个字符进行处理，所以只用了一个循环，以便完成对整个字符的处理。为了进一步提高效率，8086/8088 还提供了重复指令前缀。重复前缀可加在串操作指令之前，达到重复执行其后的串操作指令的目的。

1. 重复前缀 REP

REP 作为一个串操作指令的前缀，它重复其后的串操作指令动作。每一次重复都先判断 CX 是否为 0，如果为 0 就结束重复，否则 CX 的值减 1，重复其后的串操作指令。所以当 CX 值为 0 时，就不执行其后的字符串操作指令。

它类似于 LOOP 指令，但 LOOP 指令是先把 CX 的值减 1，再判是否为 0。

注意

在重复过程中 CX 的减 1 操作不影响各标志。

重复前缀 REP 主要用在串传送指令 MOVS 和串存储指令 STOS 之前。值得指出的是，一般不在 LODSB 或 LODSW 指令之前使用任何重复前缀。

```
CLD;DF 为 0，增量传送
MOV CX,100
REP MOVSB
可等效为
MOV CX,100
LOOP1:MOV AL,[SI]
MOV ES:[DI],AL
INC SI
INC DI
LOOP LOOP1
```

2. 重复前缀 REPZ/REPE

REPZ 与 REPE 是一个前缀的两个助记符，下面的介绍以 REPZ 为代表。

REPZ 作为一个串操作指令的前缀，它重复其后的串操作指令动作。每重复一次，CX 的值减 1，重复一直进行到 CX 为 0 或串操作指令使零标志 ZF 为 0 时为止。重复结束条件的检查是在重复开始之前进行的。

注意

在重复过程中 CX 的值减 1 操作，不影响标志。

重复前缀 REPZ 主要用在字符串比较指令 CMPS 和字符串扫描指令 SCAS 之前。由于传送指令 MOVS 和串存储指令 STOS 都不影响标志，所以在这些串操作指令前使用前缀 REP

和前缀 REPZ 的效果一样。

【例 3.19】 在以 BUF1 和 BUF2 为首地址的缓冲区中分别有一个字符串,长度为 COUNT,编程比较两个字符串的异同,并在屏幕上做出相应的提示信息。

分析:本题要求对字符串进行比较,显然用字符串比较指令 CMPS 是比较简便的。只需按照前面所讲的方法就可以顺利完成。

程序如下:

```
DATA SEGMENT
 BUF1 DB 'ABC'
 BUF2 DB 'ABC'
COUNT EQU $-BUF2
 MSG1 DB 'The string is same.',0AH,0DH,'$'
 MSG2 DB 'The string is different.',0AH,0DH,'$'
 DATA ENDS
 CODE SEGMENT
      ASSUME CS:CODE,DS:DATA
START:MOV AX,DATA
      MOV DS,AX
      MOV ES,AX
      LEA SI,BUF1
      LEA DI,BUF2
      MOV CX,COUNT
      CLD
      REPE CMPSB
      JNZ DIFF        ;出现不同时转移至 DIFF
      LEA DX,MSG1
      MOV AH,9
      INT 21H         ;显示'The string is same.'
      JMP EXIT
 DIFF:LEA DX,MSG2
      MOV AH,9
      INT 21H         ;显示'The string is different.'
EXIT:MOV AH,4CH
      INT 21H
CODE ENDS
      END START
```

程序中串比较指令 CMPS 加了重复前缀指令 REPE,这样就不必用循环程序来完成比较功能了,程序结构显得更加简洁。

本 章 小 结

本章的主要内容为汇编语句的三种类型,运算符和操作符,汇编语言伪指令,汇编语言程序的基本结构、循环顺序、分支和循环程序的设计方法,宏指令及其应用、串操作指令及其应用等。为便于学习和掌握前面所学的知识,下面将本章的知识点做如下归类。

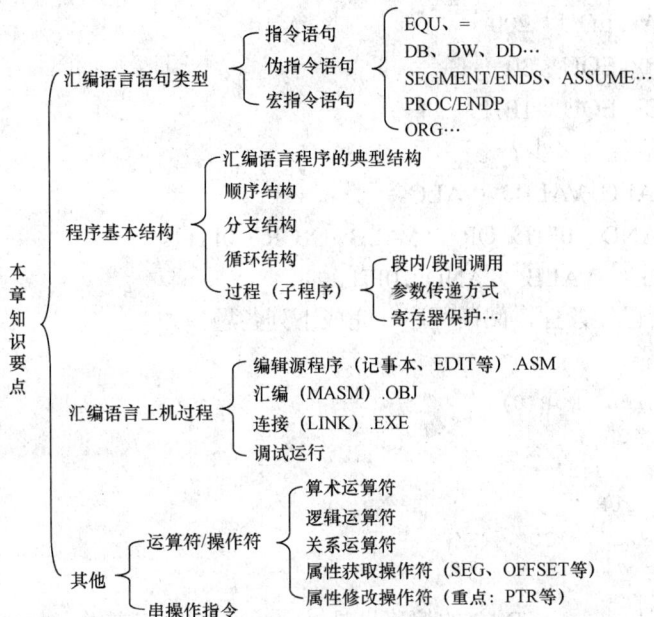

```
                         ┌ 指令语句          ┌ EQU、=
          ┌ 汇编语言语句类型  ┤ 伪指令语句        ┤ DB、DW、DD…
          │              └ 宏指令语句        │ SEGMENT/ENDS、ASSUME…
          │                              │ PROC/ENDP
          │                              └ ORG…
          │              ┌ 汇编语言程序的典型结构
          │              │ 顺序结构
    本     │ 程序基本结构   ┤ 分支结构
    章     │              │ 循环结构        ┌ 段内/段间调用
    知     │              └ 过程（子程序）   ┤ 参数传递方式
    识     ┤                             └ 寄存器保护…
    要     │              ┌ 编辑源程序（记事本、EDIT等）.ASM
    点     │ 汇编语言上机过程 ┤ 汇编（MASM）.OBJ
          │              │ 连接（LINK）.EXE
          │              └ 调试运行
          │                             ┌ 算术运算符
          │              ┌ 运算符/操作符   │ 逻辑运算符
          └ 其他          ┤              ┤ 关系运算符
                         └ 串操作指令     │ 属性获取操作符（SEG、OFFSET等）
                                        └ 属性修改操作符（重点：PTR等）
```

习 题 三

3-1 填空题

（1）在汇编语言中，所使用的三种基本语句分别是_____、_____和_____。

（2）SEGMENT/ENDS 称为_____伪指令；ASSUME 称为_____伪指令；NAME/END 称为_____伪指令；END 称为_____伪指令；PROC/ENDP 称为_____伪指令。

（3）标号和变量所具有的三种属性分别为_____属性、_____属性和_____属性。

（4）汇编语言源程序的扩展名是_____，目标程序的扩展名是_____，可执行程序的扩展名是_____。

（5）在汇编语言中，一个过程有 NEAR 和 FAR 两种属性。NEAR 属性表明主程序和子程序_____，FAR 属性表示主程序和子程序_____。

（6）串处理指令规定源寄存器使用_____，源串在_____段中；目的寄存器使用_____，目的串必须在_____段中。

（7）数据段中有以下定义：

ARRAY1　EQU　16H

ARRAY2　DW　16H

请指出下面两条指令的寻址方式：

MOV　AX，ARRAY1；寻址方式_____。

MOV　AX，ARRAY2；寻址方式_____。

3-2 画图说明下列语句所分配的存储空间及初始化的数据值：

（1）BYTE_VAR DB　'BYTE'，12，-12H，3 DUP(0，?，2 DUP(1，2)，?)。

（2）WORD_VAR DW　5 DUP(0，1，2)，7，-5，'BY'，'TE'，256H。

3-3　设　VALA　EQU　200
　　　　　VALB　EQU　30
　　　　　VALC　EQU　1BH

下列表达式的值各为多少？

（1）（VALA*VALC+VALB）/VALC。

（2）（VALB　AND　0FH）OR　（VALB　XOR　0FH）。

（3）（VALA　GE　VALB ）AND　0FH。

3-4　根据所给已知条件，阅读程序并完成下列各题。

（1）DATA SEGMENT
　　ARYB DB　10H　DUP(0)
　　　　ORG　40H
　　DA1 DB　'12345'
　　NUM EQU　20H
　　DA2 DW　'AB'，'CD'，'E'
　　DATA ENDS

DA1 的偏移量是_____，DA2 的偏移量是_____，DA2 字节单元的内容是_____。

（2）MOV AL, 0
　　MOV BL, 1
　　MOV CX, 3
LOP：ADD AL, BL
　　INC BL
　　LOOP LOP
　　XCHG AL, BL

执行上述程序段后，(AL)=_____，(BL)=_____。

（3）DA1　DB　12H
　　DA2　DB　22H
　　RES　DB　?
　　　…
　　MOV AL,DA1
　　CMP AL,DA2
　　JAE L1
　　MOV RES,0
　　JMP NEXT
　L1: MOV RES,0FFH
　　NEXT: …

执行上述程序段后，（RES）=____，ZF=____。

（4）设（AX）=FFFFH

STC
MOV DX, 01H
ADC DX, AX
AND AL, DH

执行上述程序段后，（AX）=____，（DX）=____。

（5）设(CX)=0，(AX)=1

```
SUB    CX, AX
INC    AX
AND    CX, AX
SHL    AX, CL
```

执行上述程序段后，(CX)=____，(AX)=____。

3-5   根据下列要求编写一个汇编语言程序。

（1）代码段的段名为 CODE。

（2）数据段的段名为 DATA。

（3）堆栈段的段名为 STACK。

（4）变量 ABC 所包含的数据为 60H。

（5）将变量 ABC 装入寄存器 AH，BH 和 DL。

（6）程序运行的入口地址为 BEGIN。

3-6   编写计算下列公式程序段：A=(2B−C+20)/5。

说明

（1）B、C 是无符号数，设中间和最后结果不超过 16 位二进制数。

（2）数据说明：
```
B  DW  60H
C  DW  45H
A  DW  ?
```

3-7   试编写一个汇编语言程序，要求对键盘输入的小写字母用大写字母显示出来。

3-8   编写程序，将键盘输入的以非数字结束的十进制数转换成二进制数依次送 BUF 字缓冲区，最后按 Enter 键结束数据的输入。要求键盘输入部分用子程序实现。

3-9   已知整数变量 A 和 B，试编写完成下述操作的程序：

（1）若两个数中有一个是奇数，则将该奇数存入 A 中，偶数存入 B 中。

（2）若两个数均为奇数，则两数分别加 1，并存回原变量。

（3）若两个数均为偶数，则两变量不变。

3-10   从 STR 单元开始有一字符串，长度为 100B，试编源程序统计其中包含多少个"at"，并将统计结果送 COUNT 字节单元。要求源程序具备必要的伪指令和段说明。

3-11   从 NUM 开始的 100 个存储单元中存放着 ASCII 码表示的十六进制数，试编程将其转换为十六进制数仍存回原存储单元。

实训 3.1   汇编语言的上机过程

一、实训目的

（1）掌握汇编语言程序的结构框架。

（2）熟悉汇编语言的编辑、汇编、连接、运行的全过程。

二、实训内容

（1）安装编辑软件（EDIT 等）、MASM5.0 以上宏汇编系统。

（2）编写一个程序 DOS12.ASM：完成 10 以内的数相加且结果不超过 10。

三、实训步骤

（1）在 D 盘下创建一个名为 MASM 的文件夹，将 EDIT、宏汇编系统中（以 MASM5.0 为例）的 MASM.EXE、LINK.EXE 等放到该文件夹里。

（2）编写源程序。

方法一：打开记事本，编辑源程序后保存，文件名为 DOS12.ASM。

注：保存文件时保存类型选择"所有文件"。

方法二：进入 MS DOS 模式，转换到 D:\MASM，输入"EDIT DOS12.ASM"后按 Enter 键。

```
D:\MASM>EDIT DOS12.ASM<CR>；<CR>表示按 Enter 键
```

注：将 TEST.ASM 保存到 D:\MASM 下。

（3）对源程序进行汇编，生成目标程序.OBJ。

```
D:\MASM>MASM DOS12.ASM<CR>
Microsoft (R) Macro Assembler Version 5.00
Copyright (C) Microsoft Corp 1981-1985, 1987.All rights reserved.
Object filename [DOS12.OBJ]: <CR>
Source listing [NUL.LST]: DOS12.LST<CR>；可忽略
Cross-reference [NUL.CRF]: <CR>
50826 + 415718 Bytes symbol space free
    0 Warning Errors
    0 Severe Errors
```

（4）对目标程序进行连接，生成可执行程序.EXE。

```
D:\MASM>LINK DOS12.OBJ<CR>
Microsoft (R) Overlay Linker Version 3.60Copyright (C)
Microsoft Corp 1983-1987. All rights reserved.
Run File [DOS12.EXE]: <CR>
List File [NUL.MAP]: <CR>
Libraries [.LIB]: <CR>
LINK : warning L4021: no stack segment
```

（5）执行程序。

```
D:\MASM>DOS12<CR>
```

（6）运行结果。

第一次从键盘输入"5"

第二次从键盘输入"4"

则屏幕上显示为5+4=9。

四、参考程序

```
CODE SEGMENT
    ASSUME CS:CODE
BEGIN:MOV AH,1                    ;从键盘输入一个数据
INT 21H
MOV BL,AL
MOV DL,"+"                        ;输出一个"+"
MOV AH,2
```

```
        INT  21H
        MOV  AH,1
        INT  21H
        MOV  BH,AL
        MOV  DL,"="                    ;输出一个 "="
        MOV  AH,2
        INT  21H
        SUB  BL,30H
        SUB  BH,30H
        ADD  BH,BL
        ADD  BH,30H
        MOV  DL,BH
        MOV  AH,2
        INT  21H
        MOV  AH,4CH                    ;返回操作系统
        INT  21H
        CODE ENDS
        END BEGIN                      ;程序结束
```

实训 3.2　DOS 功 能 调 用

一、实训目的
（1）掌握人机交互的实现方法，即 DOS 功能调用的使用方法。
（2）进一步熟悉汇编、连接命令的使用方法及要回答的内容。
二、实训内容
编写一个程序，利用 9、10 号功能调用实现人机对话。
三、实训步骤
（1）编写源程序。文件名为 DOS910.ASM。
（2）对源程序进行汇编，生成目标程序.OBJ。
（3）对目标程序进行连接，生成可执行程序.EXE。
（4）运行可执行程序。观察执行结果，以验证其正确性。
四、参考程序

```
DATA SEGMENT
    MESS1 DB "WHAT IS YOUR NAME?" ,"$"
    MESS2 DB "HOW OLD ARE YOU?" ,"$"
    BUF1  DB 20                ;缓冲区 1
          DB ?
          DB 20 DUP(?)
    BUF2  DB 15                ;缓冲区 2
          DB ?
          DD 15 DUP(?)
DATA ENDS
CODE SEGMENT                   ;定义代码段
    ASSUME  CS:CODE,DS:DATA
START:MOV  AX,DATA
    MOV  DS,AX                 ;初始化数据段
```

```
        MOV  DX,OFFSET  MESS1   ;显示 MESS1 信息
        MOV  AH,9
        INT  21H
        MOV  DX,OFFSET  BUF1    ;键盘输入回答信息
        MOV  AH,0AH
        INT  21H
        MOV  DL,0DH
        MOV  AH,2
        INT  21H
        MOV  DL,0AH
        MOV  AH,2
        INT  21H
        MOV  DX,OFFSET  MESS2   ;显示 MESS2 信息
        MOV  AH,9
        INT  21H
        MOV  DX,OFFSET  BUF2    ;键盘输入回答信息
        MOV  AH,0AH
        INT  21H
        MOV  AH,4CH             ;返回操作系统
        INT  21H
CODE ENDS
        END  START             ;程序结束
```

实训 3.3　分支程序设计

一、实训目的
（1）掌握分支程序的设计方法。
（2）进一步熟悉人机交互的实现方法。

二、实训内容
编写一个程序，判别键盘上输入的字符；若是 1~9 字符则显示对应字符；若为 A~Z 或 a~z 字符，均显示"c"；若是回车字符<CR>(其 ASCII 码为 0DH)，则结束程序，若为其他字符则不显示，继续等待新的字符输入。

三、实训步骤
（1）编写源程序。文件名为 DISPKEY.ASM。
（2）对源程序进行汇编，生成目标程序.OBJ。
（3）对目标程序进行连接，生成可执行程序.EXE。
（4）运行可执行程序。观察执行结果，以验证其正确性。

四、参考程序

```
CODE SEGMENT
        ASSUME CS:CODE
START:MOV AH,1
        INT 21H                ;等待输入字符,送 AL
        CMP AL,0DH             ;是否是回车符？
        JZ  DONE               ;是, 则转 DONE 退出程序
        CMP AL,'0'
```

```
        JB NEXT
        CMP AL,'9'
        JA CHARU
        MOV DL,AL
        MOV AH,2
        INT 21H
        JMP START
CHARU:CMP AL,41H
        JB NEXT
        CMP AL,5AH
        JA CHARD
DISPC:MOV DL,'C'
        MOV AH,2
        INT 21H
 NEXT:JMP START
CHARD:CMP AL,61H
        JB NEXT
        CMP AL,7AH
        JA NEXT
        JMP DISPC
 DONE:MOV AH,4CH
        INT 21H
 CODE ENDS
        END START
```

实训3.4 循环程序设计

一、实训目的
（1）掌握循环程序的设计方法。
（2）学会针对不同的问题，选用不同的组织循环方法。

二、实训内容
编写一个程序，求给定的10个未压缩的BCD码数之和，并将结果显示在屏幕上。

三、实训步骤
（1）编写源程序。文件名为BCDSUM.ASM。
（2）对源程序进行汇编，生成目标程序.OBJ。
（3）对目标程序进行连接，生成可执行程序.EXE。
（4）运行可执行程序。观察执行结果，以验证其正确性。

四、参考程序

```
DATA SEGMENT
     BCDBUF DB 0,1,2,3,4,5,6,7,8,9
     SUM DW ?
DATA ENDS
CODE SEGMENT
     ASSUME CS:CODE,DS:DATA
BEGIN:MOV AX,DATA
     MOV DS,AX
```

```
        MOV SI,0
        MOV CX,10
        XOR AX,AX
CIR0:ADD AL,BCDBUF[SI]
        AAA
        INC SI
        LOOP CIR0
        MOV SUM,AX
        MOV DL,BYTE PTR SUM+1        ;先输出高位
        OR  DL,30H
        MOV AH,2
        INT 21H
        MOV DL,BYTE PTR SUM         ;再输出低位
        OR  DL,30H
        MOV AH,2
        INT 21H
        MOV AH,4CH
        INT 21H
CODE ENDS
        END BEGIN
```

实训 3.5　子 程 序 设 计

一、实训目的

（1）掌握主程序与子程序之间的调用关系及调用方法。

（2）掌握通过堆栈转送参数的方法。

（3）掌握子程序调用过程中远程调用的基本格式。

二、实训内容

编写一个主程序，从键盘接收若干个字符，然后用远调用的方法调用子程序统计字符串中字符'*'的个数。

三、实训步骤

（1）编写源程序。文件名为 COUNTER.ASM。

（2）对源程序进行汇编，生成目标程序.OBJ。

（3）对目标程序进行连接，生成可执行程序.EXE。

（4）运行可执行程序。观察执行结果，以验证其正确性。

四、参考程序

```
DATA  SEGMENT
        CHAR DB '*'
        BUF  DB 50H,?,50H DUP(?)
DATA  ENDS
MCODE SEGMENT
        ASSUME CS:MCODE,DS:DATA
START:MOV AX,DATA
        MOV DS,AX
        LEA  DX,BUF
```

```
        MOV AH,10
        INT  21H
        LEA  SI,BUF
        MOV CL,[SI+1]
        MOV CH,0                 ;CX 中为字符串长度
        INC  SI
        INC  SI                  ;SI 指向串首址 TABLE
        MOV AL,CHAR
        MOV AH,0                 ;AX 中为待查字符
        PUSH SI
        PUSH CX
        PUSH AX                  ;参数送堆栈
        CALL FAR PTR CHECK
        POP BX                   ;统计个数在 BL 中
        MOV  DL,0DH
        MOV  AH,2
        INT  21H
        MOV  DL,0AH
        MOV  AH,2
        INT  21H
        MOV  DL,CHAR
        MOV  AH,2
        INT  21H
        MOV  DL,BL
        AND  DL, 0FH
        CMP  DL,9
        JBE  NEXT
        ADD  DL,7
 NEXT:ADD DL,30H
        MOV AH,2
        INT   21H;显示统计个数
        MOV AH,4CH
        INT 21H
MCODE ENDS
SCODE SEGMENT
        ASSUME CS:SCODE
CHECK PROC FAR
        PUSH BP
        MOV  BP,SP
        MOV  SI,[BP+10]
        MOV  CX,[BP+8]
        MOV  AX,[BP+6]
        XOR  AH,AH
AGAIN:CMP  AL,[SI]
        JNE  NEXT1
        INC  AH
NEXT1:INC  SI
        LOOP AGAIN
        MOV AL,AH
        MOV [BP+10],AX
        POP BP
```

```
        RET 4
CHECK ENDP
SCODE ENDS
        END START
```

实训3.6 串操作程序设计

一、实训目的
（1）熟悉串操作指令的功能与应用。
（2）掌握串操作指令的寻址方式及使用方法，编写常用的字符串处理程序。

二、实训内容
由用户输入一个字符串存入自 STRN 开始的存储区中，编程统计其中含有小写字母的个数，将统计结果以两位十进制数显示在屏幕上。

三、实训步骤
（1）编写源程序。文件名为 COUNTSTR.ASM。
（2）对源程序进行汇编，生成目标程序.OBJ。
（3）对目标程序进行链接，生成可执行程序.EXE。
（4）运行可执行程序。观察执行结果，以验证其正确性。

四、参考程序

```
    DATA SEGMENT
STRN  DB 80 DUP(?)
 DATA ENDS
 CODE SEGMENT
    ASSUME CS:CODE, DS:DATA
BEGIN:MOV AX, DATA
    MOV DS, AX
    LEA DI, STRN
    MOV CL, 0
AGAIN:MOV AH, 1
    INT 21H
    CMP AL,0DH
    JZ DONE
    MOV [DI],AL
    INC DI
    INC CX
    JMP AGAIN
DONE: LEA SI,STRN
    MOV BL,0
    CLD
CYCLE:LODSB
    CMP AL,61H
    JB NEXT
    CMP AL,7AH
    JA NEXT
    INC BL
NEXT: LOOP CYCLE
```

```
        MOV AL,BL
        MOV AH,0
        MOV CL,10
        DIV CL              ;十位数在 AL 中，个位数在 AH 中
        XCHG AH,AL
        MOV BX,AX
        MOV DL,0DH          ;以下显示两位十进制数
        MOV AH,2
        INT 21H
        MOV DL,0AH
        MOV AH,2
        INT 21H
        MOV DL,BH
        OR DL,30H
        MOV AH,2
        INT 21H
        MOV DL,BL
        OR DL,30H
        MOV AH,2
        INT 21H
        MOV AH,4CH
        INT 21H
    CODE ENDS
        END BEGIN
```

第 4 章 8086/8088 的总线与时序

本章要点

（1）8086/8088 的引脚及其功能。

（2）74LS373 等常用外围器件的引脚及其功能。

（3）最小组态下的 8086/8088 CPU 系统。

（4）最小组态下的 8086/8088 CPU 时序。

4.1 8086/8088 CPU 的两种工作组态

为了适应各种使用场合，在设计 8086/8088 CPU 芯片时，需要考虑能够使它工作在两种组态，即最小组态与最大组态。

最小组态就是系统中只有一个 8086/8088 微处理器，在这种情况下，所有的总线控制信号，都是直接由 8086/8088 CPU 产生的，系统中的总线控制逻辑电路被减到最少，该组态适用于规模较小的微机应用系统。

最大组态是相对于最小组态而言的，最大组态用在中、大规模的微机应用系统中，在最大组态下，系统中至少包含两个微处理器，其中一个为主处理器，即 8086/8088 CPU，其他的微处理器称为协处理器，它们是协助主处理器工作的。

与 8086/8088 CPU 配合工作的协处理器有两类：一类是数值协处理器 8087；另一类是输入/输出协处理器 8089。

8087 是一种专用于数值运算的协处理器，它能实现多种类型的数值运算，如高精度的整型和浮点型数值运算，超越函数（三角函数、对数函数）的计算等，这些运算若用软件的方法来实现，将耗费大量的机器时间。换句话说，引入了 8087 协处理器，就是把软件功能硬件化，可以大大提高主处理器的运行速度。

8089 协处理器，在原理上有点像带有两个 DMA 通道的处理器，它有一套专门用于输入/输出操作的指令系统，但是 8089 又和 DMA 控制器不同，它可以直接为输入/输出设备服务，使主处理器不再承担这类工作。所以，在系统中增加 8089 协处理器之后，会明显提高主处理器的效率，尤其是在输入/输出操作比较频繁的系统中。

4.2 8086/8088 的引脚及功能

8086/8088 均为 40 条引线、双列直插式封装。它们的 40 条引线排列如图 4.1 所示。其中，8086 是 16 位微处理器；8088 是准 16 位微处理器，它对外的数据线是 8 位的。它们的地址线均是 20 位的。

为了能在有限的 40 条引线范围内进行工作，CPU 内部设置了若干个多路开关，使某些引线具有多种功能，这些多功能引线的功能转换分两种情况：一种是分时复用，在总线周期的不同时钟周期内引线的功能不同；另一种是按组态来定义引线的功能。在构成系统时，8086/8088 有最大和最小两种组态，在不同组态时有些引线的名称及功能不同（最小组态时的名称如图 4.1 中括号所示）。下面以 8086 为例来介绍。

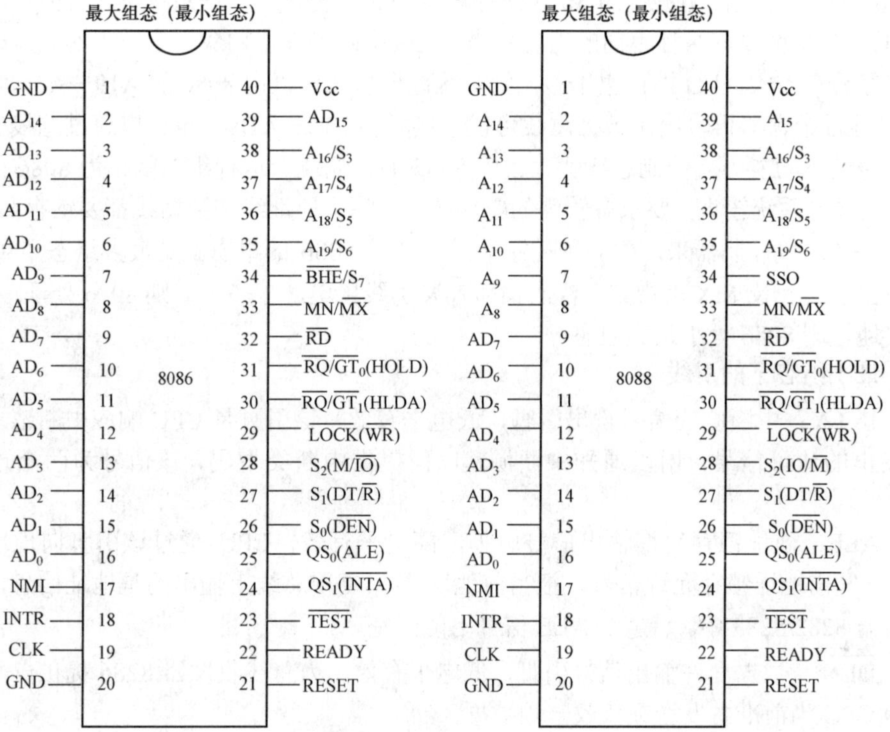

图 4.1　8086/8088 的引线排列

4.2.1　地址线和数据线

一、AD15～AD0：地址/数据线（输入/输出，三态）

这些地址/数据引线是多路开关的输出。由于 8086 只有 40 条引线，而其数据线是 16 位的，地址线是 20 位的，因此引线的数量不能满足要求，于是在 8086 内部采用一些多路开关，把低 16 位地址线和 16 位数据线分时使用。通常当 CPU 访问存储器或外设时，先要送出所访问单元或外设端口的地址，然后才是读/写所需的数据，地址和数据在时间上是可区分的。只要在外部电路中用一个地址锁存器，把在这些线上先出现的地址锁存下来就可以了。即在某一时刻，总线上出现的是输出地址信息，在另一时刻，总线上是所需读/写的数据信息或状态信息。

二、A19～A16/S6～S3：地址/状态线（输出，三态）

这 4 条引线用于输出存储器的最高 4 位地址 A19～A16，也分时用于 S6～S3 状态输出。故这些引线也是多路开关的输出，访问存储器时这些线上输出最高 4 位地址，这 4 位地址也需锁存器锁存。访问外设时，这 4 位地址线不用。在存储器的读/写和 I/O 操作时这些线又用来输出状态信息：S6 始终为低；S5 为标志寄存器的中断允许标志的状态位；S4 和 S3 用以指示是正在使用哪一个段寄存器，其编码和使用的段寄存器如下：00 为 ES，01 为 SS，10 为 CS，11 为 DS。

4.2.2　控制线和状态线

8086 的控制线和状态线可以分成两种类型：一类是与 8086 的组态有关的引线；另一类是与 8086 的组态无关的引线。用 8086 微处理器构成系统时，根据系统所连接的存储器和外设的规模，8086 可以有两种不同的组态。当用 8086 微处理器构成一个较小的系统时，即所连的存储器容量不大，I/O 端口也不多，则系统地址总线可以由 8086 的 A19～A16，AD15～AD0 通过地址锁存器再输出。数据总线可以直接用 AD15～AD0，也可以通过总线驱动器增大数据总线的驱动能力。控制总线就直接用 8086 的控制线。这种组态就称为 8086 的最小组态。若要构成的系统较大，要求有较强的驱动能力，除了地址线和数据线都要锁存和驱动外，还要通过一个总线控制器来产生各种控制信号。这时 8086 的组态就是最大组态。8086 处于何种组态由引线 $\text{MN}/\overline{\text{MX}}$ 来规定，若把 $\text{MN}/\overline{\text{MX}}$ 引线接电源（+5V），则 8086 处于最小组态；若把它接地，则 8086 处于最大组态。

一、最小组态下的引线

（1）$\overline{\text{INTA}}$：中断响应信号输出引脚，低电平有效，该引脚是 CPU 响应中断请求后，向中断源发出的认可信号，用以通知中断源，以便提供中断类型码，该信号为两个连续的负脉冲。

（2）ALE：地址锁存允许输出信号引脚，高电平有效，CPU 通过该引脚向地址锁存器 8282/8283 发出地址锁存允许信号，把当前地址/数据复用总线上输出的是地址信息，锁存到地址锁存器 8282/8283 中。注意：ALE 信号不能浮空。

（3）$\overline{\text{DEN}}$：数据允许输出信号引脚，低电平有效，为总线收发器 8286 提供一个控制信号，表示 CPU 当前准备发送或接收一项数据。

（4）$\text{DT}/\overline{\text{R}}$：数据收发控制信号输出引脚，CPU 通过该引脚发出控制数据传送方向的控制信号，在使用 8286/8287 作为数据总线收发器时，$\text{DT}/\overline{\text{R}}$ 信号用以控制数据传送的方向，当该信号为高电平时，表示数据由 CPU 经总线收发器 8286/8287 输出，否则，数据传送方向相反。

（5）$\text{M}/\overline{\text{IO}}$：存储器 I/O 端口选择信号输出引脚，这是 CPU 区分进行存储器访问还是 I/O 访问的输出控制信号。当该引脚输出低电平时，表明 CPU 要进行 I/O 端口的读/写操作，低位地址总线上出现的是 I/O 端口地址；当该引脚输出高电平时，表明 CPU 要进行存储器的读/写操作，地址总线上出现的是访问存储器的地址。

（6）$\overline{\text{WR}}$：写控制信号输出引脚，低电平有效，与 $\text{M}/\overline{\text{IO}}$ 配合实现对存储单元、I/O 端口所进行的写操作控制。

（7）HOLD：总线保持请求信号输入引脚，高电平有效。这是系统中的其他总线部件向 CPU 发来的总线请求信号输入引脚。

（8）HLDA：总线保持响应信号输出引脚，高电平有效，表示 CPU 认可其他总线部件提出的总线占用请求，准备让出总线控制权。

二、最大组态下的引线

（1）QS_1、QS_0：指令队列状态信号输出引脚，这两个信号的组合给出了前一个 T 状态中指令队列的状态，以便于外部 8088/8086CPU 内部指令队列的动作跟踪，见表 4.1。

表 4.1   **QS₁、QS₀ 组合操作性能**

QS_1	QS_0	性　　能
0	0	无操作
0	1	从指令队列的第一字节取走代码
1	0	队列为空
1	1	除第一字节外，还取走了后续字节中的代码

（2）$\overline{S_2}$、$\overline{S_1}$、$\overline{S_0}$：总线周期状态信号输出引脚，低电平的信号输出端，这些信号组合起来，可以指出当前总线周期中所进行数据传输过程的类型，总线控制器 8288 利用这些信号来产生对存储单元、I/O 端口的控制信号。$\overline{S_2}$、$\overline{S_1}$、$\overline{S_0}$ 与具体物理过程之间的对应关系，见表 4.2。

表 4.2   **$\overline{S_0}$ ～ $\overline{S_2}$ 的状态编码**

$\overline{S_0}$	$\overline{S_1}$	$\overline{S_2}$	性　　能
1	0	0	中断响应
1	0	1	读 I/O 端口
1	1	0	写 I/O 端口
1	1	1	暂停
0	0	0	取指
0	0	1	读存储器
0	1	0	写存储器
0	1	1	无作用

（3）$\overline{\text{LOCK}}$：总线封锁输出信号引脚，低电平有效，当该引脚输出低电平时，系统中其他总线部件就不能占用系统总线。$\overline{\text{LOCK}}$ 信号是由指令前缀 LOCK 产生的，在 LOCK 前缀后面的一条指令执行完毕之后，便撤销 $\overline{\text{LOCK}}$ 信号。此外，在 8088/8086 的 2 个中断响应脉冲之间，$\overline{\text{LOCK}}$ 信号也自动变为有效的低电平，以防止其他总线部件在中断响应过程中占有总线而使一个完整的中断响应过程被中断。

（4）$\overline{\text{RQ}}/\overline{\text{GT}_1}$、$\overline{\text{RQ}}/\overline{\text{GT}_0}$：总线请求信号输入/总线允许信号输出引脚。这两个信号端可供 CPU 以外的两个处理器用来发出使用总线的请求信号和接收 CPU 对总线请求信号的应答。这两个引脚都是双向的，请求与应答信号在同一引脚上分时传输，方向相反。其中，$\overline{\text{RQ}}/\overline{\text{GT}_1}$ 比 $\overline{\text{RQ}}/\overline{\text{GT}_0}$ 的优先级高。

三、与组态无关的引线

（1）NMI、INTR：中断请求信号输入引脚，引入中断源向 CPU 提出的中断请求信号，高电平有效，前者为非屏蔽中断请求，后者为可屏蔽中断请求信号。

（2）$\overline{\text{RD}}$：读控制输出信号引脚，低电平有效，用以指明要执行一个对内存单元或 I/O 端口的读操作，具体是读内存单元，还是读 I/O 端口，取决于 M/$\overline{\text{IO}}$ 控制信号。

（3）RESET：复位信号输入引脚，高电平有效。8086/8088 CPU 要求复位信号至少维持 4 个时钟周期才能起到复位的效果，复位信号输入之后，CPU 结束当前操作，并对处理器的标志寄存器、IP、DS、SS、ES 寄存器及指令队列进行清零操作，而将 CS 设置为 0FFFFH。

（4）READY："准备好"状态信号输入引脚，高电平有效，READY 输入引脚接收来自于内存单元或 I/O 端口向 CPU 发来的"准备好"状态信号，表明内存单元或 I/O 端口已经准备好并进行读/写操作。该信号是协调 CPU 与内存单元或 I/O 端口之间进行信息传送的联络信号。

注意

CPU 与内存、I/O 端口之间在时间上的匹配主要靠 READY 信号。

（5）$\overline{\text{TEST}}$：测试信号输入引脚，低电平有效，TEST 信号与 WAIT 指令结合起来使用，CPU 执行 WAIT 指令后，处于等待状态，当 TEST 引脚输入低电平时，系统脱离等待状态，继续执行被暂停执行的指令。

（6）MN/$\overline{\text{MX}}$：最小/最大模式设置信号输入引脚，该输入引脚电平的高、低决定了 CPU 工作在最小模式还是最大模式，当该引脚接+5V 时，CPU 工作于最小模式下，当该引脚接地时，CPU 工作于最大模式下。

（7）$\overline{\text{BHE}}$/S7：高 8 位数据允许/状态复用信号输出引脚，输出引脚分时输出 BHE 有效信号，表示高 8 位数据线 $AD_{15}\sim AD_8$ 上的数据有效和 S7 状态信号，但 S7 未定义任何实际意义。

利用 $\overline{\text{BHE}}$ 信号和 AD_0 信号，可知系统当前的操作类型，具体规定见表 4.3。

表 4.3　　　　　　　　　　　$\overline{\text{BHE}}$ 和 A0 的代码组合和对应的操作

$\overline{\text{BHE}}$	A0	操　　作	所用数据引脚
0	0	从偶地址单元开始读/写一个字	$AD_{15}\sim AD_0$
0	1	从奇地址单元或端口读/写一个字节	$AD_{15}\sim AD_8$
1	0	从偶地址单元或端口读/写一个字节	$AD_7\sim AD_0$
1	1	无效	—
0	1	从奇地址开始读/写一个字(在第一个总线周期将低 8 位数据送到 $AD_{15}\sim$ AD_8，下一个周期将高 8 位数据送到 $AD_7\sim AD_0$)	$AD_{15}\sim AD_0$
1	0		

在 8088 系统中，该引脚为 SS_0，在最小组态下，用来与 DT/$\overline{\text{R}}$、$\overline{\text{M}}$/IO 一起决定 8088 芯片当前总线周期的读写操作，见表 4.4。

表 4.4　　　　　　　　　　SS_0、DT/$\overline{\text{R}}$、$\overline{\text{M}}$/IO 的编码

$\overline{\text{M}}$/IO	DT/$\overline{\text{R}}$	SS_0	性　　能
1	0	0	中断响应
1	0	1	读 I/O 端口
1	1	0	写 I/O 端口
1	1	1	暂停（Halt）
0	0	0	取指令操作码

$\overline{M}/IO$	$DT/\overline{R}$	SS_0	性　　能
0	0	1	读存储器
0	1	0	写存储器
0	1	1	无源

4.2.3　电源和定时线

（1）CLK/：时钟信号输入引脚，时钟信号的方波信号，占空比约为 33%，即 1/3 周期为高电平，2/3 周期为低电平，8086/8088 的时钟频率（又称为主频）为 4.77MHz，即从该引脚输入的时钟信号的频率为 4.77MHz。

（2）VCC、GND：电源、接地引脚，8086/8088 CPU 采用单一的 +5V 电源，但有两个接地引脚。

4.2.4　8086 与 8088 的区别

一、外部引线和存储器组织

8086 有一条高 8 位数据总线允许外部引线 $\overline{BHE}$，它可以看作是一条附加的地址线，用来访问存储器的高字节，而 A0 用来访问存储器的低字节。8086 把 1MB 的存储器分为两个 512KB 的存储体，分别由 $\overline{BHE}$ 信号和 A0 信号作为奇地址存储体和偶地址存储体的选通线；奇地址存储体数据线只和高 8 位数据总线相连，如图 4.2 所示。若 A0=0、$\overline{BHE}$=0，则一次传送 16 位 $D_{15}\sim D_0$；若 A_0=0、$\overline{BHE}$=1，则一次只传送低 8 位 $D_7\sim D_0$；若 A_0=1、$\overline{BHE}$=0，则一次只传送高 8 位 $D_{15}\sim D_8$。

而 8088 的数据线只有 8 根，就不存在这一要求，因此就不需要 $\overline{BHE}$ 引脚了。它的 1MB 存储器不划分奇偶，A_0 像 $A_1\sim A_{19}$ 一样参加地址选通。

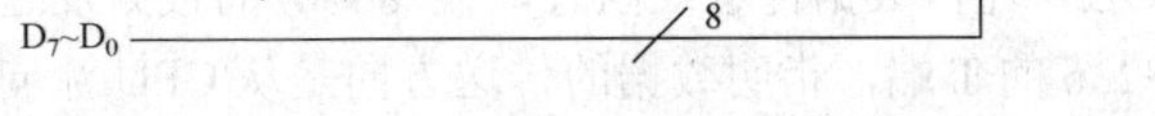

图 4.2　8086 的存储器结构

二、地址/数据复用线

8086 的地址/数据复用线是 16 位 $AD_{15}\sim AD_0$；而 8088 仅有 $AD_7\sim AD_0$ 复用，A8~A15 仅作为地址线使用。

三、存储器与 I/O 接口选通信号

8086 和 8088 的存储器与 I/O 接口选通信号的电平不同：8086 为 $M/\overline{IO}$，即高电平进行存储器操作，低电平进行 I/O 操作；而 8088 则相反，为 $IO/\overline{M}$。

4.3　8086/8088 的 CPU 系统

4.3.1　常用外围器件

一、74LS373 地址锁存器

74LS373 为 8 位地址锁存器，其引脚图如图 4.3 所示。

其中 $D_7 \sim D_0$ 为输入数据端，$Q_7 \sim Q_0$ 为输出数据端，G 为输入数据锁存端。$\overline{OE}$ 为输出数据控制端，只要 $\overline{OE}$ 端接高电平，锁存器输出呈高阻态；当 G 接正脉冲时，可将输入数据 $D_7 \sim D_0$ 暂存在锁存器内部；一旦当 $\overline{OE}$ 端施加低电平信号，暂存数据才反映到输出数据端 $Q_7 \sim Q_0$ 上。将 $\overline{OE}$ 端始终接一低电平，保持输出常通。使 G 端与 8086/8088 的 ALE（30 脚）相连。

二、8286 数据收发器

当数据总线上所接的负载较多时，为保证系统的交流特性，需要在 CPU 与数据总线之间加接数据收发器以提高数据总线的负载驱动能力。

8286 数据收发器是一种具有三态输出的 8 位双向总线收发器，其引脚安排如图 4.4 所示。

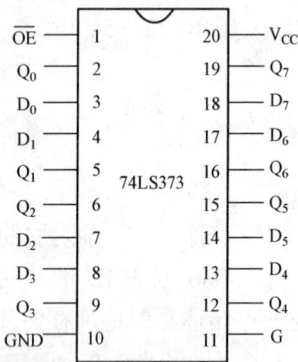

图 4.3　74LS373 引脚　　　　图 4.4　8286 引脚

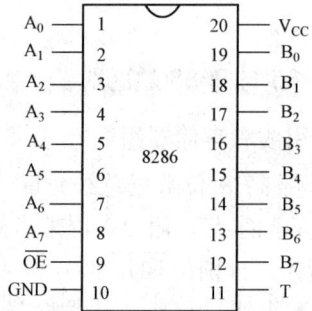

$A_0 \sim A_7$、$B_0 \sim B_7$：两个 8 位双向输入/输出数据线。

V_{CC}、GND：电源与地线。

T：数据传送方向控制线，控制 8286 中的数据传送方向。

$\overline{OE}$：输出允许信号，控制 8286 何时传送数据。

图 4.4 中，当 8086 传送数据时，在其数据允许引脚 $\overline{DEN}$ 上发送一个控制信号给 8286 的 $\overline{OE}$，允许数据传送；同时，在 8086 的数据发送/接收引脚 $DT/\overline{R}$ 上发出另一个控制信号给 8286 的 T 端，指明数据的传送方向是从 CPU 流向系统的其余部分还是相反方向。

由于 8086 CPU 有两种工作组态，因而，其微计算机组成也有两种类型，即最小组态和最大组态。当 $MN/\overline{MX}$ 接+5V 时，系统在最小组态下工作，由 CPU 组成一个单处理器系统；若 $MN/\overline{MX}$ 接地，8086 工作于最大组态下，由总线控制器（如 8288）译码 CPU 的状态信息 $S_2 \sim S_0$，产生总线控制信号，以支持由多处理器构成的系统。

4.3.2　最小组态下的 8086 CPU 系统

一、最小组态下的 8086 CPU 系统

如图 4.5 所示，是 8086 在最小模式下的典型配置，它具有以下特点。

（1）$MN/\overline{MX}$ 接+5V，决定了 8086 在最小组态下的工作。

（2）有 1 片 8284A 作为时钟发生器。

（3）有 3 片 8282 或 74LS373，用来作为地址锁存器。

（4）当系统中所连的存储器和外设较多时，需要增加数据总线的驱动能力，这时，要用两片 8286/8287 作为总线收发器。

另外，在 IBM PC/XT 系统中，M/$\overline{IO}$ 和 $\overline{RD}$ 、$\overline{WR}$ 3个信号经过如图 4.6 所示的组合得到存储器读信号 $\overline{MEMR}$ 、存储器写信号 $\overline{MEMW}$ 、I/O 读信号 $\overline{IOR}$ 和 I/O 写信号 $\overline{IOW}$ 。

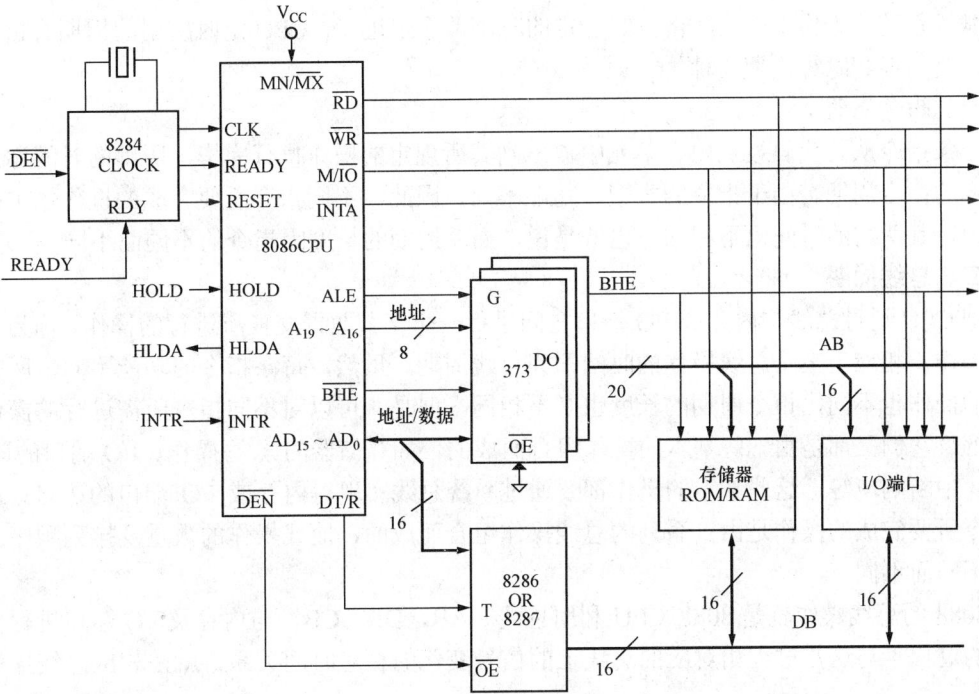

图 4.5   8086 在最小模式下的典型配置

二、最小组态与最大组态的差别

最大组态和最小组态在配置上的主要差别在于，在最大组态下要用 8288 总线控制器来对 CPU 发出的控制信号进行变换和组合，以得到对存储器或 I/O 端口的读/写信号和对锁存器 8282 及总线收发器 8286 的控制信号。

最大组态系统中，需要用总线控制器来变换与组合控制信号的原因在于：在最大组态系统中，一般包含 2 个或多个处理器，这样就要解决主处理器和协处理器之间的协调工作，和对系统总线的共享控制问题，8288 总线控制器就起到这个作用。

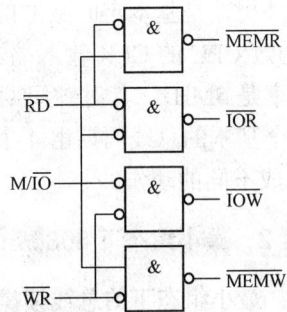

图 4.6   M/$\overline{IO}$ 和 $\overline{RD}$ 、$\overline{WR}$ 的逻辑组合

在最大组态系统中，一般还有中断优先级管理部件。8259A 用以对多个中断源进行中断优先级管理，但如果中断源不多，也可以不用中断优先级管理部件。

4.4 8086/8088 的 时 序

4.4.1 指令周期、总线周期和 T 状态

微机系统的工作，必须严格按照一定的时间关系来进行，CPU 定时所用的周期有指令周期、总线周期和时钟周期三种。

一、指令周期

一条指令从其代码被从内存单元中取出到其所规定的操作执行完毕，所用的时间称为相应指令的指令周期。由于指令的类型、功能不同，因此，不同指令所要完成的操作也不同，相应地，其所需的时间也不相同。也就是说，指令周期的长度因指令的不同而不同。

二、总线周期

把 CPU 通过总线与内存或 I/O 端口之间进行一个字节数据交换所进行的操作，称为一次总线操作，相应于某个总线操作的时间即为总线周期。虽然，每条指令的功能不同，所需要进行的操作也不同，指令周期的长度也必不相同。但是，可以对不同指令所需进行的操作进行分解，它们又都是由一些基本的操作组合而成的。如存储器的读/写操作、I/O 端口的读/写操作、中断响应等，这些基本的操作都要通过系统总线实现对内存或 I/O 端口的访问。不同的指令所要完成的操作是由一系列的总线操作组合而成的，而线操作的数量及排列顺序因指令的不同而不同。

8088 的总线操作就是 8088 CPU 利用总线（AB、DB、CB）与内存及 I/O 端口进行信息交换的过程，与这些过程相对应的总线上的信号变化的相对时间关系，就是相应总线操作的时序。

三、时钟周期

时钟周期是微机系统工作的最小时间单元，它取决于系统的主频率，系统完成任何操作所需要的时间，均是时钟周期的整数倍。时钟周期又称为 T 状态。

时钟周期是基本定时脉冲的两个沿之间的时间间隔，而基本定时脉冲是由外部振荡器产生的，通过 CPU 的 CLK 输入端输入，基本定时脉冲的频率称为系统的主频率。例如，8088 CPU 的主频率是 5MHz，其时钟周期为 200ns。

一个基本的总线周期由 4 个 T 状态组成，分别称为 T_1～T_4，4 个状态，在每个 T 状态下，CPU 完成不同的动作。

4.4.2 最小组态下 8086/8088 的时序

一、最小组态下的总线读操作

图 4.7 所示是 CPU 从存储器或外设端口读取数据的时序。总线周期的 T_1、T_2、T_3、T_4 状态的操作如下所述。

1. T_1 状态

为了从存储器或 I/O 端口读出数据，首先要用 M/$\overline{IO}$ 信号指出 CPU 是从内存还是 I/O 端口读，所以，M/$\overline{IO}$ 信号在 T_1 状态成为有效。M/$\overline{IO}$ 信号的有效电平一直保持到整个总线周期结束，即 T_4 状态。

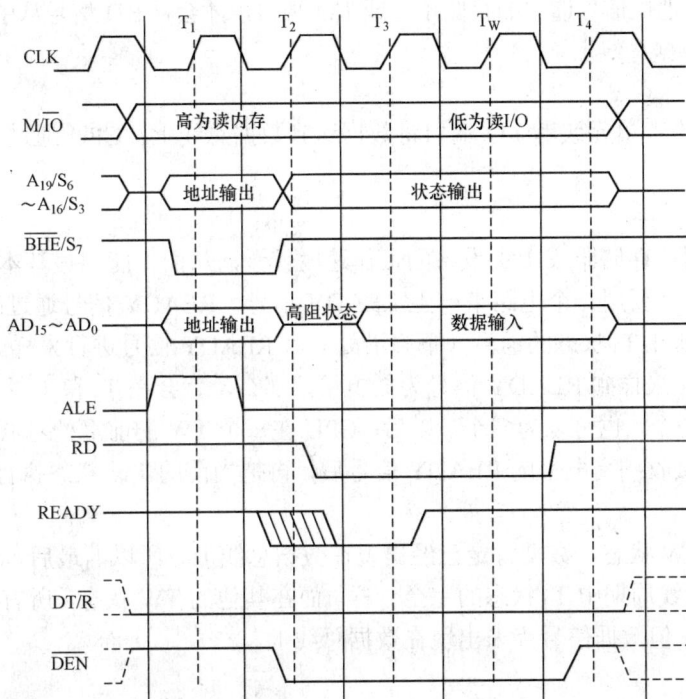

图 4.7　8086 最小组态下读周期时序

8086 的 20 位地址信号是通过多路复用总线输出的，高 4 位地址通过地址/状态线 $A_{19}/S_6 \sim A_{16}/S_3$ 送出，低 16 位地址通过地址/数据线 $AD_{15} \sim AD_0$ 送出。地址信息必须被锁存起来，这样才能在总线周期的其他状态往这些引脚上传输数据和状态信息。为了实现对地址的锁存，CPU 便在 T_1 状态从 ALE 引脚上输出一个正脉冲作为地址锁存信号。在 ALE 的下降沿到来之前，地址信号和 $\overline{BHE}$、$M/\overline{IO}$ 都已经有效，地址锁存器 8282 就是利用 ALE 的下降沿对地址信号、$\overline{BHE}$ 和 $M/\overline{IO}$ 信号进行锁存的。

C 信号也在 T_1 状态通过 $\overline{BHE}/S_7$ 引脚送出，它用来表示高 8 位数据总线上的信息可以使用。$\overline{BHE}$ 信号常常作为奇地址存储体的体选择信号，配合地址信号来实现存储单元的寻址，因为奇地址存储体中的信息总是通过高 8 位数据线来传输。而偶地址存储体的体选择信号是用最低位地址 A0 来传输的。

除此之外，当系统中接有数据总线收发器时，要用到 $DT/\overline{R}$ 和 DEN 作为控制信号。前者作为对数据传输方向的控制，后者实现数据的选通。为此，在 T_1 状态，$DT/\overline{R}$ 输出为低电平，表示本总线周期为读周期，即让数据总线收发器接收数据。

2. T_2 状态

在 T_2 状态，地址信号消失，此时，$AD_{15} \sim AD_0$ 进入高阻态，以便为读入数据做准备；而 $A_{19}/S_6 \sim A_{16}S_3$ 及 $\overline{BHE}/S_7$ 引脚上输出状态信息 $S_7 \sim S_3$，不过当前 CPU 设计中，S_7 未被赋予任何实际意义。

DEN 信号在 T_2 状态变为低电平，从而在系统中接有总线收发器时，总线收发器获得数据允许信号。

在 T_2 状态，CPU 在 $\overline{RD}$ 引脚上输出读信号，$\overline{RD}$ 信号送到系统中所有的存储器和 I/O 端口，但是，只有被地址信号选中的存储单元或 I/O 端口，才会被 $\overline{RD}$ 信号从中读出数据，并将数据送到系统的数据总线上。

3. T_3 状态

在 T_3 状态，内存单元或者 I/O 端口将数据送到数据总线上，CPU 通过 $AD_{15} \sim AD_0$ 接收数据。

4. TW 状态

当系统中所用的存储器或 I/O 设备的工作速度较慢，从而不能用最基本的总线周期执行读操作时，系统中就要用一个电路来产生 READY 信号，READY 信号通过时钟发生器 8284 传递给 CPU。CPU 在 T_3 状态的前沿（下降沿处）对 READY 信号进行采样。如果 CPU 没有在 T_3 状态的一开始采样到 READY 信号为低电平，那么，就会在 T_3 和 T_4 之间插入等待状态 TW。TW 可以为 1 个，也可以为多个。以后，CPU 在每个 TW 的前沿处对 READY 信号进行采样，等到 CPU 接收到高电平的 READY 信号后，再把当前的 TW 状态执行完，便脱离 TW 状态而进入 T4。

在最后一个 TW 状态，数据肯定已经出现在数据总线上。所以，最后一个 TW 状态中总线的动作和基本总线周期中 T_3 状态的完全一样。而在其他的 TW 状态，所有控制信号的电平和 T_3 状态的一样，但数据信号尚未出现在数据总线上。

5. T_4 状态

在 T_4 状态和前一个状态交界的下降沿处，CPU 对数据总线进行采样，从而获得数据。此时，DEN 信号进入高电平，使总线收发器停止工作。

二、最小组态下的总线写操作

图 4.8 所示是 8086 CPU 往存储器或外设端口写入数据的时序。

和读操作一样，最基本的写操作周期也包含 4 个状态，当存储器或外设较慢时，在 T_3 和 T_4 之间，CPU 会插入 1 个或几个 TW 状态。

1. T_1 状态

本状态与最小方式下的总线读操作的 T_1 基本一样，只是 DT/$\overline{R}$ 信号成为高电平，表示本总线周期执行写操作。

2. T_2 状态

地址信号发出之后，CPU 立即从地址/数据复用引脚 $AD_{15} \sim AD_0$ 发出要写入存储器单元或 I/O 端口的数据，数据信息会一直保持到 T_4 状态的正中间。与此同时，CPU 在 $A_{19}/S_6 \sim A_{16}/S_3$ 引脚上发出状态信号 $S_6 \sim S_3$，而 $\overline{R}$ 信号则消失。

在 T_2 状态，CPU 从 $\overline{WR}$ 引脚上发出写信号 $\overline{WR}$，写信号与读信号一样，一直维持到 T_4 状态。在实际系统中，写信号送到所有的存储器和 I/O 接口，但是，只有被地址信号选中的存储器或 I/O 端口，才被 $\overline{WR}$ 信号写入数据。

3. T_3 状态

在 T_3 状态，CPU 继续提供状态信息和数据，并且继续维持 $\overline{WR}$、M/$\overline{IO}$ 及 $\overline{DEN}$ 信号为有效电平。

4. T_W 状态

如果系统中设置了 READY 电路，并且 CPU 在 T_3 状态的一开始未收到"准备好"信号，那么，会在状态 T_3 和 T_4 之间插入 1 个或几个 TW 等待状态。直到在某个 TW 的前沿处，CPU 采样

到 "准备好" 信号，便将 TW 状态作为最后一个等待状态。执行完此状态后，进入 T_4 状态。在 T_W 状态，总线上的所有控制信号和 T_3 状态的一样，数据总线上也仍然保持要写入的数据。

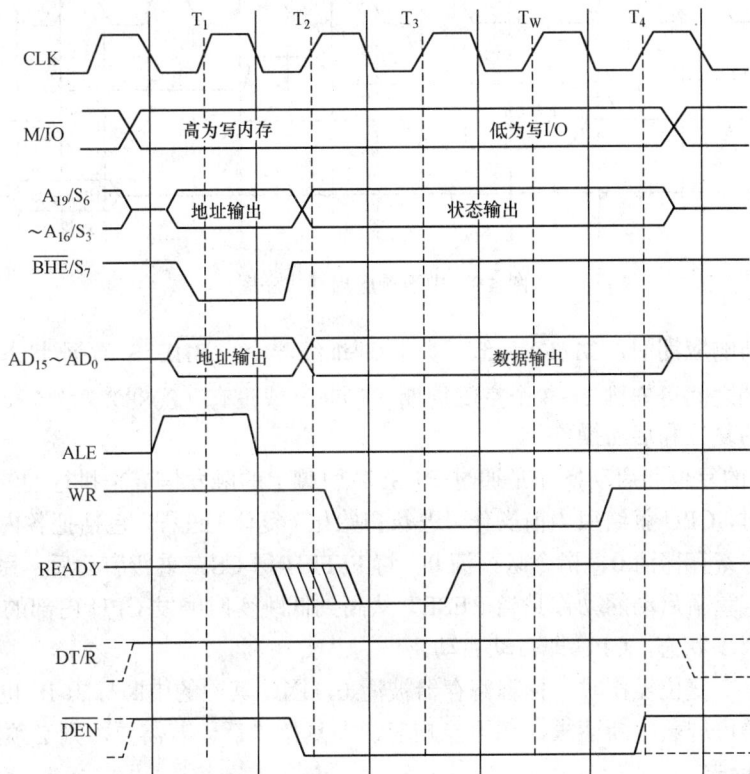

图 4.8　8086 最小组态下写周期时序

5. T_4 状态

在 T_4 状态，CPU 认为存储器或外设端口已经完成数据写入，因而，数据从数据总线上被撤除，控制信号线和状态信号线也进入无效状态。此时，$\overline{DEN}$ 信号总是进入高电平，从而使总线收发器不工作。

三、输入输出周期

8086 从外设输入数据和把数据输出给外设的时序，与存储器读周期或写周期的时序几乎完全相同，只是 $M/\overline{IO}$ 信号为低电平。

四、中断响应周期（对可屏蔽中断）

图 4.9 所示为中断响应周期的时序图，由两个连续的总线周期组成。

（1）要求 INTR 信号是一个高电平信号，并且维持两个 T，因为 CPU 在一条指令的最后一个 T 采样 INTR，进入中断响应后，它在第一个周期的 T_1 仍需采样 INTR。

（2）在最小模式下，中断应答信号 $\overline{INTA}$ 来自 8086 的引脚，而在最大模式时，则是通过 $\overline{S_0}$、$\overline{S_1}$、$\overline{S_2}$ 的组合由总线控制器产生。

（3）第一个总线周期通过 $\overline{INTA}$ 来通知外设，CPU 准备响应中断，第二个总线周期通过 $\overline{INTA}$ 通知外设送中断类型码，该类型码通过数据总线的低 8 位传送，来自中断源。CPU 据此转入中断服务子程序。

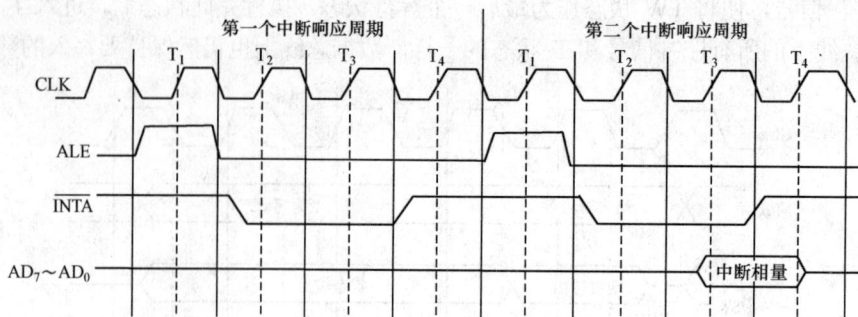

图 4.9　中断响应周期时序图

（4）在中断响应期间，$M/\overline{IO}$ 为低，数据/地址线浮空，$\overline{BHE}/S_7$ 数据/状态线浮空。在两个中断响应周期之间可安排 2～3 个空闲周期（8086）或没有（8088）。

五、系统的复位和启动操作

8086/8088 的复位和启动操作是通过 RESET 引脚上的触发信号来执行的，当 RESET 引脚上有高电平时，CPU 就结束当前操作，进入初始化（复位）过程，包括把各内部寄存器（除 CS）清 0，标志寄存器清 0，指令队列清 0，将 FFFFH 送 CS。重新启动后，系统从 FFFF0H 开始执行指令。重新启动的动作是当 RESET 从高到低跳变时触发 CPU 内部的一个复位逻辑电路，经过 7 个 T 状态，CPU 即自动启动。

注意，由于在复位操作时，标志寄存器被清 0，因此其中的中断标志 IF 也被清 0，这样就阻止了所有的可屏蔽中断请求，都不能响应，即复位以后，若需要，则必须用开中断指令来重新设置 IF 标志。

六、总线占用周期

当系统中有其他总线主设备有总线请求时，向 CPU 发总线请求信号 HOLD，HOLD 信号可以与时钟信号异步，则在下一个时钟的上升沿同步 HOLD 信号。

CPU 收到 HOLD 信号后，在当前总线周期的 T_4 或下一个总线周期 T_1 的后沿，输出保持响应信号 HLDA，从下一个时钟周期开始 CPU 出让总线控制权，进入总线占用周期；DMA 传送结束，掌握总线控制权的总线主设备使 HOLD 信号变低，并在接着的下降沿使 HLDA 信号变为无效，系统退出总线占用周期。

七、总线空操作

只有在 CPU 与存储器或 I/O 端口之间传送数据时，CPU 才执行相应的总线操作，而当它们之间不传送数据时，则进入总线空闲周期，而总线空闲周期即是对应的总线空操作。

在总线空闲周期内，CPU 各种信号线上的状态维持不变。注意，总线空操作并不意味着 CPU 不工作，只是总线接口部件 BIU 不工作，而总线执行部件 EU 仍在工作，如进行计算、译码、传送数据等。实质上总线空操作期间是 BIU 对 EU 的一种等待。

本　章　小　结

本章的主要内容为 8086/8088 的引脚及功能，8086/8088 的 CPU 系统，8086/8088 的时序等。为便于学习和掌握前面所学的知识，下面将本章的知识点做了如下归类。

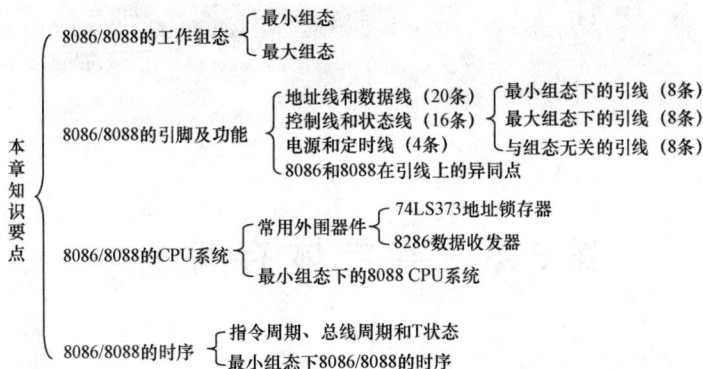

```
          ┌ 8086/8088的工作组态 ┌ 最小组态
          │                     └ 最大组态
          │
          │                     ┌ 地址线和数据线（20条） ┌ 最小组态下的引线（8条）
          │ 8086/8088的引脚及功能│ 控制线和状态线（16条） ┤ 最大组态下的引线（8条）
本章       │                     │ 电源和定时线（4条）    └ 与组态无关的引线（8条）
知识   ────┤                     └ 8086和8088在引线上的异同点
要点       │
          │                     ┌ 常用外围器件 ┌ 74LS373地址锁存器
          │ 8086/8088的CPU系统  ┤              └ 8286数据收发器
          │                     └ 最小组态下的8088 CPU系统
          │
          │ 8086/8088的时序      ┌ 指令周期、总线周期和T状态
          └                     └ 最小组态下8086/8088的时序
```

习 题 四

4-1　填空题

1．计算机中各功能部件是通过_____连接的，它是各部件间进行信息传输的公共通路。

2．8086 CPU 从偶地址访问内存 1 个字时需占用_____周期，而从奇地址访问内存 1 个字操作时需占用_____周期。

3．8088 中 ALE 信号的作用是_____。

4．若某 CPU 系统有 32 根地址线，则最大寻址能力可达到_____B。

5．8088 微处理机在最小模式下，用_____来控制输出地址是访问内存还是访问 I/O。

6．当存储器的读取时间大于 CPU 所要求的时间时，为了保证 CPU 与存储器时序的正确配合，就要利用_____信号使 CPU 插入一个或多个_____状态。

4-2　简答题

1．何为时钟周期、总线周期和指令周期？

2．简述 8088 与 8086 引脚的不同之处。

3．怎样确定 8086 的最大或最小工作模式？最大、最小工作模式产生控制信号的方法有何不同？

4．什么是引脚的分时复用？请说出 8086CPU 有哪些引脚是分时复用引脚？其要解决的问题是什么？

5．8086 系统中为什么一定要有地址锁存器？需要锁存哪些信息？

6．若 8086CPU 工作于最小模式，试指出当 CPU 完成将 AH 的内容送到物理地址为 91001H 的存储单元操作时，以下哪些信号应为低电平：$M/\overline{IO}$、$\overline{RD}$、$\overline{WR}$、$\overline{BHE}/S7$、$DT/\overline{R}$。若 CPU 完成的是将物理地址 91000H 单元的内容送到 AL 中，则上述哪些信号应为低电平。

第 5 章　半导体存储器

🔘 **本章要点**

（1）存储器的分类及其性能指标。

（2）常用的 RAM、ROM 芯片的引脚及其功能。

（3）位扩展、字扩展、字位扩展的方法。

（4）8086/8088 CPU 与存储器的连接方法。

5.1　存　储　器　概　述

存储器是计算机的重要部件，它把要处理问题的程序和原始数据存储起来，处理时，CPU自动而连续地从存储器中取出程序中的指令并执行指令规定的操作，中间数据也利用存储器保存起来。也就是说，计算机每完成一条指令，至少有一次为取指令而访问存储器的操作。上面谈到的这种存储器是内存储器，也称主存储器，或简称存储器。内存储器用来存放当前机器运行的程序和数据，它是计算机主机的主要组成部分，反映了计算机的记忆功能，存储器的存储容量越大，计算机的性能就越好。一般把具有一定容量的速度较快的存储器作为内存储器，CPU 可直接用指令对内存储器进行读写。在微机中，通常用半导体存储器为内存储器。

另一类存储器是存储容量大、速度较慢、位于主机之外的存储器，称为外存储器或海量存储器。它用来存放当前暂时不用的程序和数据。CPU 不能直接用指令对外存储器进行读写。要使用外存储器中的信息，必须先将它调入内存储器，在微机中常用硬磁盘、软磁盘和光盘作为外存储器。本章仅对作为内存储器的半导体存储器进行讨论。

5.1.1　存储器的分类

按照分类依据的不同，可对存储器进行不同的分类。

一、按存储介质分类

按存储介质的不同，存储器可分为半导体存储器、磁存储器和光存储器三种。

用半导体元件组成的存储器称为半导体存储器，在微机中用半导体存储器件来组成内存。

用磁性材料制成的存储器称为磁存储器，主要包括磁盘、磁带和已被半导体存储器取代的磁芯存储器。磁盘和磁带通常用作辅存。

用光学原理制成的存储器称为光存储器。如现今市场上的各种光盘。光存储器通常用作辅存。

二、按所处的位置及功能分类

按存储器按所处的位置及功能通常将存储器分为内存储器和外存储器两大类。

内存储器通常插在主板上，是主机的一个重要组成部分。存放当前正在运行的程序和数据。其特点是：存取速度快，但容量相对较小，价格较高。随着构成内存的半导体大规模集成电路存储器件的发展，及计算机要解决的问题复杂度对于内存容量要求的逐渐增加，现已经不断地普及 GB 的内存，存储器的价格也在不断下降。

外存储器位于主板的外部，存放当前暂不使用但需要长久保存的信息。其特点：容量大、价格低，可方便地对所存储信息进行修改并可长期保存，这一特点是许多构成内存的器件不能实现的功能，但存取速度较慢，需要配置专用设备驱动器才能完成工作。常见的外存储器有磁存储器（软盘、硬盘）、U 盘、光存储器等。

三、按存取方式分类

按照存储器的工作方式可将存储器分为随机存取存储器 RAM（Random Access Memory）、只读存储器 ROM（Read Only Memory）、顺序存取存储器 SAM（Sequential Access Memory）和直接存取存储器 DAM（Direct Access Memory）。

RAM 是指存储器中的内容根据需要可以随机地存取或修改且存取时间与存储单元的物理位置无关，具有读写方便的特点。RAM 是半导体存储器的一种，主要用作计算机的内存。

ROM 是指存储器中的内容只在一般条件下只能读出不能写入或修改。ROM 属于半导体存储器的另一种类型，主要用于存储必须常驻内存的程序，像系统引导程序、监控程序或者操作系统中的输入/输出部分（BIOS）。

SAM 是指存储器中的内容只能按某种顺序进行存取，且存取时间与存储单元的物理位置有关，像磁带存储器。SAM 一般用作计算机的外存。

DAM 是指存储器存取数据时不必对存储介质做事先顺序搜索而直接存取信息。磁盘存储器和部分光盘存储器都是典型的 DAM。DAM 一般用作计算机的外存。

5.1.2　存储器的性能指标

评价存储器优劣的指标很多，如可靠性、寿命、功率损耗（简称功耗）、集成度和价格等，但较为重要的指标当数存储器芯片的容量和存取速度。

一、存储容量

存储容量是指存储器中能够存放二进制信息的多少。在指定存储容量时，经常同时指出存储器芯片中所含的存储单元数目以及每个单元中的位数。例如，某存储器芯片中含有 4096 个存储单元，每个单元中能存放一个 8 位二进制数，则可称该芯片的容量是 4096×8 位，或称 4096B，或 4K×8 位，也可称 4KB。在微型计算机中的存储器几乎以 B 进行编址，所以存储容量以 B 为单位，例如 KB、MB、GB 等。

二、存取时间

存储器的速度是用存取时间来衡量的。存储器的访问主要包括读操作和写操作两种。数据存入存储器的操作称为写操作，数据从存储器取出称为读操作。一般用读/写时间、读/写周期和存取速度等指标来衡量存取时间。

读/写时间是指从存储器接到读（或写）命令到完成读（或写）操作所需的时间，通常也称为存储器存取时间，用 T_A 表示，它是存储器的重要指标。T_A 取决于存储器中存储介质的物理特性和访问机构的类型。

读/写周期是指存储器完成一次完整的存取操作所需的时间，即存储器进行两次连续、独立的操作（读或写）所需的时间间隔。通常也称为存储周期，用 T_M 表示，通常 T_M 比 T_A 稍大，因为存储器进行读写操作之后需要短暂的稳定时间，另外有些存储器电路刷新需要时间。

半导体存储器的最大存取时间通常为几十到几百纳秒（ns）。

三、可靠性

计算机要正确地运行，必然要求存储器系统具有很高的可靠性。内存发生的任何错误都会使计算机不能正常工作。而存储器的可靠性直接与构成它的芯片有关。目前，所用的半导体存储器芯片的平均故障间隔时间 MTBF 为 $5\times10^6 \sim 1\times10^8$h。

四、功耗

使用功耗低的存储器芯片构成存储系统，不仅可以减少对电源容量的要求，降低能耗，而且还可以提高存储系统的可靠性。

5.1.3　存储体系结构

在一个计算机系统中，对存储器的容量、速度和价格这三个基本性能指标都有一定的要求。存储容量应确保各种应用需要；存储器速度应尽量与 CPU 的速度相匹配，并支持 I/O 操作；存储器的价格应比较合理。然而，这三者经常是互相矛盾的。例如，存储器的速度越快，每位的价格就越高；存储器的容量越大，存储器的速度就越慢。按照目前的技术水平，仅仅采用一种技术组成单一的存储器是不可能同时满足这些要求的。只有采用由多级存储器组成的存储体系，把几种存储技术结合起来，才能较好地解决存储器大容量、高速度和低成本这三者之间的矛盾。存储器的多级结构如图 5.1 所示。

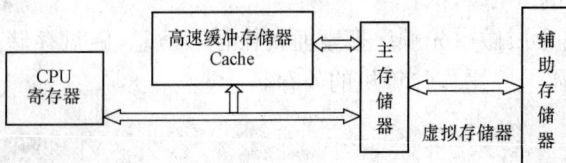

图 5.1　存储器的多级结构

图中最高层是 CPU 中的通用寄存器，由于很多运算可直接在 CPU 的通用寄存器中进行，减少了 CPU 与主存的数据交换，解决了速度匹配问题。

高速缓冲存储器（Cache）设置在 CPU 和主存之间，可以放在 CPU 内部或外部。其作用也是解决主存与 CPU 的速度匹配问题。由主存与 Cache 构成的 "主存—Cache" 存储层次，从 CPU 来看，有接近于 Cache 的速度与主存的容量，并接近于主存的每位价格。

但是，以上两层仅解决了速度匹配问题，而容量还是受到主存容量的制约。因此在多级存储结构中又增设了辅助存储器（由磁盘构成）和大容量（又称海量）存储器（由磁带构成）。随着操作系统和硬件技术的完善，主存与辅存之间的信息传送均可由辅助软、硬件自动完成，从而构成了"主存—辅存"存储层次。在这一层次上，速度接近于主存的速度，容量是辅存的容量，每位价格接近于廉价慢速的辅存价格，从而又弥补了主存容量的不足。

多级存储结构构成的存储体系是一个整体。从 CPU 来看，这个整体的速度接近于 Cache 和寄存器的操作速度，容量是辅存（或海量存储器）的容量，每位价格接近于辅存的价格。从而较好地解决了存储器中速度、容量、价格三者之间的矛盾，满足了计算机系统的应用需要。

5.2 常用的半导体存储器芯片

20 世纪 70 年代以来，随着大规模集成电路技术的发展，半导体存储器的容量和速度都有极大提高，而体积和成本却大大减少，所以在微机中都以半导体存储器作为内存。

半导体存储器从器件原理来分，有双极型和 MOS 型两类，前者用于高速微机，后者工艺简单，集成度高，成本低，功耗小，为一般微机所广泛采用。从存取方式（或读写方式）来分，半导体存储器有随机读写存储器 RAM 和只读存储器 ROM 两大类型。

5.2.1 随机读写存储器 RAM

MOS 型 RAM 的基本存储电路采样 MOS 管做成，常因制造工艺的不同而分为 NMOS、PMOS、CMOS、HMOS 型等。MOS 型的基本存储器电路采用，按照信息存储方式的不同，又可分为静态 RAM 和动态 RAM 两种。

静态 RAM（Static RAM，SRAM）的基本存储电路一般由 MOS 晶体管触发器组成，依靠触发器存储每位二进制信息，只要不断电，所存信息工作速度快，稳定可靠就不会丢失。因此，SRAM 工作速度快，稳定可靠，不要外加刷新电路，使用方便。但由于它的基本存储电路所需晶体管较多（最多的要 6 个），因而集成度不易做得很高，功耗也较大。

动态 RAM（Dynamic RAM，DRAM）的基本存储电路是以 MOS 晶体管的栅极和衬底间的电容来存储二进制信息，由于电容总存在泄漏现象，所以时间长了，DRAM 内所存信息会自动消失。为维持 DRAM 所存信息不变，必须周期性地对 DRAM 进行刷新（Refresh），即对电容补充电荷（常常是 2ms 刷新一次）。DRAM 的基本存储电路通常由一个晶体管和一个电容组成，所用元件少。因此，集成度可以做得很高，成本低，功耗小，但需要外加刷新电路工作速度要比 SRAM 慢很多，一般微机系统的内存储器多采样 DRAM。

一、基本存储电路

1. 静态 RAM

静态 RAM 的基本存储电路是触发器，它通常可以分为六管静态存储电路和四管静态存储电路两种。现以六管静态存储电路为例加以分析。

该电路通常由如图 5.2 所示的 6 个 MOS 管组成，在此电路中，T1～T4 管组成双稳态触发器，T1、T2 为存储管（放大管），T3、T4 为负载管，若 T1 截止，由 A 点为高电平，使 T2 导通，于是 B 点为低电平，保证 T1 截止，同样 T1 导通而 T2 截止，这是另一个稳定状态。因此可用 T1 管的两种状态表示"1"或"0"。由此可知，SRAM 保存信息的特点是和这个双稳态触发器的稳定状态密切相关的。显然，仅仅能保持这两个状态还是不够的，还要对状态进行控制，于是加上了控制管 T5 和 T6。

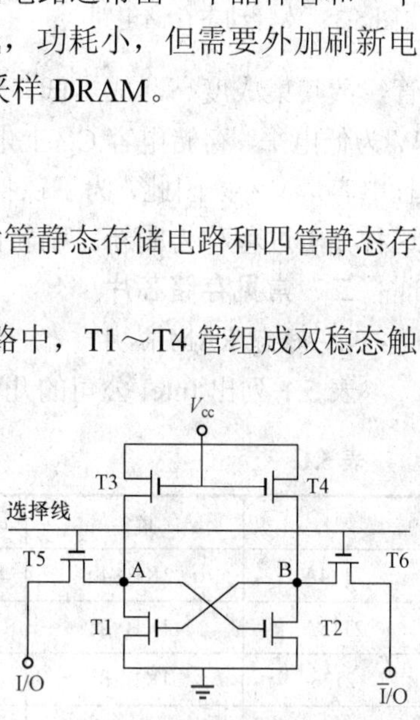

图 5.2 六管静态存储电路

当地址译码器的某一个输出线送出高电平到 T5、T6 控制管的栅极时，T5、T6 导通，于是 A 与 I/O 线相连，B 点与 I/O 线相连。这时如要写"1"，则 I/O 为"1"，I/O 为"0"，即 A=1，B=0，使 T1 截止，T2 导通。而当写入信号和地址译码信号消失后，T5、T6 截止，该状态仍能保持。如要写"0"，

则 $\overline{I/O}$ 线为 "0"，I/O 线为 "1"，这使 T1 导通，T2 截止，只要不掉电，这个状态会一直保持，除非重新写入一个新的数据。

对所存的内容读出时，仍需地址译码器的某一输出线送出高电平到 T5、T6 管栅极，则此存储单元被选中，此时 T5、T6 导通，于是 T1、T2 管的状态被分别送到 I/O、$\overline{I/O}$ 线，这样就读取了所保存的信息。显然，所存储的信息被读出后，所存储的内容并不改变，除非重写一个数据。

由于 SRAM 存储电路中 MOS 管数目多，故集成度较低，而 T1、T2 管组成的双稳态触发器必有一个是导通的，功耗也比 DRAM 大，这是 SRAM 的两大缺点。其优点是不需要刷新，从而简化了外围电路。

2. 动态 RAM

在动态 RAM 中，动态基本存储电路是以电荷形式存储二进制信息的。存储信息的基本电路可以采用四管电路、三管电路和单管电路。由于基本电路使用的元件数目减少，因而集成度可进一步提高。目前多利用单管电路作为存储器基本电路。图 5.3 为一个 NMOS 单管动态基本存储电路。数据以电荷形式直接存入存储电容 C_D，MOS 管 T 用做开关。

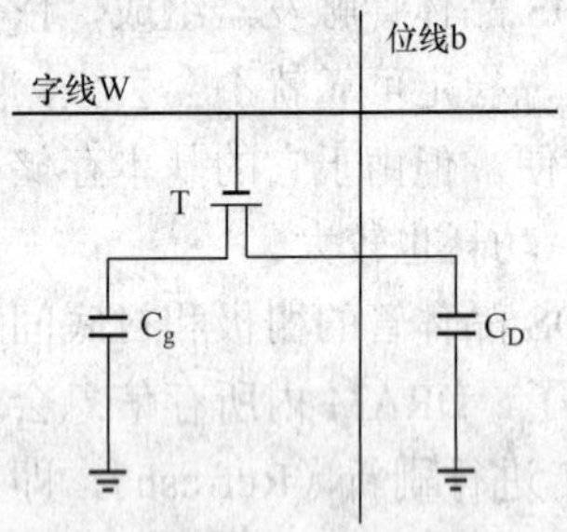

读写过程如下。

写入：当选中存储电路工作时，字线 W 为高电平，T 导通，位线上的写入信号经过 T 直接送入 Cg。若位线写入信息为 "1"，Cg 被充电为高电平；若位线上写入信息为 "0"，则 Cg 放电，为低电平。即写入后，若 Cg 上有电荷表示存 "1"，无电荷表示存 "0"。

图 5.3 单管动态存储电路

显然，单管动态存储电路存储一位二进制信息只需一只 MOS 管，故其集成度高，成本低，适合大容量存储器。在未选中基本存储电路工作时，由于字线 W 为低电平，存储电容 Cg 上电荷因无泄漏从而通路被保持下来。但是，Cg 上电荷总有泄漏，且电容量又小。因此，为了保持 Cg 上的信息，必须周期性地给存: "1" 的基本存储电路充电。这种充电过程称为刷新。刷新由刷新电路完成，刷新时间通常为 2ms 一次。

二、常见存储芯片

1. 静态 RAM 芯片

表 5.1 列出 Intel 公司的几种常见静态 RAM 芯片。现以 6116 为例介绍静态 RAM 芯片。

表 5.1 常见静态 RAM（Intel 产品）

型号	存储容量	最大存取时间（ns）	所用工艺	所需电源（V）	引脚数
2114A	1KB×4	100～250	HMOS	+5	18
2115A	1KB×8	45～95	NMOS	+5	16
2128	1KB×8	150～200	HMOS	+5	24
6116	2KB×8	200	CMOS	+5	24
6264	8KB×8	200	CMOS	+5	28
62128	16KB×8	200	CMOS	+5	28
62256	32KB×8	200	CMOS	+5	28

6116 芯片的容量为 2KB×8 位，有 2048 个存储单元，需 11 根地址线，7 根用于行地址译码输入，4 根用于列地址译码输入，每条列线控制 8 位，从而形成了 128×128 个存储阵列，即存储体中有 16384 个存储元。6116 的控制线有三条：片选 $\overline{CS}$、输出允许 $\overline{OE}$ 和写允许控制 $\overline{WE}$。图 5.4 为引脚和结构框图。

Intel 6116 存储器芯片的工作过程如下：

读出时，地址输入线 $A_{10} \sim A_0$ 送来的地址信号经译码器送到行、列地址译码器，经译码后选中一个存储单元（其中有 8 个存储位），由 $\overline{CS}$、$\overline{OE}$ 和 $\overline{WE}$ 构成读出逻辑（$\overline{CS}$=0、$\overline{OE}$=0、$\overline{WE}$=1）打开右面的 8 个三态门，被选中单元的 8 位数据经 I/O 电路和三态门送到 $D_7 \sim D_0$ 输出。

写入时，地址选中某一存储单元的方法和读出时相同，不过这时 $\overline{CS}$=0、$\overline{OE}$=1、$\overline{WE}$=0 打开左边的三态门，从 $D_7 \sim D_0$ 端输入的数据经三态门的输入控制电路送到 I/O 电路，从而写到存储单元的 8 个存储位中。

当没有读写操作时，$\overline{CS}$=1，即片选处于无效状态，输入输出三态门呈高阻状态，从而使存储器芯片与系统总线"脱离"。

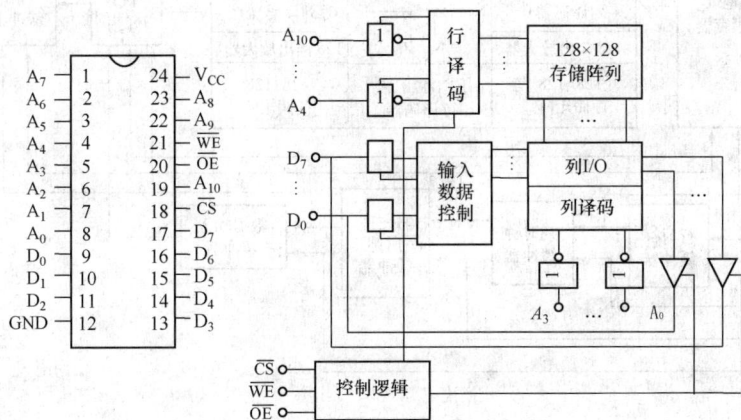

图 5.4　6116 引脚和结构框图

2. 动态 RAM 芯片

这里以 Intel 2164 芯片为例介绍 64K 动态存储器。

Intel 2164 是 MOS 随机存储器芯片，容量为 64KB×1 位。图 5.5 是其引脚图和逻辑符号。图中 $A_0 \sim A_7$ 为地址输入，$\overline{RAS}$、$\overline{CAS}$ 分别是行、列地址选通信号，D_{IN}、D_{OUT} 是数据输入和数据输出，$\overline{WE}$ 是写允许信号。图 5.6 是其内部结构框图。

表示 64K 地址空间的地址码有 16 位，为了节省引脚，芯片只用 $A_0 \sim A_7$ 共 8 根地址线，采用分时复用技术，利用多路开关分两次送入 16 位地址。首先送低 8 位地址码，由行地址选通信号 RAS 打入行地址锁存器，然后送地址码的高 8 位，由列地址选通信号 $\overline{CAS}$ 打入列地址锁存器。行、列地址锁存器在图中没有分开画出。这 8 条地址线也用于刷新时的地址计数。

数据的输入和输出信号分别是 D_{IN} 和 D_{OUT}，它们有各自的三态数据缓冲寄存器，$\overline{WE}$ 是读写控制线，当 $\overline{WE}$=1 时为读出，$\overline{WE}$=0 时为写入。芯片没有片选控制端，行地址选通 RAS 兼做片选，只有当 RAS 有效时，芯片才工作。

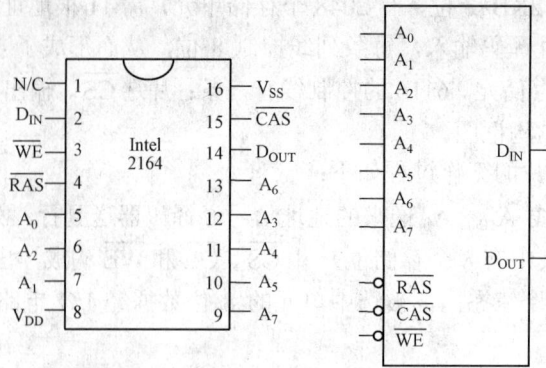

图 5.5　Intel 2164 的引脚图和逻辑符号

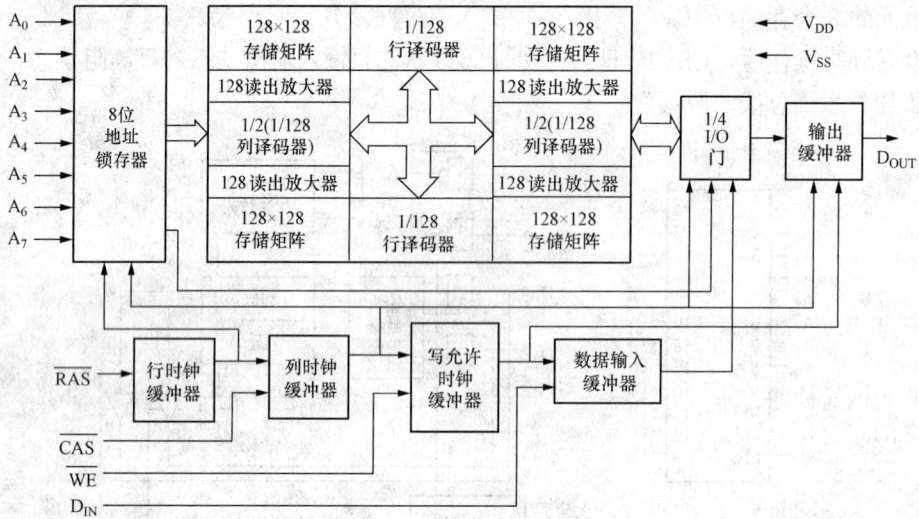

图 5.6　Intel 2164 内部结构框图

5.2.2　只读存储器 ROM

前已述及，只读存储器 ROM 的特点：其内容是预先写入的，而且一旦写入，使用时就只能读出，不能修改，掉电时也不会丢失。ROM 器件还具有结构简单、信息度高、价格低、非易失性和可靠性高等特点。按照构成 ROM 的集成电路内部结构的不同，只读存储器通常又可分为以下几种。

一、掩膜 ROM（MROM）

掩膜 ROM 中的信息是由生产厂家根据用户的要求（给定的程序和数据），在生产过程中，通过掩膜工艺制造的，所以把这种只读存储器称为掩膜 ROM。也就是说，掩膜 ROM 中信息是在制造时固化进去的，且由生产厂家成批实现程序固化，一旦做好，不能更改，因此，芯片制造成功后，其中的程序、常数和表格虽可以读出，但不能修改，因此，掩膜 ROM 只适合于存储成熟的固定程序和数据，并且大批量生产时成本很低，性能也很可靠。如用于存放 PC DOS 的 BIOS、BASIC 语言解释程序或监控程序等。

掩膜 ROM 中的每个存储元电路只需用一个耦合元件，一般可用二极管 MOS 型晶体管、双极型晶体管构成。一般 MOS 型的集成度高、功耗小，但速度慢，双极型的速度快，但功耗大，所以只适用于速度要求较高的系统。

通常，掩膜型 ROM 总是在一个计算机系统完成开发后，用来容纳那些固定的不再做修改的程序或数据。

二、可编程 ROM（PROM）

为了方便用户根据自己的需要确定 ROM 的内容，提供了一种可编程 ROM（Programmable ROM，PROM），该存储器在出厂时，器件中不存入任何信息，是空白存储器，由用户根据需要，利用特殊方法写入程序和数据，这种写入常由计算机程序在编程脉冲作用下完成，因此称为编程。采用 PROM 虽比掩膜 ROM 方便，但它只能被编程一次，即可以写入一次，写入后就不能更改，所以这只能用在程序已经成熟的情况下。它也类似于掩膜 ROM，适合小批量生产。

PROM 中，通常用二极管或双极型三极管做存储单元。图 5.7 所示是用双极型三极管做存储元电路的，在这种存储单元中，每一位三极管的发射极上串接一个熔丝，出厂时所有管子发射极上的熔丝是完整的，管子可将位线和字选线连通，表示存有信息“0”（即整个芯片未使用前全为“0”），用户编程时，根据程序要求，对需要写入“1”的位，通以足够大的脉冲电流（典型的熔断电流为 50～100mA，周期为几微秒），使相应位的熔丝烧断，该位便存入信息“1”。未被熔断的位仍为“0”，从而实现了信息的一次性写入。虽然 PROM 可由用户自由编程写入信息，但由于熔丝一旦编程烧断，就无法恢复，所以，PROM 只允许用户编程一次，这对需要经常修改程序内容的应用场合是很不方便的。

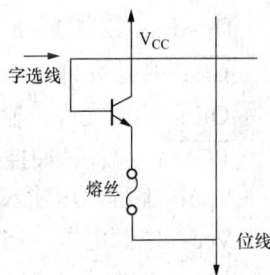

图 5.7 熔丝式 PROM 单元

三、可擦除 PROM（EPROM）

掩膜 ROM 和 PROM 中的内容一旦写入，就无法再改变，EPROM（Erasable Programmable ROM ）由于是以浮栅型 MOS 管做存储单元，它里面存储的内容可以通过紫外线照射而被擦除，而且又可再用电流脉冲对其重新编程写入程序或数据，还可多次进行擦除和重写，故称为可擦除可编程，因而得到了广泛应用。

1. 工作原理

在 EPROM 中，信息的存储是通过浮置栅场效应管上的电荷分布来决定的，所以，编程过程就是电荷注入过程。由于浮置栅悬浮在 SiO_2 绝缘层中，故编程结束，撤掉电源后，注入的电荷仍不会泄露，电荷分布维持不变。所以，EPROM 也是一种非易失性的存储器件，能长久保留信息。在常温下，信息可保存 10 年以上。若将芯片置于紫外线灯下照射，则信息将在几分钟内丢失。如用紫外线灯制作的抹除器照射约 20min，可使存储器全部复原，用户可再次写入新的内容。

2. 典型 EPROM 芯片

EPROM 芯片有多种型号，常用的有 2715（2KB×8）、2764（8KB×8）、27128（16KB×8）、27256（32KB×8）等，下面以 2764（8K×8）芯片为例，说明 EPROM 的性能和工作方式。

Intel 2764 是 8KB×8 的 EPROM。图 5.8 所示是 2764 的引脚和内部结构框图。

（1）引脚及其功能。

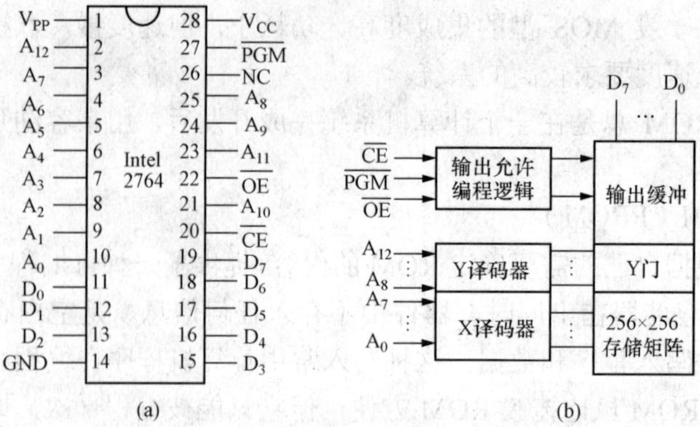

图 5.8 Intel 2764 的引脚和内部结构框图

(a) 引脚；(b) 内部结构图

$A_{12}\sim A_0$：地址线，13 位（对应 8K 存储单元），输入，连系统地址总线。

$D_7\sim D_0$：数据线，8 位，双向，编程时做数据输入线，读出时做数据输出线，连数据总线。

$\overline{CE}$：片选允许（功能同 $\overline{CE}$），输入低电平有效，连地址译码器输出。

$\overline{OE}$：输出允许，输入低电平有效，连读信号 $\overline{RD}$。

$\overline{PGM}$：编程脉冲控制端，输入低电平有效，连编程控制信号。

Vpp：编程电压输入端，编程时接+25V。

Vcc：电源电压，+5V。

（2）工作方式。2764 有读方式、编程方式、检验方式和备用方式 4 种工作方式，见表 5.2。

表 5.2　　　　　　　　　　　　　　　Intel 2764 工作方式

信号端	Vcc（V）	Vpp（V）	$\overline{CE}$	$\overline{OE}$	$\overline{PGM}$	数据端（$D_7\sim D_0$）功能
读方式	+5	+5	低	低	低	数据输出
编程方式	+5	+25	高	高	正脉冲	数据输入
校验方式	+5	+25	低	低	低	数据输出
备用方式	+5	+5	无关	无关	高	高阻状态
未选中	+5	+5	高	无关	无关	高阻状态

1）读方式。这是 Intel 2764 最常用的方式，在读方式下，Vcc 和 Vpp 均接+5V 电压，$\overline{PGM}$ 接低电平，从地址线 $A_{12}\sim A_0$ 接收 CPU 送来的所选单元地址，然后使 $\overline{CE}$、$\overline{OE}$ 均有效（为低电平），于是经过一个时间间隔，所选单元的内容即可读到数据总线上。

2）备用方式。即 Intel 2764 工作于低功耗方式，该方式与芯片未选中时类似，这时芯片从电源所取的电流从 100mA 下降到 40mA，功耗降为读方式下的。只要使 $\overline{PGM}$ 端输入一个 TTL 高电平信号，即可使 Intel 2764 工作于备用方式，该方式使数据输出呈高阻态。由于读方式时 $\overline{CE}$ 和 $\overline{PGM}$ 是连在一起的，所以，当某芯片未被选中时，$\overline{CE}$ 和 $\overline{PGM}$ 处于高电平状态，则此芯片就相当于处于备用方式，可大大降低功耗。

3）编程方式。在编程方式下，只要将 Vpp 接 25V（不同型号芯片所加电压不同，有的芯片仅需加 12.5V 电压，加得不正确会烧坏芯片，应注意器件说明），Vcc 加+5V，$\overline{CE}$ 端和 $\overline{OE}$ 端为高电平，从地址线 $A_{12}\sim A_0$ 端输入需要编程的单元地址，从数据线 $D_7\sim D_0$ 上输入编程数据，在 $\overline{PGM}$ 端加入编程脉冲宽度为 50ms，幅度为 TTL 高电平，便可实现编程（写入）功能。注意，必须在地址和数据稳定之后，才能加入编程脉冲。

4）校验方式。在编程过程中，为了检查编程时写入的数据是否正确，通常在编程过程中包含校验操作。在每个字节写入完成后，电源电压接法不变，而将 $\overline{CE}$ 、 $\overline{OE}$ 、 $\overline{PGM}$ 均改为低电平，便可紧接着将写入的数据读出，以检查写入的信息是否正确。

Intel 2764 除以上 4 种工作方式外，实际上还有输出禁止方式和编程禁止方式。编程禁止方式就是禁止编程，因此，在编程过程中，只要使 $\overline{CE}$ 为低，编程就立即禁止。

（3）EPROM 编程器。由于对 EPROM 编程时，每写入一个字节都需要加 50ms 宽的 $\overline{PGM}$ 脉冲电流，则编程速度太慢，而且容量越大，导致编程速度越慢。为此，Intel 公司开发了一种新的编程方法，比标准方法快 5~6 倍，并按照这一新的编程思路，相继开发了多种型号的 EPROM 编程器， 所以，目前对 EPROM 编程都使用专门的编程器来进行编程。

编程器通常要依靠一台微机才能工作。编程器通过一个接口卡与微机扩展槽相连，并配有一套编程软件来控制编程器的工作方式及微机与编程器间的数据传送。编程器上有的 EPROM 芯片插座，一般可对多种型号的 EPROM 芯片进行编程。

EPROM 除一些常用的芯片，如 2764、27128、27256、27512 等外，还有一些大容量的 EPROM，如 27C010（128KB×8）、27020（256KB×8）和 27040（512KB×8）等芯片，适用于工业控制中固化监控程序和用户应用程序等内容。

四、电擦除 PROM（ E^2PROM ）

E^2PROM（Electrically Erasable PROM）是近年来发展起来的一种只读存储器，其特点是能以字节为单位进行擦除和改写，而不像 EPROM 那样整体擦除。由于采用电擦除方式，而且擦除、写入和读出的电源都用+5V，故可直接在计算机系统中进行在线修改，而不需脱机擦洗和固化，在机器内设有编程所需的高压脉冲产生电路，擦除和写入操作均由机器内定时电路自动控制，从而降低了系统的软、硬件开销，因而无需外加编程高压电源和写入脉冲。目前写入时间较长，约需 10ms，读出时间约为几百纳秒。在写入一个字节的指令代码或数据之前，自动地对所要写入的单元进行擦除，同样无需专门的擦洗设备和操作，因此，就如同使用静态 RAM 一样方便。随着技术的发展，E^2PROM 的擦写速度将不断加快，容量将不断增大，其可望作为非易失性的 RAM 使用。

5.2.3 存储容量的扩展

由于制造工艺原因，单片存储器芯片的容量总是有限的，因此，在构成一微机系统内存储器时，总是要由若干个存储器芯片来组成。如何根据系统对内存空间进行分配并将这些芯片进行合理排列、联接，以及和 CPU 的地址总线、数据总线如何连接将成为一个问题。此外，内存储器又分为 ROM 区和 RAM 区，而 RAM 又分为系统区和用户区，所以，内存的地址分配（选择）是一个重要问题。

由于存储器芯片有 1 位、4 位和 8 位，单片容量也有不同规格，所以，要组成一个容量满足实际需要的存储器时，一般需要对芯片在位向或字向进行扩展或者在字、位方向同时都要扩展（称为字位扩展）。根据选择芯片的规格不同，通常有三种扩展方法。

一、位扩展

位扩展是指对芯片的位数进行扩充（即加大字长）以满足对存储单元位数的实际要求。

一般当选择的存储器芯片是位结构的（即每片是 N 字×1 位结构），即单元数（字数）与所要求的存储器字数相同，只是位数不满足要求，这时需在位方向扩展，即用多片相同规格的芯片在位方向并联起来。

【例 5.1】 用 16K×1 位的 ROM 芯片，构成 16K×8 位的存储系统。

分析：由于每个芯片的容量为 16KB，故满足存储器系统的容量要求。但由于每个芯片只能提供 1 位数据，故需用 8 片这样的芯片，即（16KB×8 位）/(16KB×1 位)=8，它们分别提供 1 位数据至系统的数据总线，以满足存储器系统的字长要求。

硬件连接如图 5.9 所示。

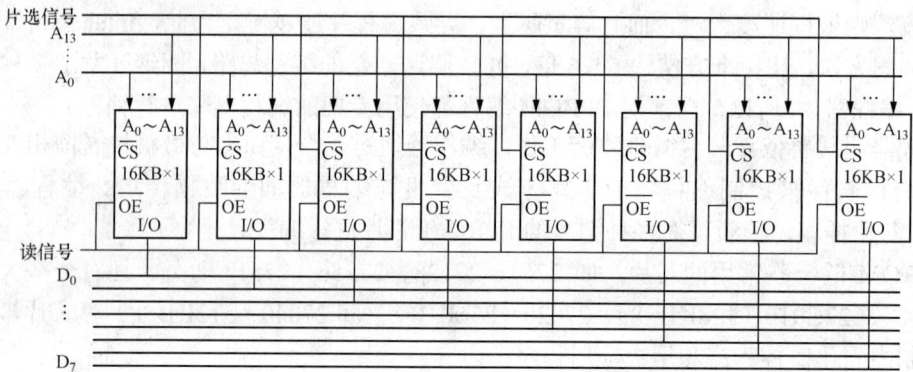

图 5.9　位扩展方式组成的 16KB×8 位 RAM

二、字扩展

字扩展就是当存储器芯片的字长与存储器的字长相同，而容量（单元数）不满足要求时，要对芯片的单元数进行扩充，以满足总容量的要求。

【例 5.2】 用 8KB×8 位的芯片构成 32KB×8 位的 RAM 存储器。

分析：由于单个芯片的单元数只有 8K，不满足 32K 的要求，需要在字节方向进行扩展。则用 4 片 8K×8 位的芯片，即（32K×8）/（8K×8）=4。把它们的地址线、数据线、读/写控制线分别并联，而片选信号则要单独引出，由地址线的高位（$A_{19} \sim A_{13}$）通过译码产生各自芯片的片选信号，使 4 个芯片轮流选中。用地址线的低位（$A_{12} \sim A_0$）直接连到 4 个芯片的地址引脚，作为片内地址去选中某一单元。

硬件连接如图 5.10 所示。

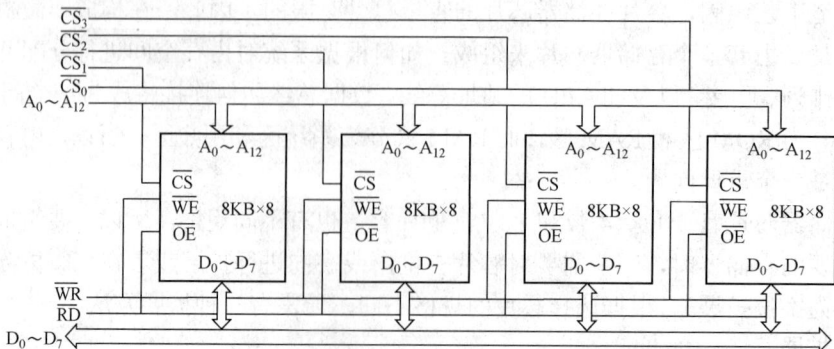

图 5.10　字扩展方式组成的 32K×8 位 RAM

三、字位扩展

字位扩展是指在字方向和位方向都要进行扩展。

【例 5.3】 用字 2KB×4 位的存储器芯片组成 4KB×8 位的 RAM 存储器。

分析：就单个芯片来说，无论是位方向，还是字方向都不满足要求，都要进行扩展。根据给定规格，总共需要（4KB×8）/（2KB×4）=4 片芯片，这 4 片芯片为满足字长要求，应将两片并起来同时工作，每片有 4 位数据位，两片正好拼成 8 位数据宽度，以满足字长要求，所以，每两片一组，4 片共分 2 组，这 2 组用高 2 位地址（$A_{19} \sim A_{11}$）经译码产生片选（本例中也是组选）信号，以选择 2 组中的某一组，用地址线的低 11 位（$A_{10} \sim A_0$）直接连到每个芯片的地址引脚，实现片内选择。

硬件连线如图 5.11 所示。

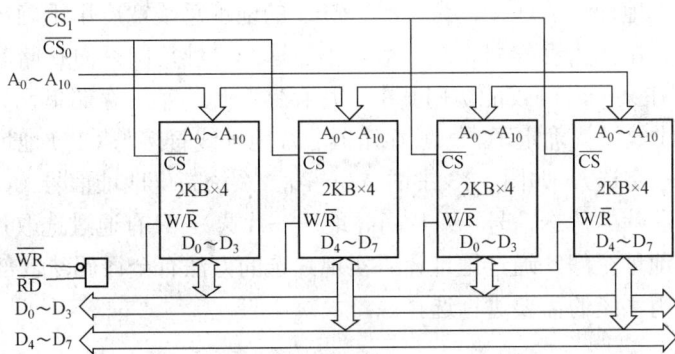

图 5.11　字位扩展方式组成的 4KB×8 位 RAM

5.3　8086/8088 CPU 与存储器的连接

在微型计算机中，CPU 要频繁地和存储器交换数据，CPU 在对存储器进行读/写操作时，总是首先在地址总线上给出访问某一单元的地址信号，然后再发出相应的读（写）控制信号，最后才能在数据总线上进行数据交换。因此，与存储器的连接主要应包括地址线的连接、数据线的连接和控制线的连接。在连接时应考虑总线的带负载能力、速度匹配等问题。

5.3.1　CPU 与存储器的连接方法

以 8086/8088 CPU 在最小模式下通过系统总线与静态 RAM 的连接为例，说明地址线、数据线和控制信号的连接方法，特别注意的是地址分配和片选问题。

用 4 片 6264（8KB×8 位）的 RAM 芯片与 8088 CPU 系统总线相连，构成 32KB×8 位的存储区域为例，介绍 CPU 与存储器的连接方法。

一、数据线的连接

根据 CPU 的数据总线宽度和存储器芯片存储单元存放的二进制位数考虑。若芯片存储单元存放的二进制位数等于 CPU 的数据总线宽度，将 CPU 数据线与存储器芯片的数据线对应并联。若芯片存储单元存放的二进制位数小于 CPU 数据总线宽度，应根据情况将 CPU 数据总线与多片存储器芯片的数据线并联。例如，某存储器芯片存储单元存放的二进制位数为 4

位，而 CPU 的数据总线宽度为 8 位，连接时应使用两片存储器芯片，将 CPU 的低 4 位和高 4 位数据线分别与两片存储器芯片的数据线相连。

二、控制信号的连接

在存储器连接中，应根据 CPU 和存储器芯片对控制线的要求来确定存储器芯片与控制总线的连接。只涉及 CPU 的控制信号有读信号 $\overline{RD}$、写信号 $\overline{WE}$ 和存储器 I/O 接口的选择信号 $\overline{M/IO}$（8086CPU 为 $M/\overline{IO}$）。在通常情况下，CPU 的 $\overline{WE}$ 和 $\overline{RD}$ 信号与存储器芯片的 $\overline{WE}$ 和 $\overline{OE}$ 对应相连；而 $\overline{M/IO}$ 信号一般作为存储器译码器的控制信号，如图 5.13 所示。CPU 执行访问存储器的指令时，经控制线向存储器芯片的相应控制端传送正确时序并完成读、写操作。

三、地址线的连接

在连接过程中，地址线的连接较为灵活。CPU 的地址总线宽度用于确定内存储器系统的最大寻址范围。设计中的内存储器系统一般都小于这个寻址范围。内存储器系统由多片存储器芯片组成，CPU 在某一时刻仅能访问其中一片存储芯片的某一存储单元。当存储器芯片型号选定后，其地址线数量就确定了。一般存储器芯片地址线直接与 CPU 地址线的低位对应相连（即片内寻址——字选），如图 5.13 中的 $A_{12}\sim A_0$。系统高位地址信号（如 $A_{19}\sim A_{13}$）经译码后产生各存储器芯片的片选信号（即片间寻址——片选）。只有通过选取片选信号，才能确定各存储器芯片的地址空间。通过地址译码实现片选的方法有全译码法、部分译码法和线选法。可根据不同应用系统的需要进行选择。

5.3.2　译码方法与地址范围计算

一、译码器芯片 74LS138（3-8 译码器）

在主存储器系统设计中，通常使用专用译码器芯片来完成对存储器芯片的组织，确定各存储器芯片的地址空间。一般常用的译码器芯片有 74LS139（2—4 译码器）、74LS138（3—8 译码器）、74LS154（4—16 译码器）。下面介绍 3—8 译码器芯片 74LS138 的参数及其在主存储器系统中的应用。

74LS138 译码器的引脚定义及逻辑符号如图 5.12 所示，它有 16 条引线，其中：

（1）3 条译码输入引线 A、B、C，用于片选地址线的输入。

（2）3 条芯片允许引线 G_1、$\overline{G_{2A}}$、$\overline{G_{2B}}$，当 $G_1\overline{G_{2A}}\ \overline{G_{2B}}$=100 时，74LS138 工作有效。

（3）8 条译码输出引线 $\overline{Y_0}\sim\overline{Y_7}$，当 74LS138 工作有效时，在输入引线 A、B、C 的控制下，$\overline{Y_0}\sim\overline{Y_7}$ 中仅有 1 条引线输出为低电平，其余引线输出为高电平。表 5.3 给出了 74LS138 译码器真值表，在芯片允许信号有效时，A、B、C 的 8 种组合对应 $\overline{Y}$ 输出。译码器与存储器就是利用其输出之一与存储器的片选信号相连。

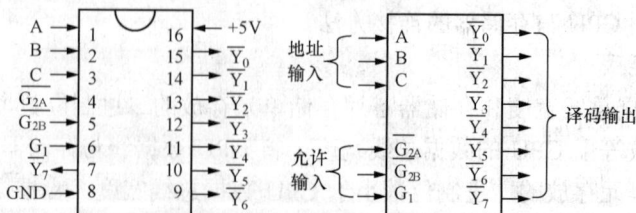

图 5.12　74LS138 的引脚及逻辑符号

表 5.3   **74LS138 译码器真值表**

使能端			输入端			输出端							
G_1	$\overline{G_{2A}}$	$\overline{G_{2B}}$	C	B	A	$\overline{Y7}$	$\overline{Y6}$	$\overline{Y5}$	$\overline{Y4}$	$\overline{Y3}$	$\overline{Y2}$	$\overline{Y1}$	$\overline{Y0}$
1	0	0	0	0	0	1	1	1	1	1	1	1	0
1	0	0	0	0	1	1	1	1	1	1	1	0	1
1	0	0	0	1	0	1	1	1	1	1	0	1	1
1	0	0	0	1	1	1	1	1	1	0	1	1	1
1	0	0	1	0	0	1	1	1	0	1	1	1	1
1	0	0	1	0	1	1	1	0	1	1	1	1	1
1	0	0	1	1	0	1	0	1	1	1	1	1	1
1	0	0	1	1	1	0	1	1	1	1	1	1	1
			×	×	×	1	1	1	1	1	1	1	1

二、译码方法与地址范围计算

1. 全译码法的片选控制

用片选地址线（高位地址线）经译码电路控制存储器芯片的片选端来选择某一存储芯片的方法称为译码法。译码方法有全译码法和部分译码法两种。

全译码法是指片内地址线外的其余地址线全部参加译码，即全部高位地址线都连接到译码器的输入端，译码器的输出信号作为各芯片的片选信号，将其分别接到存储器芯片的片选端，以实现片选，保证每个存储单元只有唯一的地址，便于主存储器系统的扩展。

【例 5.4】 用 4 片 6264（8KB×8 位）的存储芯片扩展成 32KB×8 位的存储器。

分析：系统总线高位地址 $A_{13}A_{14}A_{15}$ 分别与 74LS138 译码器输入端 A、B、C 相连，$A_{16}A_{17}A_{18}A_{19}$ 及 $\overline{M}/IO$ 作为译码器选通控制信号，74LS138 译码器的输出信号 $\overline{Y_0}$、$\overline{Y_1}$、$\overline{Y_2}$、$\overline{Y_3}$ 分别选通存储芯片。

硬件连线如图 5.13 所示。

整个扩展 32KB×8 位存储区的地址空间为 80000H～87FFFH，各片存储器的地址范围如下：

芯片	$A_{19}A_{18}A_{17}A_{16}$	$A_{15}A_{14}A_{13}$	$A_{12}A_{11}\cdots A_1A_0$	十六进制地址范围
1 号	1 0 0 0	0 0 0	00…00～11…11	80000H～81FFFH
2 号	1 0 0 0	0 0 1	00…00～11…11	82000H～83FFFH
3 号	1 0 0 0	0 1 0	00…00～11…11	84000H～85FFFH
4 号	1 0 0 0	0 1 1	00…00～11…11	86000H～87FFFH

全地址译码法的优点是每个存储器芯片的地址范围是唯一确定的，而且各芯片之间的地址是连续的。

2. 部分译码法的片选控制

部分译码法是片选地址线中仅有一部分参加译码，可保证存储器芯片的地址连续，但一个存储单元会对应多个地址，即地址重叠。若有 n 条片选地址线未参加译码，则存储单元的重叠地址有 2^n 个。通常是用高位地址信号的一部分所示就是一个部分地址（而不是全部）作为片选译码信号。

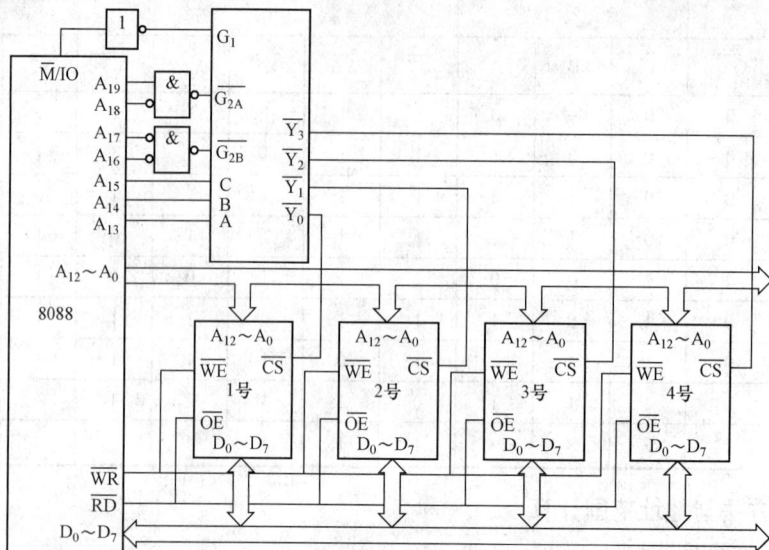

图 5.13　全译码实现存储器扩展示意图

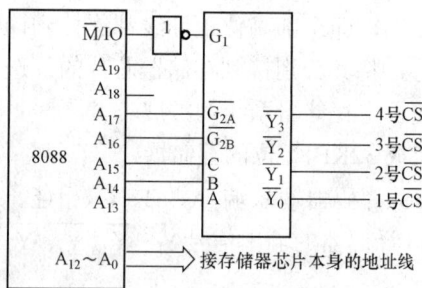

图 5.14　部分译码法的连接示意图

【例 5.5】　同上例，用 4 片 6264（8KB×8 位）的存储芯片扩展成 32KB×8 位的存储器。

分析：高位地址总线中的某几位（A_{17}、A_{16}、A_{15}、A_{14}、A_{13}）经过译码器译码输出作为片选信号，地址总线 A_{18}、A_{19} 不参加译码，低位地址仍直接与存储芯片的地址连接，其他信号线连接方法如图 5.14 所示。

这样连接使 32KB 存储器中的任意存储单元都对应 4 个地址（即 2^2=4），出现地址重叠现象。设 $A_{18}=A_{19}=0$，则 32KB 的 RAM 存储单元地址为 00000H～07FFFH。各芯片地址范围如下：

芯片	$A_{19}A_{18}A_{17}A_{16}$	$A_{15}A_{14}A_{13}$	$A_{12}A_{11}\cdots A_1A_0$	十六进制地址范围
1 号	0 0 0 0	0 0 0	00…00～11…11	00000H～01FFFH
2 号	0 0 0 0	0 0 1	00…00～11…11	02000H～03FFFH
3 号	0 0 0 0	0 1 0	00…00～11…11	04000H～05FFFH
4 号	0 0 0 0	0 1 1	00…00～11…11	06000H～07FFFH

部分地址译码使地址出现重叠区，而重叠的部分必须空着不得使用，这就破坏了地址空间的连续性，实际上就是减小了总的可用存储地址空间。部分地址译码方式的优点是其译码器的构成比较简单，成本较低。图 5.13 中就少用两条译码输入线，但这点是以牺牲可用内存空间为代价换来的。

在实践中，采用全地址译码还是部分地址译码，应根据具体情况来定。如果地址资源很丰富，为使电路简单，可考虑用部分地址译码方式。如果要充分利用地址空间，应采用全地址译码方式。

3. 线选法的片选控制

线选法即线性选择法，是指直接用地址总线的高位地址线中的某一位作为某一存储器芯片的片选控制信号$\overline{CS}$，用地址线的低位实现对芯片的片内寻址，这种片选方法实现简单，不需要额外的硬件。但在多片存储器芯片构成的主存储器系统中，使用这种方法会造成芯片间的地址不连续。

【例 5.6】 CPU 的地址线为 $A_0 \sim A_{15}$，共 16 条，若某主存储系统设计中使用了 3 片 RAM 6116(2K×8 位)和 2 片 EPROM 2716（2K×8 位），则片内地址线使用了 11 条（2^{11}=2048=2K），即 $A_0 \sim A_{10}$，其余 5 条地址线（$A_{11} \sim A_{15}$）用做片选地址线。当 A_{11}=0 时，选中 1 号 6116 芯片；A_{12}=0 时，选中 2 号 6116 芯片；A_{13}=0 时选中 3 号 6116 芯片；A_{14}=0 时选中 1 号 2716 芯片；A_{15}=0 时选中 2 号 2716 芯片。地址范围如下：

芯片	A_{15} A_{14} A_{13} A_{12} A_{11}	$A_{10}A_9\cdots A_1A_0$	十六进制地址范围
1 号 6116	1 1 1 1 0	00…00～11…11	F000H～F7FFH
2 号 6116	1 1 1 0 1	00…00～11…11	E800H～EFFFH
3 号 6116	1 1 0 1 1	00…00～11…11	D800H～DFFFH
1 号 2716	1 0 1 1 1	00…00～11…11	B800H～BFFFH
2 号 2716	0 1 1 1 1	00…00～11…11	7800H～7FFFH

从上述地址范围可以看出，片选法不仅不会造成地址重叠，而且各芯片地址有不连续，特别注意：在软件上必须保证这些片选线，每次寻址时只能有一位有效（要么低电平，要么高电平），决不允许有两位以上同时有效，才能保证硬件正常工作。

5.3.3 连接举例

【例 5.7】 在微机控制系统中采用 8088 微处理器构成 32K×8 位存储器系统，前 16K 用 EPROM 2764（8K×8）芯片组成，用于存放系统的监控程序，后 16K 用 SRAM 6264（8K×8）芯片组成，用存放数据和调试程序。要求 EPROM 地址范围为 00000H～03FFFH，SRAM 地址范围为 04000H～07FFFH；整个地址是连续的，无地址重叠。译码器采用 74LS138，导线和门电路若干。试画出存储器与 CPU 连接图，并计算各芯片的地址范围。

一、计算所需芯片个数

根据系统要求，组成 16KB 的 EPROM 存储系统需要 2764（8K×8）芯片 2 片（即 16KB/8KB=2），组成 16KB 的 SRAM 存储系统需要 6264（8K×8）芯片 2 片。

二、选择译码方法并计算芯片地址范围

根据系统要求，整个地址是连续的，无地址重叠，所以选择全地址译码法的片选控制，即 8088 的 20 位地址总线中的高位地址（$A_{19} \sim A_{13}$）全部参与译码，低位地址（$A_{12} \sim A_0$）作为芯片内地址选择。按要求 16KB 的 EPROM 地址范围为 00000H～03FFFH，SRAM 地址范围为 04000H～07FFFH。所以各芯片的地址范围如下：

1. 2 片 EPROM 2764 芯片地址范围

芯片	A_{19} A_{18} A_{17} A_{16}	A_{15} A_{14} A_{13}	$A_{12}A_{11}\cdots A_1A_0$	十六进制地址范围
1 号	0 0 0 0	0 0 0	00…00～11…11	00000H～01FFFH
2 号	0 0 0 0	0 0 1	00…00～11…11	02000H～03FFFH

2. 2 片 SRAM 6264 芯片地址范围

芯片	$A_{19}A_{18}A_{17}A_{16}$	$A_{15}A_{14}A_{13}$	$A_{12}A_{11}\cdots A_1A_0$	十六进制地址范围
1 号	0 0 0 0	0 1 0	$00\cdots00\sim11\cdots11$	04000H~05FFFH
2 号	0 0 0 0	0 1 1	$00\cdots00\sim11\cdots11$	06000H~07FFFH

三、存储器芯片与 CPU 的连接

存储器芯片与 CPU 的连接如图 5.15 所示。具体连接方法如下:

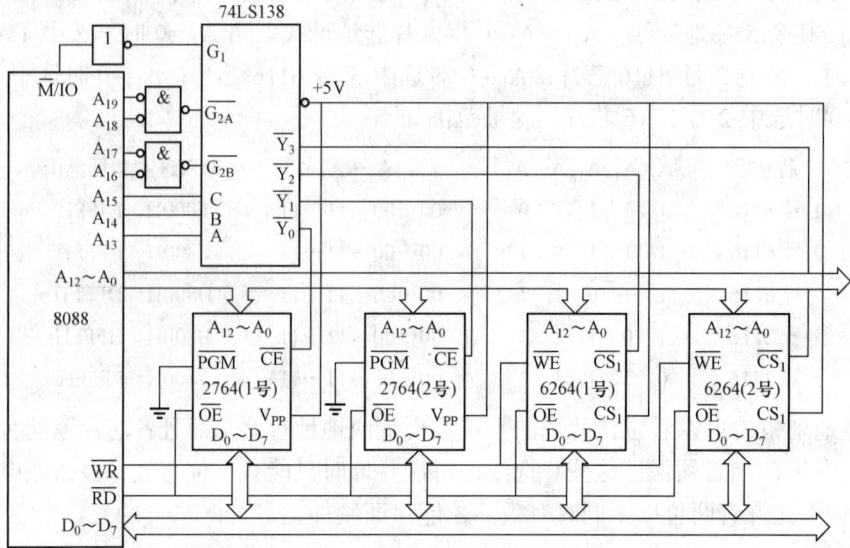

图 5.15　存储器芯片与 CPU 连接示意图

1. 数据总线的连接

系统数据总线 $D_7\sim D_0$ 与每个 2764 和 6264 芯片的数据线 $D_7\sim D_0$ 引脚直接相连,注意, 2764 芯片的数据线是单向的(输出),6264 芯片的数据线是双向的。

2. 控制总线的连接

2764 芯片的 $\overline{OE}$ 与系统总线的 $\overline{RD}$ 直接相连,V_{PP} 接高电平,$\overline{PGM}$ 接低电平,这里直接接地,6264 芯片的 $\overline{WE}$、$\overline{OE}$ 分别与系统总线的 $\overline{WE}$、$\overline{RD}$ 直接相连,CS_1 接高电平。

3. 地址总线的连接

系统地址总线 $A_{12}\sim A_0$ 直接与 2764 和 6264 芯片的地址线 $A_{12}\sim A_0$ 相连,注意地址总线是单向的。根据系统要求 $A_{15}A_{14}A_{13}$ 应该分别与 74LS138 译码器的 CBA 相连,作为译码器的输入端;$A_{17}A_{16}$ 用于选通 $\overline{G_{2B}}$ 的信号,$A_{19}A_{18}$ 用于选通 $\overline{G_{2A}}$ 的信号,系统的 $\overline{M/IO}$ 信号经过非门与 G_1 相连;译码器的输出端 $\overline{Y_0}$、$\overline{Y_1}$、$\overline{Y_2}$、$\overline{Y_3}$ 分别和 2764 芯片的 $\overline{CE}$ 端、6264 芯片的 $\overline{CS_1}$ 端相连。

ROM 类芯片与 CPU 的连接方法同 RAM 与 CPU 的连接,所需解决的问题和处理方法基本相同,只是 ROM 无需写信号。

存储器连接的核心问题是各存储器芯片地址范围的确定,即系统地址总线的高位与译码器输入端、使能端相连,译码器输出端与各存储器芯片的片选端相连。存储器芯片的片选信号可根据需要选择上述某种方法或几种方法并用。

本 章 小 结

本章的主要内容为存储器的分类及其性能指标、三级存储器体系结构、半导体存储器芯片、存储容量的扩展、CPU 与存储器的连接等。为便于学习和掌握前面所学的知识,下面将本章的知识点做了如下归类。

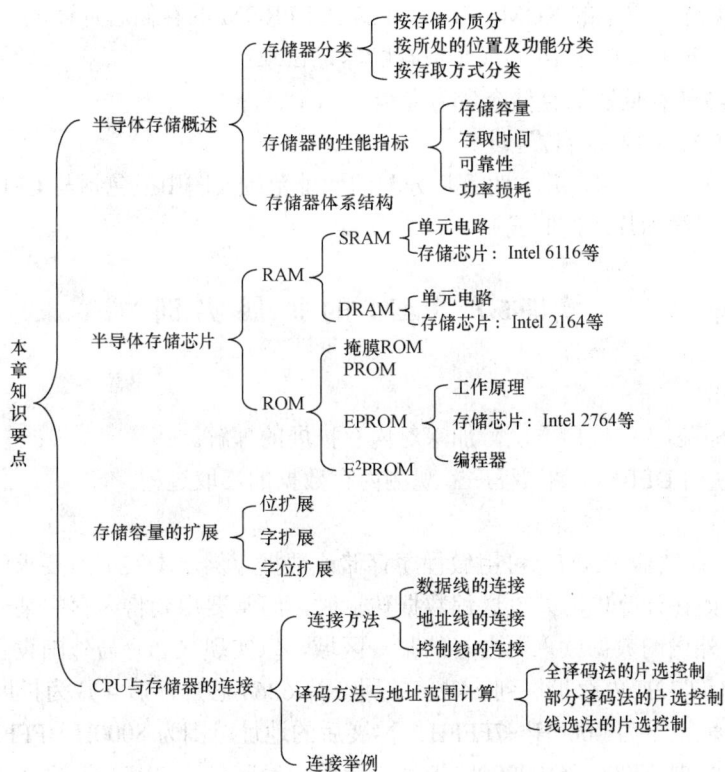

本章知识要点
- 半导体存储概述
  - 存储器分类
    - 按存储介质分
    - 按所处的位置及功能分类
    - 按存取方式分类
  - 存储器的性能指标
    - 存储容量
    - 存取时间
    - 可靠性
    - 功率损耗
  - 存储器体系结构
- 半导体存储芯片
  - RAM
    - SRAM
      - 单元电路
      - 存储芯片:Intel 6116等
    - DRAM
      - 单元电路
      - 存储芯片:Intel 2164等
  - ROM
    - 掩膜ROM
    - PROM
    - EPROM
      - 工作原理
      - 存储芯片:Intel 2764等
      - 编程器
    - E²PROM
- 存储容量的扩展
  - 位扩展
  - 字扩展
  - 字位扩展
- CPU与存储器的连接
  - 连接方法
    - 数据线的连接
    - 地址线的连接
    - 控制线的连接
  - 译码方法与地址范围计算
    - 全译码法的片选控制
    - 部分译码法的片选控制
    - 线选法的片选控制
  - 连接举例

习 题 五

5-1 名词解释
RAM、ROM、PROM、EPROM、存取周期、读出周期

5-2 在存储器与 CPU 间连接时:

(1) 存储器芯片是如何组织的?如何根据指定容量来选取存储器芯片及确定芯片总数?

(2) 存储器与 CPU 间连接包括的内容有哪些?

5-3 已知某内存 RAM 区的容量为 128KB,若用 2164 芯片构成这样的存储器,需多少片 2164?至少需多少根地址线?其中多少根用于片内寻址?多少根用于片选译码?

5-4 有一个具有 14 位地址和 8 位字长的存储器,问:

(1) 该存储器能够存储多少字节的信息?

(2) 如果存储器由 1K×4 位的 SRAM 芯片组成,需要多少片?

(3) 需要多少位地址作芯片选择?

5-5 已知某存储器容量为 2K×8，全部用 2114 存储芯片连成，每片 2114 存储容量为 1K×4，试求：

（1）访问 2114 存储器的地址为多少位？

（2）连成 2K×8 的存储容量需用 2114 多少片？

（3）画出用 2114 存储芯片连成 2K×8 的存储模块图（图中应包括与 CPU 之间有连接关系的地址线、数据线和片选控制线）。

5-6 已知某存储器中的 ROM 部分是由 2716 EPROM 的存储芯片连成，每片 2716 的存储容量为 2K×8，若用 4 片 2716 连成字节存贮器，试求：

（1）连成 ROM 存储器的存储容量为多少？

（2）访问 ROM 需要多少位地址？

（3）画出 ROM 连接图，并注明各片分配的地址范围（图中应包括与 CPU 之间有连接关系的地址线、数据线和片选控制线）

实训 5.1 RAM 的 扩 展 实 训

一、实训目的

1. 熟悉 6264 芯片的接口方法，加深对内存扩展的理解。

2. 熟练地使用 DEBUG 调试程序，观测内存数据的读取过程。

二、实训内容

6264 为随机存储器 RAM，可用做程序存储或数据存储。本实训所要求的内存置数在程序中是常用的，如在计算机与外设进程数据传输时，经常要用到将内存中某一区域置位并传输给外设，或将外设的数据读入至内存的某一区域，以实现 CPU 与外围设备间通信。利用 6264 芯片将原来的 32K 内存扩展到 64K，共用 8 片 6264 芯片，后 4 片为扩展 RAM。

扩展前的地址范围为 0000H～7FFFH；扩展后的地址范围为 8000H～FFFFH。

编一个程序，把 08000H～09000H 地址单元的内容赋值为 0BBH；把 0A000H～0B000H 地址单元的内容赋值为 88H。

三、实训原理图（见图 5.16）

四、参考程序清单

```
CODE SEGMENT
    ASSUME CS:CODE
    ORG 0100H
START:MOV AX,0800H
    MOV DS,AX
    MOV ES,AX
    MOV SI,0
    MOV CX,1000
    MOV AL,0BBH
 FIL1:MOV [SI],AL
    INC SI
    LOOP FIL1
    MOV SI,2000H
    MOV CX,1000H
```

```
      MOV AL,88H
FIL2:MOV [SI],AL
      INC SI
      LOOP FIL2
      NOP
CODE ENDS
      END ATART
```

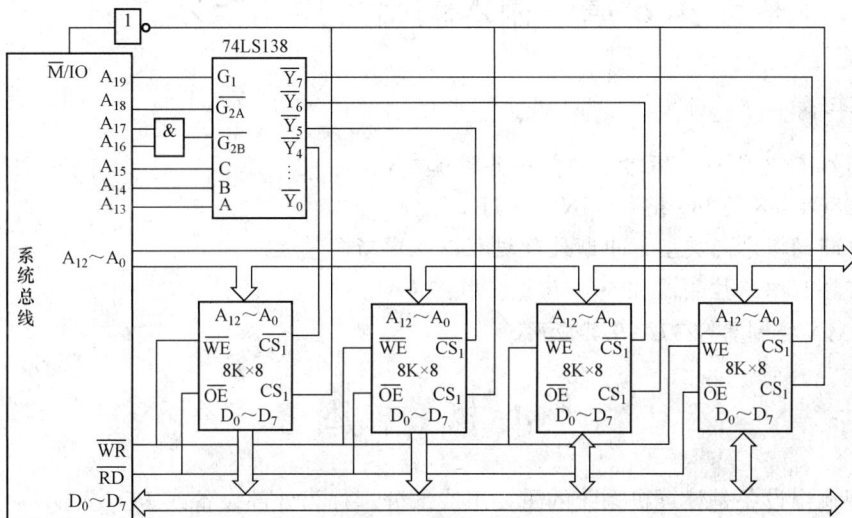

图 5.16 原理图

第6章 输入输出与接口技术

本章要点

（1）输入/输出端口的概念、功能及其编址方式。

（2）8086/8088 的 I/O 指令：IN、OUT。

（3）中断的概念与类型、中断处理过程以及中断向量表。

（4）可编程中断控制器 8259A 及其应用。

（5）DMA 控制器 8237A 及其应用。

6.1 概　　述

输入和输出设备是计算机系统的重要组成部分，称为外部设备或 I/O 设备。在微机应用系统中，被计算机处理的信息，如程序、原始数据和各种现场采集到的数据需要通过输入设备送入计算机处理，而计算机处理的结果又需要通过输出设备输出显示或打印。

随着计算机系统功能的不断增强，I/O 设备的种类繁多，常用的输入设备有键盘、鼠标、磁盘、光盘等。常用的输出设备有显示器、打印机、绘图仪等。由于 I/O 设备的特性差别很大，如有机械式、电动式、电子式和光电式等；传送的信息也不同，如有数字量、模拟量和开关量等。因此 CPU 与 I/O 设备无法直接连接，需要通过接口把 CPU 与 I/O 设备连接起来。接口把来自外部设备的各种信号变换之后送给 CPU，而 CPU 处理的结果再经接口变换之后送给外部设备，实现这一过程的处理技术称为输入/输出接口技术。

6.2 I/O 接　　口

6.2.1 CPU 与 I/O 设备间的信息种类

CPU 与一个外设交换信息，如图 6.1 所示，通常需要数据信息、状态信息及控制信息。

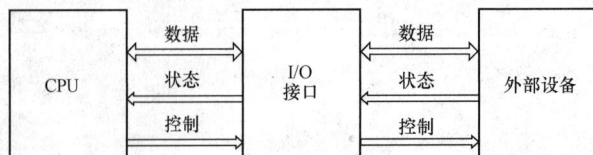

图 6.1　CPU 与外设交换信息

（1）数据信息。

142

要交换的数据本身。

1）数字量：通常以 8 位或 16 位的二进制数以及 ASCII 码的形式传输，主要指由键盘、磁带机、磁盘等输入的信息或主机送给打印机、显示器、绘图仪等的信息。

2）开关量：用"0"和"1"来表示两种状态，如开关的通/断。

3）模拟量：模拟的电压、电流或者非电量。对模拟量输入而言，需先经过传感器转换成电信号，再经 A/D 转换器变成数字量；如果需要输出模拟控制量，就要进行上述过程的逆转换。

（2）控制信息：控制外设工作的命令，CPU 通过接口发出，如 A/D 转换器的启/停信号。

（3）状态信息：表征外设工作状态的信息。

输入时，有输入装置的信息是否准备好（Ready）；输出时，输出装置是否有空（Empty），若输出装置正在输出信息，则以忙（Busy）指示等。

状态信息和控制信息与数据是不同性质的信息，必须要分别传送。但在大部分微型机中，只有通用的 IN 和 OUT 指令，因此，外设的状态也必须作为一种数据输入；而 CPU 的控制命令，也必须作为一种数据输出。为了使它们相互之间区分开，它们必须有自己的不同端口地址，数据需要一个端口；外设的状态要一个端口，CPU 才能把它读入，了解外设的运行情况；CPU 的控制信号往往也需要一端口输出，以控制外设的正常工作。所以，一个外设或接口电路往往有几个端口地址，CPU 寻址的是端口，而不是笼统的外设。

6.2.2 I/O 端口及编址方式

把 I/O 接口中能被 CPU 访问的寄存器称为端口。为了使 CPU 能对端口进行正确的读写操作，要为每个端口分配一个地址，称为端口地址，简称端口。通常有下列两种端口编址方式。

一、端口与存储器统一编址（存储器映像编址）

在这种编址方式中，把 I/O 接口中的每个寄存器看成存储器的一个存储单元，纳入统一的存储器地址空间，为每一个端口分配一个存储器地址，CPU 可以用访问存储器的方式来访问端口。

（1）优点：不需要专用的 I/O 指令，任何对存储器数据进行操作的指令都可用于 I/O 端口的数据操作，程序设计比较灵活；由于 I/O 端口的地址空间是内存空间的一部分，这样，I/O 端口的地址空间可大可小，从而使外设的数量几乎不受限制。

（2）缺点：I/O 端口占用了内存空间的一部分，影响了系统的内存容量；访问 I/O 端口也要同访问内存一样，由于内存地址较长，导致执行时间延长。

二、端口独立编址(专用的 I/O 端口编址)

在这种编址方式中，I/O 端口不占用存储器的地址，端口地址是独立的，CPU 使用专门的 I/O 指令来访问 I/O 端口。80X86CPU 指令系统就采用了这种编址方式。

（1）优点：I/O 端口的地址码较短，译码电路简单，存储器同 I/O 端口的操作指令不同，程序比较清晰；存储器和 I/O 端口的控制结构相互独立，可以分别设计。

（2）缺点：需要有专用的 I/O 指令，程序设计的灵活性较差。

6.2.3 8086/8088 的 I/O 指令

一、IN 输入指令

指令格式：IN AL，PORT(字节)

```
            IN  AX，PORT(字)
        执行的操作：(AL)←(PORT)(字节)
                    (AX)←(PORT+1，PORT)(字)
```

说明

（1）端口地址可以用 8 位立即数形式直接给出，这是一种直接寻址方式，此时端口地址范围为 0~255（00~FFH）。

（2）端口地址也可事先存入 DX 寄存器，这时采用的是间接寻址方式，地址为 16 位数，寻址范围为 0~65 535（0000~FFFFH）。

（3）累加器可以是 8 位的 AL，也可以是 16 位的 AX。端口输入的数据为一个字节时，累加器选用 AL（即 AL←（Port））；若输入的数据为一个字时，累加器选用 AX（即 AX←（Port）和（Port+1）），将连续两个端口中的数送到 AX 中。

（4）I/O 指令不影响标志位。

应用示例：

```
IN AL, 86H      ;将端口地址 86H 中的一个字节送入 AL 中
IN AX, 86H      ;将连续端口 86H 和 87H 地址中的字节送入 AX 中
IN AL, DX       ;将间接地址（DX）中的一个字节送入 AL 中
IN AX, DX       ;将间接地址（DX）和（DX+1）中的字节送入 AX 中
```

二、OUT 输出指令

```
        指令格式：OUT  PORT，AL(字节)
                  OUT  PORT，AX(字)
        执行的操作：(PORT)←(AL)(字节)
                    (PORT+1，PORT)←(AX)(字)
```

说明

有关端口地址和累加器的规定与输入指令相同。

应用示例：

```
OUT 84H, AL     ;将 AL 内容送入地址为 84H 的端口中
OUT 84H, AX     ;将 AX 内容送入地址为 84H 和 85H 两个端口中
OUT DX, AL      ;将 AL 送入地址为 DX 的端口中
OUT DX, AX      ;将 AX 送入地址为 DX 和 DX+1 的两个端口中
```

6.2.4 主机与外设之间的数据传输方式

CPU 与外部设备之间的数据传送实际上是 CPU 与接口之间的数据传送。根据不同的外部设备的特点，I/O 数据传送通常采用程序控制方式、中断控制方式和直接存储器存取（DMA）传送方式。

一、程序控制方式

程序控制方式的特点：输入/输出操作完全在程序控制下进行，用 IN 和 OUT 指令直接访问 I/O 端口。在这种方式中，根据外设的特点可采用直接传送数据或查询方式传送数据。

图 6.2 所示流程图为程序查询方式的执行流程。因为 CPU 与外部设备往往不是同步工作，

只有当外设准备就绪，CPU 才能传送数据。因此这类外设通常提供工作状态信息供 CPU 查询。

从查询控制方式的执行过程可以看出，查询传送实际上是程序循环等待。在数据传送之前，先从 I/O 状态口读取状态字进行测试，若外设准备好，进行数据传送；若外设未准备好，继续转去读状态字进行测试。由于在外设准备数据期间，CPU 只能循环等待而不能进行其他操作，致使 CPU 的利用率较低。因此，这种方式适合于工作不太繁忙的系统。

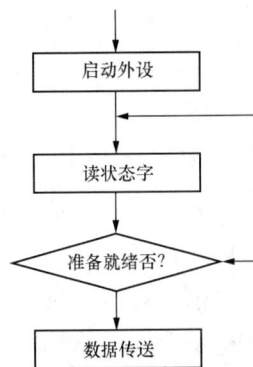

图 6.2　程序查询控制流程图

二、中断控制方式

为了提高 CPU 的效率和使系统具有实时性能，CPU 与外设的数据交换可以采用中断控制方式。中断控制方式的特点是外设具有申请 CPU 服务的主动权。当输入设备已将数据准备好，或者输出设备可以接收数据时，便可以向 CPU 发出中断请求；若 IF=1，允许 CPU 响应中断请求，CPU 将中断正在执行的程序而和外设进行数据传输，待输入操作或输出操作完成后，CPU 返回被中断的程序继续执行。与查询工作方式不同的是，CPU 不需要循环查询、等待外设工作状态，而是执行正常的数据处理，外设准备就绪时通知 CPU 进行数据传输。CPU 与外设采用中断方式交换数据，CPU 和外设可以并行工作，对于一些慢速而且是随机地与计算机进行数据交换的外设，采用中断控制方式可以大大提高系统的工作效率。

三、直接存储器存取（DMA）传送方式

DMA 方式就是直接存储器存取（Direct Memory Access）方式。在 DMA 方式下，外设通过 DMA 的一种专门接口电路—DMA 控制器（DMAC）向 CPU 提出接管总线控制权的总线请求，CPU 在当前的总线周期结束后，响应 DMA 请求，把对总线的控制权交给 DMA 控制器。于是在 DMA 控制器的管理下，外设和存储器直接进行数据交换，而不需 CPU 干预，这样可以大大提高数据传送速度。

实现 DMA 传送的基本操作如下：

（1）外设可通过 DMA 控制器向 CPU 发出 DMA 请求。

（2）CPU 响应 DMA 请求，系统转变为 DMA 工作方式，并把总线控制权交给 DMA 控制器。

（3）由 DMA 控制器发送存储器地址，并决定传送数据块的长度。

（4）执行 DMA 传送。

（5）DMA 操作结束，并把总线控制权交还 CPU。

DMA 之所以适用于大批量快速传送是因为：一方面，传送数据内存地址的修改、计数等均由 DMA 控制器硬件完成（而不是 CPU 指令）；另一方面，CPU 放弃对总线的控制权，其现场不受影响，无需进行保存和恢复。但这种方式要求设置 DMA 控制器，电路结构复杂，硬件开销大。

程序控制方式传送数据时可靠性很高，但计算机的使用效率很低，常用在任务比较单一的系统中；中断方式传送数据的可靠性高、效率也高，常用于外设的工作速度比 CPU 慢很多且传送数据量不大的系统中；DMA 方式传送数据的可靠性和效率都很高，但硬件电路复杂、开销较大，常用于传送速度快、数据量很大的系统中。

6.3 中断控制器 8259A

中断是现代微型计算机系统中广泛采用的一种资源共享技术。

中断是指 CPU 在正常执行程序的过程中，由于某个外部或内部事件的作用，强迫 CPU 停止当前正在执行的程序，转去为该事件服务(称为中断服务)，待服务结束后，又能自动返回到被中断的程序中继续执行。也就是说，CPU 在执行当前程序的过程中，插入另外一段程序运行。对于外设何时产生中断，CPU 是预先不知道的，因此，中断具有随机性。但中断技术发展到今天，已不再限于只能由外设硬件产生，而是可以由程序预先安排，即软件中断。

一、中断的处理过程

虽然不同的微型计算机的中断系统有所不同，但实现中断时有一个相同的中断过程。中断的处理过程一般有以下几步：中断请求、中断响应、中断处理和中断返回。

1. 中断请求

当外部设备要求 CPU 为其服务时，发出一个中断请求信号给 CPU 进行中断申请，CPU 在执行完每条指令后都要检测中断请求输入线，看是否有外部发来的中断请求信号。是否响应取决于 CPU 允许中断还是禁止中断。若允许中断，则用 STI 开中断指令打开中断触发器 IF；若禁止中断，则用 CLI 关中断指令关闭中断触发器 IF。有中断请求但未被允许称为中断屏蔽。这种用软件指令来控制中断的开/关，给程序的设计带来很大方便，使重要的程序段不被外来的中断请求所打断。例如，在实时控制系统的数据采集程序过程中，不希望被外来的中断请求所打扰，可用一条 CLI 指令来禁止 CPU 响应；在完成数据采集之后，在程序后面写一条 STI 指令，允许 CPU 响应外部的中断请求。

2. 中断响应

当 CPU 检测到外部设备有中断请求时，即 INTR 高电平有效，CPU 又处于允许中断状态，则 CPU 就进入中断响应周期，在中断响应周期，CPU 将自动完成如下操作。

（1）连续发出两个中断响应信号 $\overline{\text{INTA}}$ 完成一个中断响应周期。

（2）关中断。CPU 一旦响应中断，便要立即将 IF 位清零，以免在中断过程中或进入中断服务程序后受到其他中断源的干扰，只有中断处理程序中出现开中断指令 STI 时，才允许 CPU 接收其他设备的中断请求。

（3）保护处理的现行状态，即保护现场。这包括将断点地址及程序状态字 PSW（即 FLAGS 内容）压入堆栈。断点是指 CPU 响应中断前指令指针 IP 及代码段寄存器 CS 中所保留的下一条指令的地址。程序状态字是现行程序运行结果产生的状态标志和控制标志，在执行中断处理程序前，通过内部硬件自动将断点地址及 PSW 压入堆栈保存起来，从而保证当中断处理程序执行完后能返回源程序。

（4）在中断响应周期的第二个总线周期中，读取中断类型号，找到中断服务程序的入口地址，自动将程序转移到该中断源设备的中断处理程序的首地址，即将中断处理程序所在段的段地址及第一条指令的有效地址分别装入 CS 及 IP，一旦装入完毕，中断服务程序就开始执行。

（5）从响应中断请求到中断现行程序并将程序转移到中断处理地址的过程称为中断响应过程。不同的机器，在中断响应期间所完成的功能类似，但实现方法不同。

3．中断处理

中断处理是由中断服务程序实现的。中断服务程序，就是为实现中断源所期望达到的功能而编写的程序。例如，有的中断源希望与 CPU 交换数据，则在中断服务程序中主要进行输入/输出操作；有的外设提出中断申请，是希望 CPU 给予控制，那么中断服务程序的主要内容是发出一系列控制信号。

中断服务程序一般由保护现场、中断服务程序、恢复现场、中断返回 4 部分组成。保护现场是因为有些寄存器可能在主程序被打断时存放有用的内容，为了返回后不破坏主程序在断点处的状态，应将有关寄存器的内容压入堆栈。当然，中断服务程序不使用的寄存器不必入栈保护。恢复现场是指中断服务程序完成后，把原压入堆栈的寄存器内容再弹回 CPU 相应的寄存器中。有了保护现场和恢复现场的操作，就可保证在返回断点后正确无误地继续执行原被打断的程序。中断服务程序是中断处理程序的核心部分，由于 CPU 在响应中断时自动关中断，若允许 CPU 响应新的更高级的中断请求，则在保护现场后或恢复现场后加一条开中断指令。有的程序在中断服务执行完后还要发出中断结束（EOI）命令，中断处理程序的最后是一条中断返回指令（IRET）。

4．中断返回

中断服务程序结束，执行中断返回指令 IRET，使原先压入堆栈的断点值及程序状态字弹回 CS、IP 及 FLAGS 中，继续执行原程序。

二、中断源的类型

引起中断的原因或发出中断申请的来源，称为中断源。8086/8088 的 256 种中断（源）类型分为两大类，分别是外部中断和内部中断。

外部中断是由外部硬件中断源引起的中断。共有两条外部中断请求线，分别是 INTR 和 NMI。由 INTR 信号线请求的中断称为可屏蔽中断，它受 IF 标志位的影响和控制。当 IF 被软件（即 STI 指令）置 1 时，表明可屏蔽中断被允许，CPU 可以响应此中断；当 IF 被软件（即 CLI 指令）置 0 时，表明此中断被禁止响应，即 CPU 不响应可屏蔽中断。8086/8088 系统中，可屏蔽中断源产生的中断请求信号，通常都通过 8259A 中断控制器进行优先权控制后，由 8259A 向 CPU 送中断请求信号 INTR 和中断类型号。

由 NMI 信号线请求的中断称为非屏蔽中断，它是不能被 IF 标志禁止的中断。通常用于处理应急事件，如电源掉电等。非屏蔽中断源产生的中断请求信号直接送 CPU 的 NMI 引脚。

内部中断也分两类，其一是在系统运行程序时，内部硬件出错（如内存奇偶校验错）或某些特殊事件发生（如除数为零，运算溢出或单步跟踪及断点设置等）引起的中断，称为内部硬件中断；其二是 CPU 执行软件中断指令 INT n 引起的中断，称为软中断。所有的内部中断都是非屏蔽的。图 6.3 所示为 8086/8088 的中断系统结构。

三、中断向量表

中断向量表也称中断指针表，用来按中断类型号顺序存放 256 种中断源对应的中断服务程序入口地址。每个中断类型号对应一个 4B 的存储区，用来存放 32 位中断向量（中断服务程序入口地址）。其中段址 CS 值存放在高地址字中，而段内偏移地址存放在低地址字中。中断类型号乘以 4（左移两位）即为相应中断类型号对应的向量地址。

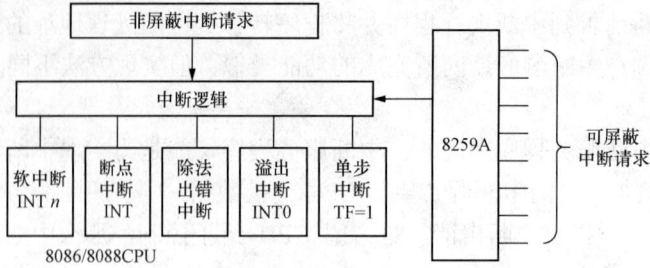

图 6.3 8086/8088 中断系统结构图

例如，某中断的中断类型号为 08H，所对应的中断服务程序的入口地址为 2000H：1234H（CS：IP）。该入口地址位于中断向量表 0000H：0020H（08H×4）开始的 4 个单元中，这 4个单元所存储的内容如下：

地址	内容
00020H	34H
00021H	12H
00022H	00H
00023H	20H

256 种中断类型，共有 256 个中断向量，需占用 1KB 的存储空间。通常，系统的内存最低端 00000H～003FFH 处设置一张中断向量表，专门用来存放 256 种中断所对应的中断向量，如图 6.4 所示。

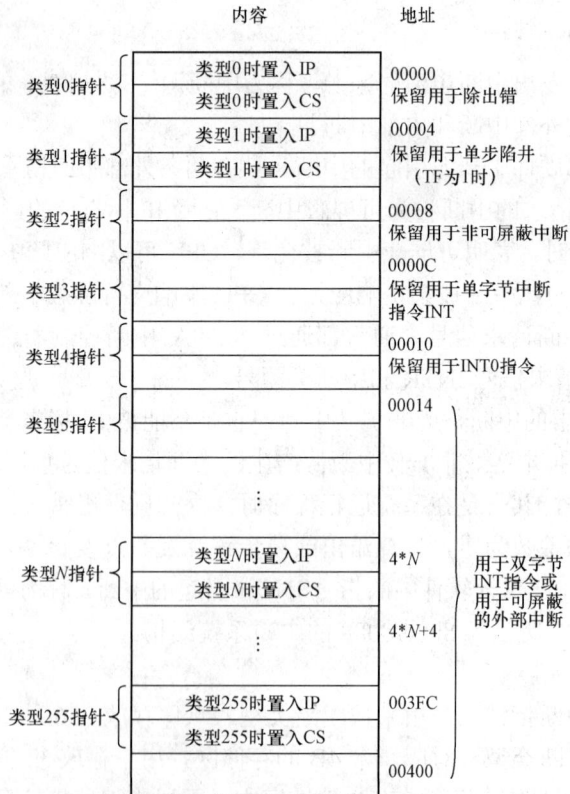

图 6.4 8086/8088 的中断向量表

中断向量表中，类型号为 0、1、2、3、4 的中断分别称为除法出错中断、单步中断、断点中断和溢出中断。它们都是内部硬件中断，且属专用中断，其中断指针（向量地址）是固定的，用户不得修改。类型 2 为非屏蔽中断，也属专用中断；类型 5 开始的 27 个中断指针，INTEL 公司规定它们为保留的中断指针；类型 32～255 的 224 个中断指针可供用户使用。

对 PC/XT 机来说，类型 8H～1FH 分配给 ROM BIOS 程序使用，其中类型 8H～0FH 为外部可屏蔽中断。类型 20H～F0H 分配给 BASIC 和 DOS 使用，其中类型 60～67H 为用户可使用的软件中断。但实际上从类型 40H 到类型 7FH，PC/XT 机系统均未使用，故也可供用户做软件中断使用。

四、中断的优先级

8086/8088 的中断系统中优先级最高的是内部中断（单步中断除外），其次是外部非屏蔽中断和可屏蔽中断，优先级最低的是单步中断。优先级按从高到低的顺序排列如下：

除法出错中断→INT n→溢出中断→NMI→INTR→单步中断

6.3.2　中断控制器 8259A

Intel 8259A 是 8080/8085 序列以及 80x86 序列兼容的可编程中断控制器，80x86 是通过它来管理中断的。它具有 8 级优先权控制，通过级联可扩展至 64 级优先权控制。每一级中断都可以屏蔽或允许。在中断响应周期，8259A 可提供相应的中断向量，从而能迅速地转至中断服务程序。

一、8259A 的框图和引脚

8259A 是 28 条引线双列直插式封装芯片，其内部结构如图 6.5 所示。

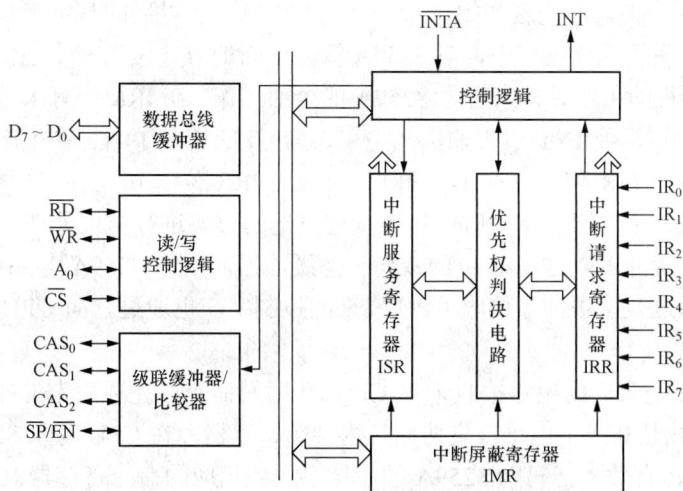

图 6.5　8259A 内部结构

1. 8259A 框图

8259A 芯片内各部分的功能如下。

（1）中断请求寄存器 IRR。IRR 是一个 8 位的锁存寄存器，用来锁存外部设备送来的 IR_0～IR_7 的中断请求信号。外部设备若有中断请求送到 IR_0～IR_7，就将其锁存入 IRR 寄存器的相应位，此寄存器可以被 CPU 读出。

（2）中断屏蔽寄存器 IMR。IMR 是一个 8 位寄存器，用来设置中断请求的屏蔽信号。当此寄存器的第 i 位被置 1 时，与之对应的 IR_i 中断申请线被屏蔽，这些屏蔽位能禁止 IRR 寄存器中对应的置 1 位发出中断请求信号 INT。屏蔽优先级别较高的中断请求输入，不会影响优先级较低的中断请求输入。因此，可以使用软件方法设置 IMR，以改变中断优先级别。

（3）服务寄存器 ISR。ISR 是一个 8 位的寄存器，用来存放当前正在服务的中断级。响应中断后，在收到第一个中断响应信号 $\overline{INTA}$ 时，由优先权判决电路，根据 IRR 中各请求位的优先权 IMR 中屏蔽位的状态，将允许中断的最高优先级请求位选通到 ISR 中，使 ISR 的相应位置 1，表明记位对应的中断源正在被服务。因此，ISR 用来存放正在被服务的所有中断级，包括尚未服务完而中途被更高优先级打断的中断级。在处理某一级中断的整个过程中，ISR 与之对应位一直保持为 1。只有当它被服务完毕，在返回之前才由中断结束命令 EOI 将其清 0。在不进行中断服务时，ISR 各位都为 0。

（4）优先权判决电路。优先权判决电路，用来识别和管理各中断请求信号的优先级别。各中断请求信号的优先级别，可以通过对 8259A 编程进行修改。当几个中断请求同时出现时，由优先权判决电路，根据控制逻辑规定的优先级别和 IMR 的内容，判断哪一个信号的优先级别最高，CPU 首先响应优先级别最高的中断请求。把优先权最高的 IRR 中的置 1 位送入 ISR。当 8259A 正在为某一级中断请求服务时，若又出现另一个中断请求，则由优先权判决电路判断新提出中断申请的优先级别，看是否高于正在处理的那一级中断，若是，则进入多重中断处理。

（5）控制逻辑。在 8259A 的控制逻辑电路中，有一级初始化命令字寄存器 ICW1～ICW4 和一组操作命令字寄存器 OCW1～0CW3。

启动 8259A 工作前，应先送初始化命令字给 8259A，在以后的整个工作过程中将保持不变。操作命令是在系统运行过程中，对 8259A 管理中断的方式做进一步地修改和设定。控制逻辑电路，按照编程的工作方式来管理 8259A 的全部工作。在 IRR 中有未被屏蔽的中断请求位被置 1 时，控制逻辑使 INT 引脚输出高电平，向 CPU 请求中断。在中断响应期间，它使中断优先级别最高的 ISR 相应位置 1，同时使对应的 IRR 位清 0，并发送相应的中断向量代码到数据总线上。在中断服务结束时，按照编程规定的方式进行结束处理。

（6）数据总线缓冲器。这是 8 位的双向三态缓冲器，用作 8259A 与系统总线从 D_7～D_0 的接口。8259A 通过数据缓冲器接收 CPU 发来的控制字，也通过它向 CPU 发送中断向量代码和状态信息。

（7）读/写控制逻辑。此电路接收来自 CPU 的读/写命令，完成规定的操作。由 CS 芯片受信号和 A_0 地址线是 0 或 1 电平决定访问片内某个寄存器。在 CPU 写入 8259A 时，通过执行 OUT 指令使 WR 有效，把写入 8259A 的命令字送到相应的命令寄存器 ICW_i 和 OCW_i 内；在 CPU 对 8259A 进行读操作时，通过执行 IN 指令使 RD 有效，将相应的 IRR、ISR 或 IMR 寄存器的内容输到数据总线上，读入 CPU。

（8）级联缓冲器/比较器。这个功能部件在级联方式的主—从结构中用来存放和比较系统中各个从 8259A 的从设备标志 ID。与此部件相关的有 3 根级联线 CAS_0～CAS_2 和主从设备设定/缓冲器读写线 $\overline{SP}/\overline{EN}$。

3 根级联线 CAS_0～CAS_2 用来构成 8259A 的主—从控制结构。当某个 8259A 作为主设备时，其 CAS_0～CAS_2 是输出引脚；当 8259A 作为从设备时，其 CAS_0～CAS_2 是输入引脚。在系统中，应将全部 8259A 的 $CAS_0 \sim CAS_2$ 对应端互连。编程时，从 8259A 的从设备标志保存在其级联缓冲器内。在中断响应期间，首先，主 8259A 把申请中断的优先级别最高的从设备标志码输出到级联线 $CAS_0 \sim CAS_2$ 上；接着，从 8259A 把收到的从设备标志码与级联缓冲器内保存的从设备标志进行比较；最后，在后续的第二个 $\overline{INTA}$ 脉冲期间，与设备标志码一致地从 8259A 选中，而它把中断向量码送到数据总线上。这个中断向量码的高 5 位是编程时预先设定的，保存在控制逻辑的 ICW2 寄存器内。

$\overline{SP}/\overline{EN}$ 是双向双功能引脚，低电平有效。其两种功能是：第一种，当处于缓冲方式时（缓冲方式是 8259A 数据引脚与系统总线之间加双向数据总线缓冲器 8286），它是起 $\overline{EN}$ 作用的输出引脚，用作控制缓冲器接收和发送数据传送方向的控制信号。在较大系统中，当多个 8259A 具有独立的局部数据总线时，用它作为控制数据收发器的方向；第二种，当不处于缓冲方式时，它是输入引脚，用作主从设备标志。当 $\overline{SP}=1$ 时，用来指明 8259A 为主设备，而当 $\overline{SP}=0$ 时，用来指明 8259A 是从设备。

图 6.6 为 3 片 8259A 的级联方法，在级联连接中，把一个 8259A 作为主控制器芯片，该芯片的 IR_i 端连接到从控制器 8259A 的 INT 端。没有连接从属控制器的主控制器的 IR_i 输入端，可以直接作为中断请求输入端。从图 6.6 可以看出，3 片 8259A 级联方式下，中断请求可以达到 22 级。

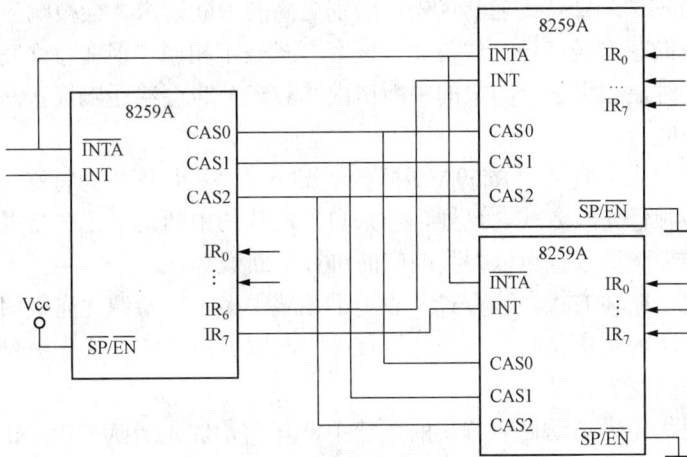

图 6.6　3 片 8259A 级联连接图

说明，主控制器和从控制器分别有各自的端口地址。一个主控制器最多可以连接 8 个从控制器，中断请求最多可为 8×8=64 级。

2. 8259A 的引脚

$D_7 \sim D_0$：数据总线、双向。与 CPU 的数据通道。在小系统中，可直接与 CPU 的数据总线连接；在较大系统中，需接总线驱动器。

$\overline{CS}$：片选信号、输入、低电平有效。有效，表示正在访问该 8259A。一般是接至地址译码器的输出。

$\overline{RD}$：读信号、输入。

$\overline{WR}$：写信号、输入。

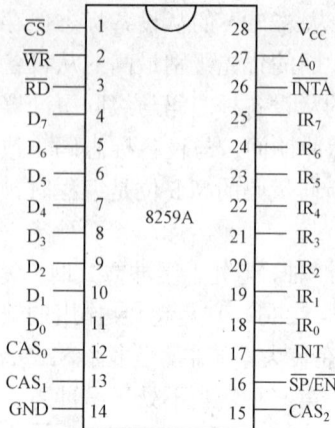

图 6.7   8259A 外部引脚图

$CAS_0 \sim CAS_2$：3 根级联线。

$\overline{INTA}$：中断响应信号、输入。

INT：中断请求、输出。8259A 用此线向 CPU 发送中断请求信号。接至 CPU 的 INTR 引脚。

$IR_7 \sim IR_0$：由外部 I/O 设备或其他 8259A 输入的中断请求信号。

$\overline{SP}/\overline{EN}$：主从设备的设定/缓冲器读写控制。

A_0：地址选择信号，用于对 8259A 内部的两个可编程寄存器进行选择。与地址总线 A_0 连接。

二、8259A 的工作方式

8259A 有多种优先级管理方式，能满足不同用户对中断管理的不同要求。

1．优先级设置方式

（1）完全嵌套方式。这是 8259A 最常用、最基本的工作方式。如果对 8259A 初始化后没有设置其他优先级方式，则 8259A 默认为该方式。

在完全嵌套方式中，8259A 的中断优先级从 $IR_0 \sim IR_7$，IR_0 优先级最高，IR_7 优先级最低。当一个中断已被响应时，只有比它的优先权级别更高的中断请求才会被响应。

（2）特殊完全嵌套方式。该方式与完全嵌套方式基本相同，但在特殊完全嵌套方式中，当处理某一级中断时，如果再有同级的中断请求，8259A 也会给予响应，从而实现一种对同级中断请求的特殊嵌套。

特殊完全嵌套方式一般用于 8259A 级联的情况下，将主片编程为特殊完全嵌套方式，其他从片可工作于各种优先级方式。这样，当来自一从片的中断请求正在处理时，来自同一从片的优先级更高的中断请求也可以得到响应而进行中断嵌套。

（3）优先级自动循环方式。该方式一般用于系统中多个中断源优先级相等的场合。在这种方式下，优先级队列是变化的，一个外设获得中断服务后，它的优先级自动降为最低，其后一个外设的优先级变为最高。

如在一个采用优先级自动循环方式的系统中，其初始优先级队列规定由高到低为 IR_0、IR_1、…、IR_7。如果这时 IR_3 有中断请求，且被响应，则当 IR_3 的中断服务完毕时，优先级降为最低。这时系统的优先级队列自动循环为 IR_4、IR_5、IR_6、IR_7、IR_0、IR_1、IR_2、IR_3。

（4）优先级特殊循环方式。优先级特殊循环方式与优先级自动循环方式相比，只有一点不同，即在优先级特殊循环方式中，初始的最低优先级通过编程来确定，优先级队列及最高优先级中断也由此而定。

例如：程序确定 IR_5 为最低优先级，则优先级队列为 IR_6、IR_7、IR_0、IR_1、IR_2、IR_3、IR_4、IR_5。

2．屏蔽中断源方式

8259A 对中断的屏蔽有以下两种方式。

（1）普通屏蔽方式。在普通屏蔽方式中，8259A 对每个中断请求输入端都可通过对屏蔽寄存器相应位的置位来进行屏蔽，使该中断请求不能送到 CPU。要解除对某中断的屏蔽，只需将屏蔽寄存器中的对应位清 0 即可。

（2）特殊屏蔽方式。特殊屏蔽方式主要用于在中断服务程序中动态地改变系统的优先级结构。例如，在执行一中断服务程序的某一部分时，可能需要开放优先级比本中断低的其他中断请求。

由普通屏蔽方式可以想到，只需用指令将中断屏蔽寄存器中本级中断的对应位置 1，使本级中断被屏蔽，便可以开放较低级的中断请求了。其实不然，因为中断被响应时，当前中断服务寄存器（ISR）中的对应位置 1，在中断服务程序没有发出中断结束命令前，8259A 都会禁止所有优先级更低的中断请求。

特殊屏蔽方式的引入解决了这一问题，当设置了特殊屏蔽方式后，对屏蔽寄存器某一位置 1 时，会同时使当前中断服务寄存器（ISR）中的对应位自动清 0。这样，就不只屏蔽了当前正在处理的这级中断，而且开放了其他较低级的中断请求。

由此可见，特殊屏蔽方式总是在中断服务程序中使用。

3. 中断结束（EOI）处理方式

当一个中断请求得到响应时，8259A 使当前中断服务寄存器 ISR 中的相应位置 1；当一个中断服务程序结束时，必须将 ISR 中的相应位清 0，否则 8259A 的中断控制功能就会不正常。使 ISR 相应位清 0 的工作即为中断结束处理。8259A 有三种中断结束方式。

（1）中断自动结束方式。这是最简单的中断结束方式。在此方式下，系统进入中断过程后，当第 2 个中断响应脉冲 $\overline{\text{INTA}}$ 送到后，8259A 就自动将当前中断服务寄存器 ISR 中的对应位清 0。这样，尽管系统正在为某外设进行中断服务，但在 8259A 的 ISR 中却没有对应位指示。

（2）普通中断结束方式。普通中断结束方式用在完全嵌套方式下，当 CPU 向 8259A 发出中断结束命令时，8259A 将 ISR 中优先级最高的位复位（即当前正在进行的中断服务结束）。

（3）特殊中断结束方式。特殊中断结束方式用于非完全嵌套方式下。用这种结束方式时，在程序中要发一条特殊中断结束命令，指出当前中断服务寄存器 ISR 中的哪一位将被清除。

另外，必须注意，在级联方式下，一般不用中断自动结束方式，而用非自动结束方式。不管是用普通中断结束方式，还是特殊中断结束方式，在中断服务程序结束时，都必须发两次中断结束命令。一次发送给从片，一次发送给主片。

4. 连接系统总线方式

8259A 与系统总线的连接分缓冲方式和非缓冲方式。

（1）缓冲方式。在多片 8259A 级联的大系统中，8259A 通过总线驱动器和数据总线相连，这就是缓冲方式。在缓冲方式下，8259A 的 $\overline{\text{SP}}/\overline{\text{EN}}$ 端和总线驱动器的允许端相连，$\overline{\text{SP}}/\overline{\text{EN}}$ 端输出的低电平可作为总线驱动器的启动信号。

（2）非缓冲方式。当系统中只有单片 8259A 或有几片 8259A 级联，但片数不太多时，一般将 8259A 直接与数据总线相连，这种方式称为非缓冲方式。这时 8259A 的 $\overline{\text{SP}}/\overline{\text{EN}}$ 端作为输入端，在单片 8259A 系统中，$\overline{\text{SP}}/\overline{\text{EN}}$ 端接高电平；在多片系统中，主片的 $\overline{\text{SP}}/\overline{\text{EN}}$ 端接高电平，从片的 $\overline{\text{SP}}/\overline{\text{EN}}$ 端接低电平。

5. 引入中断请求方式

8259A 在初始化设置时，必须指明中断请求信号是电平触发方式还是边沿触发方式，这种选择是通过初始化命令字 ICW1 来设置的。

（1）电平触发方式。8259A 工作在电平触发方式下时，把中断请求输入端的高电平作为中断请求信号。

注意

当中断输入端出现一个中断请求并得到响应后，输入端必须及时撤除高电平，否则当 CPU 进入中断处理并开中断后可能引起不应有的第二次中断。

（2）边沿触发方式。在边沿触发方式下，8259A 将中断请求输入端 IR 出现的上升沿作为中断请求信号，该中断请求得到触发后可以一直保持为高电平。

（3）查询方式。8259A 也可以用查询方式来检查请求中断的设备。例如，当 IF=0 中断输入信号不起作用时，对设备的服务就要通过软件查询来实现。

查询命令是通过向 8259A 写操作字实现的。8259A 接到查询命令后，把紧跟的 CPU 读操作（$\overline{CS}$=0，$\overline{RD}$=0）当做中断响应信号。8259A 送出最高优先级的中断请求 IR 识别码，并把相应的 ISR 位置 1。从 CPU 发出查询命令的写脉冲（$\overline{WR}$）开始，到 CPU 读出查询结果的读脉冲（$\overline{RD}$）为止，这段时间内中断被冻结。

三、中断响应过程

（1）当它的一条或多条中断请求线（$IR_0 \sim IR_7$）变为高电平时，它就使中断请求寄存器 IRR 相应的位置 1。

（2）8259A 分析这些请求，如果中断屏蔽寄存器相应的 IMR 位不被屏蔽、请求中断的级别高于正在服务的中断程序的级别等条件都满足了，它就向 CPU 发出高电平有效信号 INT，请求中断服务。

（3）在当前一条指令执行完毕且 IF=1 时，CPU 响应中断请求，并发两个 $\overline{INTA}$ 中断响应信号。

（4）8259A 接到来自 CPU 的第一个 $\overline{INTA}$ 信号，把 ISR 中允许中断的最高优先级的相应位置位，而把 IRR 中对应的位清 0。

（5）8259A 接到第二个 $\overline{INTA}$ 信号时，送出中断向量码，CPU 读取该向量码。若是自动 EOI（AEOI）方式，在这个 $\overline{INTA}$ 信号结束时，芯片硬件电路自动使 ISR 的相应位复位；如果是其他方式，则由中断服务程序发出的 EOI 命令才能使 ISR 复位。

级联结构时，在收到第一个 $\overline{INTA}$ 信号后，主设备的 8259A 把当前申请中断且优先级别最高的从设备的 8259A 的 ID 代码，通过 $CAS_0 \sim CAS_2$ 送到相应的从设备 8259A。相应地从 8259A 在收到第二个 $\overline{INTA}$ 信号时，将中断向量送到数据线上。

四、8259A 的编程控制

8259A 是一块功能很强的可编程中断控制器，它有多种工作方式和中断优先级排序。所以，在 8259A 工作之前要根据系统的要求和硬件的连接模式对它进行编程设定。

8259A 的工作状态和操作方式，根据接收到 CPU 的命令而确定。CPU 送给 8259A 的命令分两类：一类是初始化命令字，也称为预置命令字 ICW，8259A 在开始操作之前，必须对它写入初始化命令字，使它处于预定的初始状态；另一类是操作命令字，也称为操作控制字 OCW，用来控制 8259A 执行不同的操作方式，如中断屏蔽、中断结束、优先权循环和 8259 内部寄存器状态的读出和查询等，操作控制字可以在初始化后的任何时刻写入 8259A，用它来动态地控制 8259A 的中断管理方式。

1. 初始化命令字 ICW

8259A 有 4 条初始化命令字 ICW1～ICW4，在系统正式工作之前，都必须按照一定的顺序，将 2～4 个初始化命令字写入 8259A，使它处于用户指定的初始状态。

无论何时，当 CPU 向 8259A 送入一条地址线 A_0=0、数据线 D_4=1 的命令时，该命令被译码为初始化命令字 ICW1，它启动 8259A 的初始化过程，即相当于 RESET 信号的作用，自动完成下列操作：

（1）清除中断屏蔽寄存器 IMR。

（2）设置以 IR_7 为最低优先级的完全嵌套方式，固定中断优先权排序。

（3）将从 8259A 设备标志码 ID 置成 7。

（4）清除特殊屏蔽方式。

（5）设置读 IRR 方式。

下面先介绍各个初始化命令字的功能：

（1）初始化命令字 ICW1。其格式如下：

A_0	D_7	D_6	D_5	D_4	D_3	D_2	D_1	D_0
0	A_7	A_6	A_5	A_4	A_3	A_2	A_1	A_0

A_0=0，D_4=1 是初始化命令字 ICW1 的标志。

D_7，D_6，D_5（A_7，A_6，A_5）：用于 8080/8085 系统中，设定中断程序入口地址 A_7～A_5 位。在 8086/8088 系统中，此 3 位无意义。

D_3（LTIM）：设定 IR 触发方式。为 1，电平触发；为 0，跳变触发。

D_2（ADI）：用于 8080/8085 系统中，调用地址间隔设定。为 1，调用地址间隔为 4；为 0，调用地址间隔为 8。在 8086/8088 系统中，该位无意义。

D_1（SNGL）：为 1，单片使用；为 0，级联使用。

D_0（IC4）：为 1，需要 ICW4；为 0，不要 ICW4。

控制字的 D_0 位是 IC4，用以指明是否还需要送入初始化命令字 ICW4。当（D_0 位）IC4=0，表示不用再送入 ICW4 命令字。此时，ICW4 全部功能位都清零，即 8259A 处于非缓冲方式下，非 AEOI、MCS80/85CPU 状态。IC4=1，表示要送入初始化命令字 ICW4。在 8086/8088 系统中，必须在 ICW1 之后送入 ICW4 命令字。

例如：若 8259A 单片使用，采用电平触发，需要 ICW4，则程序段如下。

```
MOV AL,00011011B    ;ICW1 的内容
MOV 20H,AL          ;写入 ICW1 端口(A0=0)
```

（2）初始化命令字 ICW2。其格式如下：

A_0	D_7	D_6	D_5	D_4	D_3	D_2	D_1	D_0
1	T_7	T_6	T_5	T_4	T_3			

D_7～D_3（T_7～T_3）为 8086/8088 系统中，设定中断向量号代码的高 5 位。

A_0=1，表示对 ICW2 编程。

初始化命令字 ICW2 中，T_7～T_3 用于 8086/8088 系统设定中断向量号代码。8086/8088 的中断向量号代码是 8 位的，它的高 5 位由用户编程写入 ICW2 的 D_7～D_3 位，低 3 位对应中断源 IR_7～IR_0 的编码，由 8259A 芯片硬件电路自动产生。

例如：要设定 IR_0 的中断类型号为 08H，那么 T_7～T_3 就设定为 00001。8259A 所处理的 8 个

中断源的中断类型号是连续的，那么 $IR_1 \sim IR_7$ 的中断类型号就为 09H～0FH，则对应程序段如下。

```
MOV AL,08H      ;ICW2 的内容
OUT 21H,AL      ;写入 ICW2 端口（A₀=1）
```

当 CPU 响应键盘中断请求时，8259A 把 IR_1 的编码 001 作为中断向量的最低 3 位和 ICW2 的高 5 位构成一个完整的 8 位中断向量号 09H，在第二个中断响应周期，经数据总线送给 CPU。

（3）初始化命令字 ICW3。初始化命令字 ICW3 专用于级联方式的初始化编程。当初始化命令字 ICW1 中的 D_1 位（SNGL）=0 时，8259A 工作于级联方式。8259A 初始化时，必须有 ICW3 命令。对于主设备和从设备，ICW3 的定义不同。

主设备的 ICW3 初始化命令字格式为

A_0	D_7	D_6	D_5	D_4	D_3	D_2	D_1	D_0
1	S_7	S_6	S_5	S_4	S_3	S_2	S_1	S_0

S_i=1，表示对应的 IR_i 输入，是接从 8259A 的 INT 输出。

S_i=0，表示对应的 IR_i 输入，是直接接中断源。

例如：主 8259A 的 IR_7，IR_6 是接有从 8259A，而其余未接从 8259A，可能直接接中断源，则 ICW3=0C0H。

从设备的 ICW3 初始化命令字格式为

A_0	D_7	D_6	D_5	D_4	D_3	D_2	D_1	D_0
1	×	×	×	×	×	ID_2	ID_1	ID_0

$ID_2 \sim ID_0$ 是从设备地址号的二进制编码（称为从片的标识码），即连到主片的 IR_i 的二进制编码。它用来说明从 8259A 是接在主 8259A 的哪个 IR_i 端上。每个从 8259A 的设备号编码 ID 和主 8259A 对应 IR_i 端的关系见表 6.1。

表 6.1　　　　　　　设备编码 ID 与对应的 IR_i 的对应关系

设备编码	主 8259A IR_i							
	IR_7	IR_6	IR_5	IR_4	IR_3	IR_2	IR_1	IR_0
ID_2	1	1	1	1	0	0	0	0
ID_1	1	1	0	0	1	1	0	0
ID_0	1	0	1	0	1	0	1	0

例如：接在主 8259A 的 IR_6 的从 8259A，其 ID 码应为 6（110），这时应设定从 8259A 的命令字 ICW3：ID_2=1，ID_1=1，ID_0=0。

在中断响应过程中，主设备把优先级最高的 IR_i 的地址编码送上级联线（$CAS_2 \sim CAS_0$），从设备把接收到的设备号编码和初始化设定的从设备号编码 $ID_2 \sim ID_0$ 进行比较，比较结果与该编码相符的从设备，把中断向量号代码送上数据总线。

（4）初始化命令字 ICW4。当 ICW1 中的 IC4=1 时，则要设定初始化命令字 ICW4。

初始化命令字 ICW4 的格式如下：

A_0	D_7	D_6	D_5	D_4	D_3	D_2	D_1	D_0
1	0	0	0	SFNM	BUF	M/S	AEOI	μPM

D_0（μPM）位：该位用来选择 CPU 类型。μPM=0 时，8259A 工作于 8080/8085CPU 系统；当 μPM=1 时，8259A 工作于 8086/8088 CPU 类型。

D_1（AEOI）位：用来选择清除 ISR 中断服务寄存器的方式。当 AEOI=1，为自动中断结束方式，由第二个中断响应信号 $\overline{INTA}$ 自动将最高优先权的 ISR 位清 0；当 AEOI=0，必须在中断服务程序结尾，设置常规中断结束命令 EOI，将最高优先级的 ISR 位清 0，或指定中断结束命令 SEOI，将指定的 ISR 位清 0。

若采用 AEOI 命令方式，就不需要在中断服务程序中安排 EOI 命令（OCW2 中 D_5=0）。但需注意，在 AEOI 方式下，不是在中断服务程序结束后将 ISR 位复位。这可能在中断处理过程中，造成同级中断的重复嵌套（在中断服务程序中，使 IF=1 且中断请求电平触发信号没及时撤销时），或受优先级低的中断源中断。

D_2（M/S）位：与缓冲位 BUF 一起使用。在缓冲方式下，即 BUF=1 时（$\overline{SP}/\overline{EN}$ 是起 $\overline{EN}$ 作用），M/S 位用来设定 8259A 是主片或是从片：当 M/S=1 时，该片为主 8259A；当 M/S=0 时，为从 8259A。在非缓冲方式下，即 BUF=0 时，M/S 位无意义。

D_3（BUF）位：用来设定是否选用缓冲方式。当 BUF=1 时，设定为缓冲方式，$\overline{SP}/\overline{EN}$ 输出用来作为控制缓冲器的信号；当 BUF=0 时，设定为非缓冲方式，由 $\overline{SP}/\overline{EN}$ 所接的高低电平决定该 8259A 是主片还是从片。

在缓冲方式下，8259A 的引脚 $\overline{SP}/\overline{EN}$ 起 $\overline{EN}$ 作用，由它来控制 8286 双向数据收发器的数据传送方向 T。这时主/从片则由 ICW4 的 M/S 位定义。

D_4（SFNM）位：当 SFNM=0 时，定义 8259A 工作于一般完全嵌套方式；当 SFNM=1 时，定义 8259A 工作于特殊完全嵌套方式。

例如：8088 CPU 采用单片 8259A 管理中断，8259A 在系统总线之间采用缓冲连接，非自动结束，一般完全嵌套，则 8259A 的 ICW4=00001101B=0DH。

写 ICW4 的程序段为

```
MOV AL,0DH      ;ICW4 的内容
OUT 21H,AL      ;写入 ICW4 的端口（A0=1）
```

（5）初始化命令字的编程顺序。CPU 对 8259A 写入预置命令字，设定 8259A 的初始化状态。预置操作过程要求有一定的顺序。

在预置操作过程的开头，总要依次写入命令字 ICW1 和 ICW2。

只有当 ICW1 中的 SNGL=0，才需送 ICW3。对于主设备和从设备均需送 ICW3，而且它们的格式不同。

只有当 ICW1 中的 IC4=1 时，才需送 ICW4。对于 8086/8088 系统，ICW4 总是需要设置的。在系统中，单片 8259A 与 8086/8088 配置时，初始化要写入的预置命令字是 ICW1、ICW2 和 ICW4；而级联系统要写入的预置命令字是 ICW1、ICW2、ICW3 和 ICW4。

2. 操作控制字 OCW

当按照一定的顺序对 8259A 预置完毕后，8259A 就进入设定的工作状态，准备好接收由 IR 输入的中断请求信号，按固定优先级完全嵌套来响应和管理中断请求。为了在系统运行中进一步对 8259A 管理中断的方式进行修改和设定，可写入操作控制字。8259A 共有 3 个操作控制字，分别为 OCW1、OCW2 和 OCW3。

（1）操作控制字 OCW1。OCW1 用来设置 8259A 输入信号 IR_i 的屏蔽操作，它与中断屏蔽寄存器 IMR 中的各位一一对应。将 OCW1 中的某个 M_i 位置 1 时，IMR 中的相应位也置 1，从而屏蔽相应的输入 IR_i 信号。其格式为

A_0	D_7	D_6	D_5	D_4	D_3	D_2	D_1	D_0
1	M_7	M_6	M_5	M_4	M_3	M_2	M_1	M_0

例如：要使中断源 IR_2 允许，其余均被屏蔽，则程序段如下：

```
MOV AL,0FBH      ;OCW1 的内容
OUT 21H,AL       ;写入 OCW1 的端口（A0=1）
```

（2）操作控制字 OCW2。OCW2 用来控制中断结束时，清 ISR 中的置位，改变优先权的排序结构。其格式为

A_0	D_7	D_6	D_5	D_4	D_3	D_2	D_1	D_0
0	R	SL	EOI	0	0	L_2	L_1	L_0

其中，$A_0=0$、D_4、$D_3=0$ 为 OCW2 的标志。

这些操作命令通常是以组合方式出现的，而不是按位设置。为了说明组合命令的意义，先介绍有关位的定义：

D_7（R）：优先权循环控制位。当 R=1 时，为循环优先权；当 R=0 时，为固定优先权。

D_6（SL）：选择 $L_2\sim L_0$ 编码是否有效的标志。当 SL=1 时，允许由 $L_2\sim L_0$ 编码指定对应的 IR_i 为最低优先级，并以此进行排序，或由 $L_2\sim L_0$ 的编码来指定被清除的 ISR 置 1 位；当 SL=0 时，$L_2\sim L_0$ 编码指定无效。

D_5（EOI）：中断结束命令位。在非自动中断结束命令下（ICW4，$D_1=0$），EOI=1，使中断服务寄存器 ISR 中具有最高优先权的 IS 复位；EOI=0，则该位不起作用。

$D_2\sim D_0$（$L_2\sim L_0$）：这 3 位的编码 000～111，分别对应 $IR_0\sim IR_7$。

若采用 EOI 中断结束命令，在设定预置命令字寄存器 ICW4 时，使 AEOI=0，在中断服务程序结束返回主程序之前，CPU 必须对 8259A 发送一条 EOI=1 的中断结束命令，将 ISR 的对应位复位。如果是主从结构的级联方式，通常必须发送两条 EOI 命令，一条给对应的从 8259A，另一条给主 8259A。

（3）操作控制字 OCW3。OCW3 操作控制字主要用来控制 8259A 的运行方式：是进入特殊中断屏蔽方式，还是一般屏蔽方式。此操作控制字还有查询和读出 8259A 的有关寄存器状态的功能，其格式如下：

A_0	D_7	D_6	D_5	D_4	D_3	D_2	D_1	D_0
0		0	ESMM	SMM	0	1	P	RR	RIS

其中，$A_0=0$、$D_4=0$、$D_3=1$ 为 OCW3 的标志位，D_7 未用。

D_6（ESMM）：允许或禁止 SMM 位起作用。当 ESMM=1 时，允许 SMM 位起作用；而当 ESMM=0 时，禁止 SMM 起作用。

D_5（SMM）：与 ESMM 位配合设置屏蔽方式。当 ESMM 位和 SMM 位都为 1 时，选择特殊屏蔽方式；而当 ESMM=1 和 SMM=0 时，清除特殊屏蔽方式，恢复为一般屏蔽方式。

D_2（P）：查询命令位。当 P=1 时，CPU 向 8259A 发送查询命令；当 P=0 时，8259A 不处于查询方式。CPU 通过 OCW3 中的 P=1，向 8259A 发出查询命令。

D_1（RR）和 D_0（RIS）为读 8259A 状态的功能位。当 RR=1，RIS=0 时，指下一个读脉冲时读 IRR；当 RR=1，RIS=1 时，指下一个读脉冲时读 ISR。

【例 6.1】 在 IBM PC 机中，只有一片 8259A，可接受外部 8 级中断。在 I/O 地址中，分配 8259A 的端口地址为 20H 和 21H，初始化为：边沿触发、缓冲连接、中断结束采用 EOI 命令、中断优先级采用完全嵌套方式，8 级中断源的中断类型分别为 08H～0FH。

初始化程序如下：

```
MOV DX,20H
MOV AL,00010011B
OUT DX,AL            ;写入ICW1
MOV DX,21H
MOV AL,08H
OUT DX,AL            ;写入ICW2
MOV AL,00001101B
OUT DX,AL            ;写入ICW4
XOR AL,AL
OUT DX,AL            ;写入OCW1
……
STI
……
```

【例 6.2】 设 8259A 的端口地址为 20H、21H，请读入 IRR、ISR、IMR 寄存器的内容，并相继保存在数据段 2000H 开始的内存单元中；若该 8259A 为主片，请用查询方式查询哪个从片有中断请求。

程序如下：

```
MOV AL, xxx01010B    ;发OCW3,欲读取IRR的内容
OUT 20H,AL
IN AL,20H            ;读入并保存IRR的内容
MOV (2000H),AL
MOV AL,xxx01011B     ;发OCW3,欲读取ISR的内容
OUT 20H,AL
IN AL,20H            ;读入并保存ISR的内容
MOV (2001H),AL
IN AL,21H            ;读入并保存ISR的内容
MOV (2002H),AL
MOV AL,xxx0110xB     ;发OCW3,欲查询是否有中断请求
OUT 20H
IN AL,20H            ;读入相应状态,并判断最高位是否为1
TEST AL,80H
JZ EXIT
AND AL,07H           ;判断中断源的编码
……
EXIT:HLT
```

6.3.3　中断应用程序举例

【例 6.3】中断请求通过 PC/XT62 芯总线的 IRQ2 端输入，中断源来自于定时计数器 8253

的输出脉冲,或者其他分频电路的脉冲。要求每次主机响应外部中断 IRQ2 时,显示字符串"THIS IS A 8259A INTERRUPT!"(或其他串),中断 10 次后,程序退出。

已知:PC/XT 机内 8259A 的端口地址为 20H 和 21H,IRQ2 保留给用户使用,其中断类型号为 0AH,而其他外中断已被系统时钟、键盘等占用。机内的 8259A 已被初始化成边沿触发、固定优先级、一般中断结束、普通屏蔽。则编写对应的程序如下:

```
    DATA SEGMENT
    MESS DB 'THIS IS A 8259A INTERRUPT!',0AH,0DH,'$'
INTA00 EQU 20H              ;XT 系统中 8259A 的偶地址端口
INTA01 EQU 21H              ;XT 系统中 8259A 的奇地址端口
    DATA ENDS
    CODE SEGMENT
        ASSUME CS:CODE,DS:DATA
START:MOV AX,CS             ;S 指向代码段
      MOV DS,AX
      MOV DX,OFFSET INT_PROC
      MOV AX,250AH          ;AH 号中断向量
      INT 21H
      CLI                   ;关中断
      MOV DX,INTA01         ;开放 IRQ2 中断对应的屏蔽位
      IN  AL,DX
      AND AL,0FBH
      OUT DX,AL
      MOV BX,10             ;设置计数值为 10
      STI                   ;开中断
    LL:JMP LL               ;死循环,等待中断
  INT_PROC:MOV AX,DATA      ;设置 DS 指向数据段
      MOV DS,AX
      MOV DX,OFFSET MESS    ;显示发生中断的信息
      MOV AH,09
      INT 21H
      MOV DX,INTA00         ;发中断结束命令
      MOV AL,20H
      OUT DX,AL
      DEC BX                ;计数值减 1,不为 0 转 NEXT
      JNZ NEXT
      MOV DX,INTA01         ;关闭 IRQ2 中断对应的屏蔽位
      IN  AL,DX
      OR  AL,04H
      OUT DX,AL
      STI                   ;开中断
      MOV AH,4CH            ;返回 DOS
      INT 21H
    NEXT:IRET               ;中断返回
    CODE ENDS
        END START
```

6.4　DMA 控制器 8237A

6.4.1　基本概念

DMA（Direct Memory Access）是指在外部设备与存储器之间直接进行数据传送的一种 I/O 控制方式；是用硬件实现存储器与存储器之间、存储器与 I/O 设备之间直接进行高速的数据传送，不需要 CPU 的干预，减少了中间环节，而且存储器地址的修改和传送完成的报告均由硬件自动完成，所以极大地提高了传送速度。

一、DMA 控制器的基本功能

在 DMA 方式时，CPU 把总线让出来，而由 DMA 控制器接管总线，控制传送的字节数，DMA 是否结束，以及发出 DMA 结束等信号。DMAC 是控制存储器与 I/O 设备之间直接高速地传送数据的硬件电路，它应具有如下主要功能：

（1）能接收外设的请求，向 CPU 发出 DMA 请求信号。

（2）当 CPU 发出 DMA 响应信号后，接管对总线的控制，进入 DMA 方式。

（3）能寻址存储器，输出地址信息和修改地址。

（4）能向存储器和 I/O 设备发出相应的读/写控制信号。

（5）能控制传送的字节数，判断 DMA 传送是否结束。

（6）在 DMA 传送结束后，能结束 DMA 请求信号，释放总线，使 CPU 恢复正常工作。

二、DMA 传送方式

（1）单字节传送方式。单字节传送方式每次只传送一个字节数据，即每操作一个字节都要进行 DMA 申请，获得 DMA 响应后，占用总线，进入 DMA 方式，传送一个字节后即交还总线控制权。如果需要进行下一个字节的操作，需重新申请。

（2）始终占数据块传送方式。数据块传送方式下，一旦传送开始，DMAC 始终占用总线，直到 DMA 传送结束，才把总线控制权交还 CPU。若要提前结束其传送过程，可以由外部输入一个有效的过程结束信号 EOP。

（3）请求传送方式。请求传送方式是以是否有 DMA 请求来决定的，如果有 DMA 请求，则 DMAC 就占用总线；当 DMA 请求无效，或 DMA 操作完成，或由外部传来过程结束信号 EOP 时，都会释放总线。

（4）级联方式。级联方式是为扩展 DMA 通道采用的一种方式，可以用几个 8237A 进行级联。

三、控制器的两种工作状态

DMA 控制器在系统中有两种工作状态：主动态和被动态，分别处于两种不同的地位，即主控器和受控器。

（1）被动态。当 DMAC 上电或复位时，DMAC 自动处于被动态，受 CPU 控制。此时，CPU 可对 DMAC 进行初始化编程，也可从中读出状态。

（2）主动态。CPU 对 DMAC 进行了初始化编程，DMAC 获得总线控制权之后，DMAC 取代 CPU 而成为系统的主控者，接管和控制系统总线（数据总线、地址总线和控制总线）。通过总线向存储器或 I/O 设备发出地址、读/写信号，以控制在两个实体之间的传送。

6.4.2 DMA 控制器 8237A

典型的 DMA 控制器有 8237 和 8257 等芯片。在 PC/XT 系统中使用了一片 8237A-5DMA 控制器，提供了四个 DMA 通道供系统使用。在 PC/AT 系统中使用了两片 8237A-5 供七个 DMA 通道。PC 386/486 微机中所使用的 DMA 与 PC/AT 完全兼容，因此本节以 8237A DMA 控制器为例，介绍 DMA 数据传送控制方式的工作原理。

一、8237A 的结构与引脚信号

8237A 是一个高性能可编程 DMA 控制器。它内部有四个独立的 DMA 通道，每一个通道有 64KB 的寻址和字计数能力；有单字节传送、数据块传送、请求传送和级联传送四种方式；数据传送速率最高可达 1.5MB/s。8237A 是一个具有 40 个引脚信号的双列直插式接口芯片。

1. 8237A 的内部结构

8237A 由三部分组成：3 个基本的控制逻辑单元、三个缓冲器（I/O 缓冲器 1、I/O 缓冲器 2、输出缓冲器）和 12 个内部寄存器组。

（1）控制逻辑单元。

1）定时和控制逻辑单元。它根据初始化编程时所设置的工作方式寄存器的内容和命令，在输入时钟信号的定时控制下，产生 8237 内部的定时信号和外部的控制信号。

2）命令控制单元。其主要作用是在 CPU 控制总线时，即 DMA 处于空闲周期时（被动态），将 CPU 在编程初始化送来的命令字进行译码；而在 8237 进入 DMA 服务时，对设定 DMA 操作类型的工作方式字进行译码。

3）优先权控制逻辑。用来裁决各通道的优先权次序，解决多个通道同时请求 DMA 服务时可能出现的优先权竞争问题。

（2）缓冲器。

1）I/O 缓冲器 1：8 位、双向、三态缓冲器，用于与系统的数据总线接口。非 DMA 周期时，CPU 向 8237A 送出的编程控制字、从 8237A 读取的状态字、当前的地址和字节计数器的内容都经过这个缓冲器；当 DMA 周期时，DMAC 所送出的地址由这个缓冲器输出到地址锁存器锁存。

2）I/O 缓冲器 2：4 位、双向、三态缓冲器。在 CPU 控制总线时，输入缓冲器导通，将地址总线的低 4 位 $A_0 \sim A_3$ 送入 8237A 进行译码后，选择 8237A 内部寄存器；在 DMA 周期时，它送出 8237A 寻址的存储器地址的低 4 位 $A_0 \sim A_3$。

3）输出缓冲器：4 位、输出、三态缓冲器。在 CPU 控制总线时呈高阻状态；而在 DMA 控制总线时，导通，由 8237A 提供的 16 位存储器地址的 $A_4 \sim A_7$ 通过它送出。

（3）内部寄存器。8237A 有 4 个独立的 DMA 通道，有许多内部寄存器，它们与用户编程直接联系。表 6.2 给出了这些寄存器的名称、长度、数量和 CPU 的访问形式。表中凡数量为 4 个的寄存器，是每个通道一个，凡只有 1 个的，则为各通道所公用。

表 6.2   8237A 的内部寄存器

名　　称	位数	数量	CPU 访问形式
基地址寄存器	16	4	只写
基字节计数寄存器	16	4	只写

续表

名　　称	位数	数量	CPU 访问形式
当前地址寄存器	16	4	可读可写
当前字节计数寄存器	16	4	可读可写
地址暂存寄存器	16	1	不能访问
字节计数寄存器	16	1	不能访问
命令寄存器	8	1	只写
工作方式寄存器	8	4	只写
屏蔽寄存器	4	1	只写
请求寄存器	4	1	只写
状态寄存器	8	1	只读
暂存寄存器	8	1	只读
高/低触发器	1	1	只写

2. 8237A 的引脚信号

8237A 的引脚信号如图 6.8 所示。

各引脚信号说明如下：

CLK：时钟输入，用来控制 8237 内部操作定时和 DMA 传送时的数据传送速率。

$\overline{CS}$：片选信号，低电平有效输入信号，在非 DMA 传送时，CPU 利用该信号对 8237A 寻址。在 DMA 控制总线时，自动禁止输入，以防止 DMA 操作期间该器件选中自己。它通常与接口地址译码器连接。

$A_0 \sim A_3$：双向、三态。作为输入地址信号，用来选择 8237A 的内部寄存器。当 8237A 作为主控芯片用来控制总线进行 DMA 传送时，输出地址线的最低 4 位。

$A_4 \sim A_7$：三态输出。在 DMA 传送过程中，送出 $A_4 \sim A_7$ 4 位地址信号。

$DB_0 \sim DB_7$：双向、三态数据总线，与系统的数据总线相连。在 CPU 控制系统总线时，可以通过它们对 8237A 编程或读出 8237A 内部寄存器的内容。

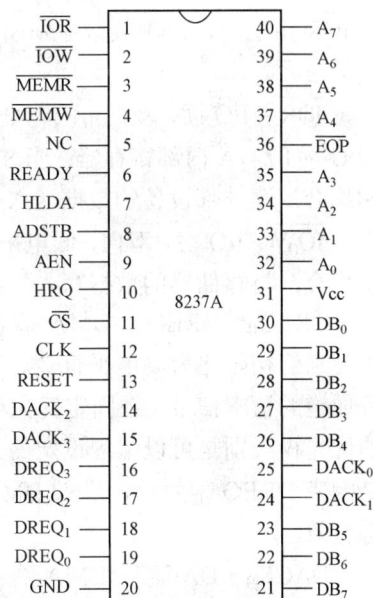

图 6.8　8237A 引脚图

RESET：复位信号，高电平有效输入信号。复位有效时，将清除命令、状态、请求、暂存寄存器和先/后触发器，并清除字节指示器和置位屏蔽寄存器。复位之后，8237A 处于空闲周期，它的所有控制线都处于高阻状态，并且禁止所有通道的 DMA 操作。复位之后必须重新对 8237A 初始化，才能进入 DMA 操作。

READY：准备好输入信号，当选用的存储器 I/O 设备速度比较慢时，可用这个异步输入信号使存储器或 I/O 读写周期插入等待状态，以便适应慢速内存或外设。此信号与 CPU 上的准备好信号类似。

AEN（address enable）：地址允许、输出信号，高电平有效。在 DMA 传送期间，该信号有效时，禁止其他系统总线驱动器使用系统总线，同时允许地址锁存器中的高 8 位地址信号送上系统地址总线。

HRQ：保持请求信号，输出，高电平有效。在仅有一块 8237A 的系统中，HRQ 通常接到 CPU 的 HOLD 引脚，用来向 CPU 请求对系统总线的控制权。如果通道的相应屏蔽位被清除，也就是说，DMA 请求未被屏蔽，只要出现 DREQ 有效信号，8237A 就会立即发出 HRQ 有效信号。在 HRQ 有效之后，至少等待一个时钟周期后，HLDA 才会有效。

HLDA：保持响应输入信号，高电平有效。来自 CPU 的同意让出总线响应信号。它有效表示 CPU 已经让出对总线的控制权，把总线的控制权交给 DMAC。

ADSTB：地址选通、输出信号，高电平有效，用来将从 $DB_0 \sim DB_7$ 输出的高 8 位地址 $A_8 \sim A_{15}$ 锁存到地址锁存器。

$\overline{MEMR}$：双向三态存储器读信号，低电平有效，只用于 DMA 传送。在 DMA 读传送时，与 $\overline{IOW}$ 相配合，控制数据由存储器传送至外设；在存储器到存储器传送时，控制从源单元读出数据。

$\overline{MEMW}$：双向三态存储器写信号，低电平有效，只用于 DMA 传送。在 DMA 写传送时，与 $\overline{IOR}$ 相配合，控制数据由外设传送至存储器；在存储器到存储器传送时，控制把数据写入目的单元。

$\overline{IOR}$：I/O 读，双向，低电平有效。当 8237A 作为从设备时（被动态），$\overline{IOR}$ 为输入信号，CPU 读 8237A 内部寄存器；当 8237A 作为主设备时（主动态），$\overline{IOR}$ 为输出信号，与 $\overline{MEMW}$ 相配合，读外部设备的数据送入存储器中。

$\overline{IOW}$：I/O 写，双向，低电平有效。输入时 CPU 写 8237A 内部寄存器；输出时与 $\overline{MEMR}$ 相配合，将存储器的数据写入外部设备。

$DREQ_0 \sim DREQ_3$：DMA 请求（通道 0～3）输入信号。其有效电平可由编程设定。复位时使它们初始化为高电平有效。这 4 条 DMA 请求线是外部电路为取得 DMA 服务，而送到各通道的请求信号。在固定优先权时，$DREQ_0$ 的优先权最高，$DREQ_3$ 的优先权最低。各通道的优先权级别是可以编程设定的。当通道的 DREQ 有效时，就向 8237A 请求 DMA 操作。DACK 是响应 DREQ 信号后，进入 DMA 服务的应答信号。在相应的 DACK 产生前 DREQ 必须维持有效。

$DACK_0 \sim DACK_3$：DMA 响应输出信号，分别对应通道 0～3。该信号是一个有效电平可编程输出信号。复位时使它们初始化为低电平有效。8237A 用这些信号来通知各自的外部设备已经授予一个 DMA 周期了，即利用有效的 DACK 信号作为 I/O 接口的选通信号。系统允许多个 DREQ 同时有效，但在同一时间，只能一个 DACK 信号有效。

$\overline{EOP}$：DMA 传送结束，双向，低电平有效。当 $\overline{EOP}$ 有效时，DMA 传送停止，并且复位内部寄存器。

二、8237A 的内部寄存器

8237A 的内部寄存器可以分为两类：一类称为通道寄存器，每个通道有四个，基地址寄存器、基字节计数器、当前地址寄存器和当前字节计数器。这四个寄存器都是 16 位的，其内容初始化编程时写入。另一类为控制和状态寄存器，这类寄存器是四个通道共用的。控制寄存器用来设置 8237A 的工作方式和请求控制等，初始化编程时写入；状态寄存器用来存放 8237A 的工作状态信息，供 CPU 读取查询。8237A 内部寄存器寻址及读/写方式见表 6.3。

表 6.3　　　　　　　　　　　　　　　　　　**8237A 内部寄存器寻址及读/写方式**

通道号	A_3	A_2	A_1	A_0	读操作（$\overline{IOR}=0$）	写操作（$\overline{IOW}=0$）
0	0	0	0	0	读当前地址寄存器	写基（当前）地址寄存器
	0	0	0	1	读当前字节计数器	写基（当前）字节计数器
1	0	0	1	0	读当前地址寄存器	写基（当前）地址寄存器
	0	0	1	1	读当前字节计数器	写基（当前）字节计数器
2	0	1	0	0	读当前地址寄存器	写基（当前）地址寄存器
	0	1	0	1	读当前字节计数器	写基（当前）字节计数器
3	0	1	1	0	读当前地址寄存器	写基（当前）地址寄存器
	0	1	1	1	读当前字节计数器	写基（当前）字节计数器
公用	1	0	0	0	读状态寄存器	写命令寄存器
	1	0	0	1	读暂存寄存器	写请求寄存器
	1	0	1	0		写单通道屏蔽寄存器
	1	0	1	1		写方式寄存器
	1	1	0	0		清除高/低触发器
	1	1	0	1		主清除（软件复位）
	1	1	1	0		清除屏蔽寄存器
	1	1	1	1		写四通道屏蔽寄存器

1．命令寄存器

命令寄存器格式如图 6.9 所示。

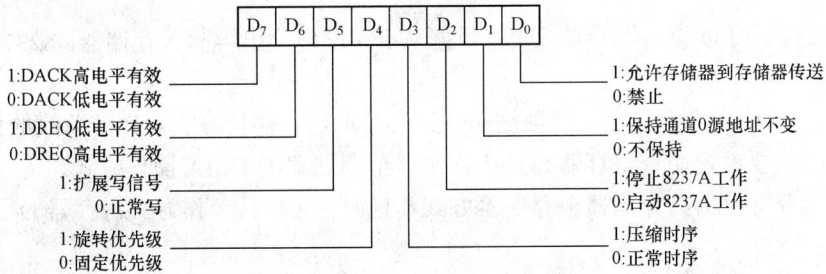

图 6.9　8237A 命令寄存器格式

命令寄存器用来控制 8237A 的操作。其内容由 CPU 写入，由复位信号 RESET 或清除命令清除。对有关位定义说明如下。

（1）D_0 位：用以规定是否允许采用存储器到存储器的传送方式。

（2）D_1 位：用以规定在存储器到存储器的传送过程中，通道 0（提供源地址）的地址是否保持不变。当 $D_1=0$ 时，传送过程中源地址是变化的。反之，当 $D_1=1$ 时，在整个传送过程中，源地址保持不变。

（3）D_2 位：是允许或禁止 DMAC 工作的控制位。

（4）D_3、D_5 位：是与时序有关的控制位。$D_3=0$ 采用标准时序；$D_3=1$ 采用压缩时序。当

D0=1 时，D_3 不起作用。D_5=0 采用滞后写；D_5=1，为扩展写。当 D_3=1 时，D_5 不起作用。压缩时序只适用于连续传送方式。

（5）D_4 位：用来设定通道优先权结构。当 D_4=0 时，为固定优先权，即通道 0 优先权最高，优先权随着通道号增大而递减，通道 3 的优先权最低。当 D_4=1 时，为循环优先权。

（6）D_6、D_7 位：用于设定 DREQ 和 DACK 的有效电平。

2. 工作方式寄存器

8237A 的每一个通道有一个工作方式寄存器，用于设置通道的工作方式，其格式如图 6.10 所示。

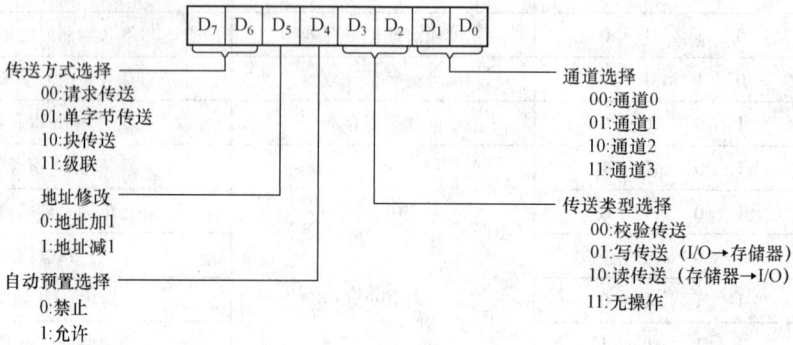

图 6.10　工作方式寄存器格式

（1）D_2、D_3 位：当 D_6、D_7 位不同时为 1 时，由这两位的编码设定通道的 DMA 的传送类型：读、写和校验（或存储器至存储器）。

1）读传送。由存储器至 I/O 设备。将数据从存储器读出，再写入 I/O 设备。因此，8237A 要发出和信号。

2）写传送。由 I/O 设备至存储器。将数据从 I/O 设备读出再写入存储器。8237 要发出 和信号。

3）校验。这种操作实际不进行数据传送。8237A 仍将保持着它对系统总线的控制权。设定校验方式时，要设定命令寄存器为禁止存储器至存储器的 DMA 操作方式。

当设定命令寄存器为存储器至存储器方式传送时，应将其工作方式寄存器 D_2、D_3 位设定为 00。

（2）D_4 位。它设定通道是否进行自动预置。当选择自动预置时，在接收到 信号后，该通道自动将基地址寄存器内容装入当前地址寄存器，将基字节计数器内容装入当前字节计数器，而不必通过 CPU 对 8237A 进行初始化，就能执行另一次 DMA 服务。

（3）D_5 位。它设定每传送一字节数据后，存储器地址是加 1 或减 1 修改。

（4）D_6、D_7 位。这两位的不同编码决定该通道 DMA 传送的方式。8237A 进行 DMA 传送时，有 4 种传送方式：请求传送、单字节传送、数据块传送和级联方式。

1）请求传送方式。当 DREQ 有效，若 CPU 让出总线控制权，8237A 进行 DMA 服务，也连续传送数据，直至字节计数器过 0 为 FFFFH 或由外界送来有效信号，或 DREQ 变为无效时为止。采用请求传送方式，通过控制 DREQ 信号的有效或无效，可以把一批数据分成几次传送。这种方式允许接口的数据没准备好时，暂时停止传送。

2）单字节传送方式。8237A 是在 DREQ 每次变为有效后，向 CPU 发出有效的 HRQ 信号。当 CPU 响应其请求时，向 8237A 发来 HLDA 响应信号，8237A 每次传送一字节数据，然后字节计数器减 1，地址加 1 或减 1（由 D_5 决定）。传送完这一个字节，DMAC 放弃系统总线，将总线控制权交回 CPU。

3）数据块传送方式。在这种传送方式下，DMAC 一旦获得总线控制权，便开始连续传送数据。每传送一个字节，自动修改地址，并使要传送的字节数减 1，直到将所有规定的字节全部传送完，或收到外部信号，DMAC 才结束传送，将总线控制权交给 CPU。在此方式下，外设的请求信号 DREQ 保持有效，直到收到 DACK 有效信号为止。在对 8237A 编程后，当传送结束后可自动初始化。

数据块最大长度可以达到 64KB。在这种方式下进行 DMA 传送时，CPU 可能会很长时间不能获得总线的控制权。这在有些场合是不利的，例如，PC 机就不能用这种方式。因为在块传送时，8088 不能占用总线，无法实现对 DRAM 的刷新。

4）级联方式。利用这种方式可以把多个 8237A 连接在一起，以便扩充系统的 DMA 通道。

3．请求寄存器

8237A 的每一个通道有一个 DMA 请求触发器，可以通过硬件(DREQ 有效)或软件(设置请求寄存器)使该触发器置"1"，表示有 DMA 请求发生。请求寄存器格式如图 6.11 所示。

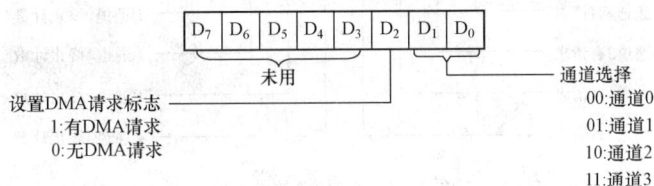

图 6.11　请求寄存器格式

4．屏蔽寄存器

8237A 的每一个通道有一个屏蔽触发器，当该触发器为"1"时，屏蔽该通道的 DMA 请求。屏蔽位可用下列三种命令字来置位或清除。

（1）单通道屏蔽字。单通道屏蔽字格式如图 6.12 所示。

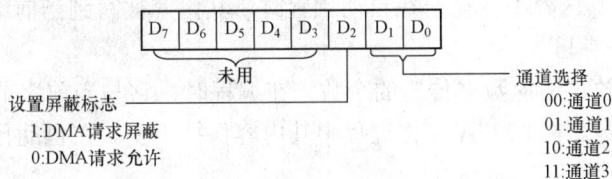

图 6.12　单通道屏蔽字的格式

（2）四通道屏蔽字。四通道屏蔽字用综合屏蔽命令来设置通道的屏蔽触发器，其格式如图 6.13 所示。

（3）清除屏蔽寄存器。在 8237A 复位之后，所有的屏蔽位都置"1"，即禁止所有的 DMA 请求，在非自动预置方式下，一旦某通道 DMA 传送结束，该通道的屏蔽位也被置"1"。因此，在 DMA 通道初始化时，为了开放通道的 DMA 请求，必须清除屏蔽位。对端口 DMA+14

（指屏蔽寄存器）进行一次写操作，即可清除 4 个通道的屏蔽位，开放全部通道的 DMA 请求。如：

```
MOV AL, 0
MOV DX, DMA+14
OUT DX, AL               ;清除四通道的屏蔽位
```

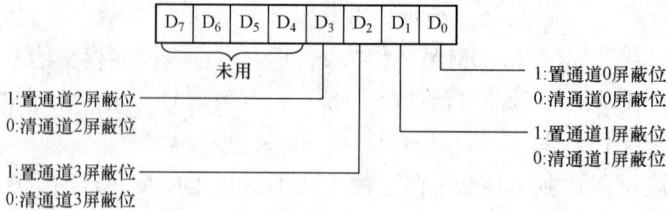

图 6.13　四通道屏蔽字的格式

5. 状态寄存器

状态寄存器用来存放各通道的工作状态与请求标志，其格式如图 6.14 所示。

图 6.14　状态字的格式

6. 暂存寄存器

8237A 从存储器到存储器进行传送操作时，通道 0 先把由源存储单元中存储的数据读出送到暂存寄存器中暂存，然后由通道 1 把暂存寄存器中的数据读出传送至目标存储单元。

7. 基地址寄存器

该寄存器用以存放 16 位地址。在编程时，它与当前地址寄存器被同时写入某一起始地址。在 8237A 工作过程中其内容不变化。在自动预置时，其内容被写到当前地址寄存器中。

8. 基字节计数寄存器

该寄存器用以存放该通道数据传送的个数。在编程时，它与当前字节计数寄存器被同时写入要传送数据的个数。在 8237A 工作过程中其内容保持不变。在自动预置时，其内容被写到当前字节计数寄存器中。

9. 当前地址寄存器

该寄存器存放 DMA 传送期间的地址值。每次传送后自动加 1 或减 1。CPU 可以对其进行读写操作。在选择自动预置时，每当字计数值减为 0 或外部接收来自外部信号时，就会自动将基地址寄存器的内容写入当前地址寄存器中，恢复其初始值。

10. 当前字节计数寄存器

该寄存器用以存放当前的字节数。每传送一个字节，该寄存器的内容减 1。在自动预置下，每当字计数值减为 0 或外部接收来自外部信号时，就会自动将基字节计数寄存器的内容

写入当前字节计数寄存器中，恢复其初始计数值。

11. 地址暂存寄存器和字节计数寄存器

这两个 16 位的寄存器和 CPU 不直接发生关系，对使用 8237A 没有影响。

12. 高/低触发器

8237A 的数据线是 8 位，但其内部有 16 位寄存器。高/低位寄存器指明目前数据线上传送的是低 8 位还是高 8 位数据。"0"表示低 8 位，"1"表示高 8 位。

三、清除命令

清除命令不需要通过写入控制寄存器来执行，而只是对特定的地址执行一次写操作即可。8237A 共有三种清除命令。

1. 主清除命令

主清除命令的功能与复位信号 RESET 类似，除屏蔽寄存器各位置"1"外，其余各寄存器的内容均为"0"。使 8237A 进入空闲周期，以便进行初始化编程。地址为 $A_3 \sim A_0=1101$，CS=0。

```
MOV AL,XX
OUT 0DH,AL
```

2. 清除先/后触发器命令

8237A 通道内的寄存器为 16 位，而数据线是 8 位，先/后触发器用来控制读、写 16 位寄存器的高字节还是低字节。若触发器为"0"，则对低字节操作；若触发器为"1"，则对高字节操作。执行 RESET 或清除命令后，该触发器为"0"。地址为 $A_3 \sim A_0=1100$，CS=0。

```
MOV AL,XX
OUT 0CH,AL
```

3. 清除屏蔽寄存器命令

清除屏蔽寄存器的作用在上面已经介绍过，这里不再重复。地址为 $A_3 \sim A_0=1110$，CS=0。

```
MOV AL,XX
OUT 0EH,AL
```

6.4.3　8237A 的编程及应用

8237A 是高性能的可编程器件，在使用时对其工作方式、操作类型及有关寄存器的初始状态进行编程设定。其初始化编程图如图 6.15 所示。

【例 6.4】 利用 8237A 通道 1，将外设长度为 100H 字节的数据块传送到内存 2000H 开始的连续的存储单元中。要求：采用块连续传送，外设的 DREQ 和 DACK 为高电平有效，允许请求，试编写初始化程序。

设 8237A 的端口地址为 00H～0FH，初始化程序如下：

```
START:MOV AL,0
      OUT 0DH,AL        ;输出主清除命令,软件复位
      OUT 02H,AL        ;写低位地址
      MOV AL,20H
      OUT 02H,AL        ;写高位地址
      MOV AX,100H       ;传送的字节数
```

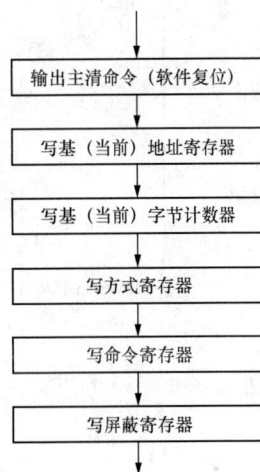

图 6.15　8237A 初始化流程图

```
    OUT  03H,AL          ;写低位计数值
    MOV  AL,AH
    OUT  03H,AL          ;写高位计数值
    MOV  AL,85H
    OUT  0BH,AL          ;写方式字：块传送,地址增1
    MOV  AL,80H
    OUT  08H,AL          ;写命令字：DACK1、DREQ1 为高电平有效
    OUT  AL,01H
    OUT  0AH,AL          ;写屏蔽字：允许通道 1 请求
```

本 章 小 结

本章主要内容为 CPU 与 I/O 设备间的信息种类、I/O 端口及编址方式、8086/8088 的 I/O 指令、主机与外设之间的数据传输方式；中断的基本概念、8086/8088 中断系统；可编程中断控制器 8259A 的引脚功能、编程结构及其工作过程；DMA 控制器 8237A 的结构与引脚信号、内部寄存器等。为便于学习和掌握前面所学的知识，下面将本章的知识点做了如下归类。

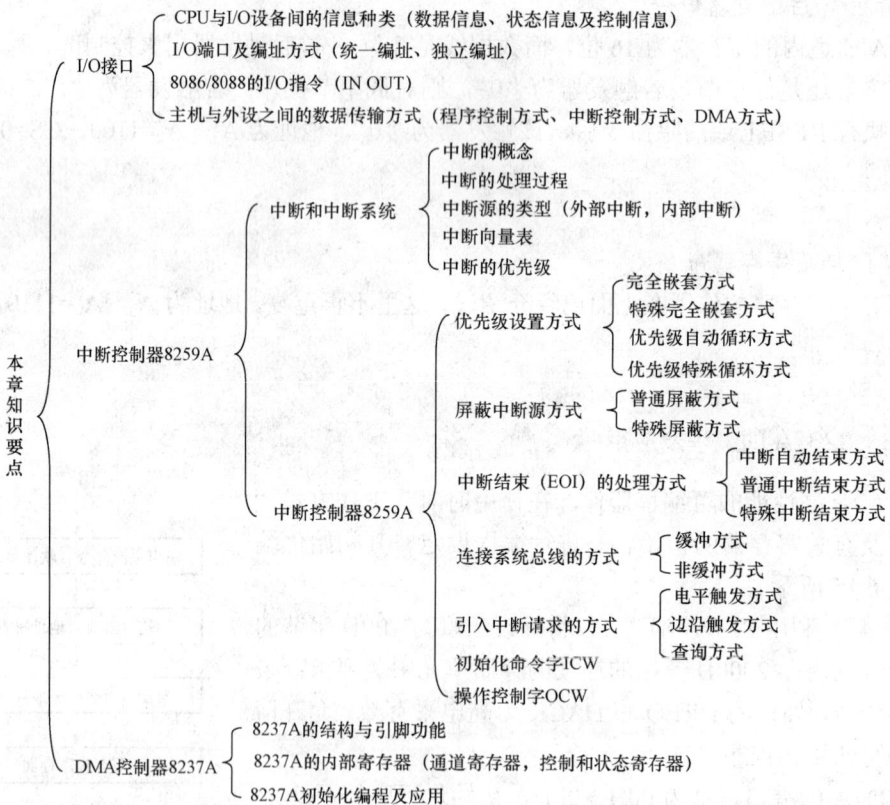

```
                    ┌ CPU与I/O设备间的信息种类（数据信息、状态信息及控制信息）
          I/O接口   ┤ I/O端口及编址方式（统一编址、独立编址）
                    ├ 8086/8088的I/O指令（IN OUT）
                    └ 主机与外设之间的数据传输方式（程序控制方式、中断控制方式、DMA方式）

                                       ┌ 中断的概念
                                       │ 中断的处理过程
                    中断和中断系统  ┤ 中断源的类型（外部中断，内部中断）
                                       │ 中断向量表
                                       └ 中断的优先级

                                                        ┌ 完全嵌套方式
本章                                                    │ 特殊完全嵌套方式
知识                        优先级设置方式  ┤ 优先级自动循环方式
要点                                                    └ 优先级特殊循环方式

          中断控制器8259A                       屏蔽中断源方式  ┤ 普通屏蔽方式
                                                                └ 特殊屏蔽方式

                                                                           ┌ 中断自动结束方式
                            中断结束（EOI）的处理方式  ┤ 普通中断结束方式
                                                                           └ 特殊中断结束方式

                    中断控制器8259A           连接系统总线的方式  ┤ 缓冲方式
                                                                  └ 非缓冲方式

                                                                     ┌ 电平触发方式
                                       引入中断请求的方式  ┤ 边沿触发方式
                                                                     └ 查询方式

                                       初始化命令字ICW
                                       操作控制字OCW

                          ┌ 8237A的结构与引脚功能
          DMA控制器8237A ┤ 8237A的内部寄存器（通道寄存器，控制和状态寄存器）
                          └ 8237A初始化编程及应用
```

习 题 六

6-1 填空题

1. CPU 与接口之间传送信息的方式有_____、_____、_____，

170

其中_____方式的数据传输率最高。端口地址编址方式有_____、_____。

2．8259A 的_____方式指的是优先级固定，IR0 优先级最高，IR7 优先级最低。

3．DMA 的传送方式为_____、_____、_____和_____。

4．一个中断向量占_____个字节。

5．若 8259A ICW2 的初始值为 40H，则在中断响应周期数据总线上出现的与 IR_5 对应的中断类型码为_____。

6．8086 CPU 标志寄存器 FR 中的中断允许标志位 IF=0，表示此时 CPU 不允许响应_____。

7．多片 8259A 在级联、非缓冲方式下运行，主片 $\overline{SP}/\overline{EN}$ 应接_____电平，从片 $\overline{SP}/\overline{EN}$ 应接_____电平。

6-2　选择题

1．DMA 工作方式时，总线上的各种信号是由_____发送的。
　　A．中断控制器　　　B．CPU　　　　　C．存储器　　　　D．DMA 控制器

2．中断自动结束方式是自动将 8259A_____相应位清零。
　　A．ISR　　　　　　B．IMR　　　　　C．IRR　　　　　D．ICW

3．两片 8259A 接成级联缓冲方式可管理_____个可屏蔽中断。
　　A．2　　　　　　　B．15　　　　　　C．16　　　　　　D．256

4．8086 CPU 的寄存器中，通常用作数据寄存器，且隐含作为 I/O 端口的地址寄存器的是_____。
　　A．AX　　　　　　B．BX　　　　　　C．CX　　　　　　D．DX

5．8086 CPU 在收到中断请求信号、进入中断响应周期以后，必须向中断源发出的信号是_____。
　　A．INTR 信号　　　B．$\overline{INTA}$ 信号　　C．HOLD 信号　　D．HLDA 信号

6．在下列类型的 8086CPU 中断中，中断优先权最低的是_____。
　　A．除法出错中断　　　　　　　　　B．可屏蔽中断
　　C．不可屏蔽中断　　　　　　　　　D．单步中断

7．在 8259A 内部，用于反映当前 CPU 正在执行哪些中断源程序的部件是_____。
　　A．中断请求寄存器　　　　　　　　B．中断服务寄存器
　　C．中断屏蔽寄存器　　　　　　　　D．中断优先级比较器

8．8086/8088 微处理器的标志寄存器 IF 位可以通过____指令进行设置。
　　A．PUSH、POP　　B．INT、IRET　　C．CLI、STI　　D．RCR、RCL

9．在 8259A 中，寄存器 IMR 的作用是_____。
　　A．记录处理的中断请求　　　　　　B．判断中断优先级的级别
　　C．有选择的屏蔽　　　　　　　　　D．存放外部输入的中断请求信号

6-3　简答题

1．8086 如何响应一个外部的 INTR 中断请求？

2．中断向量表的作用是什么？8086 CPU 的中断向量表放在内存的什么区域？在这个区域中哪 4B 单元用于存放类型 3 的中断向量？

3．请在图 6.16 中带圈码的四个方框内填入合适的功能电路名称。

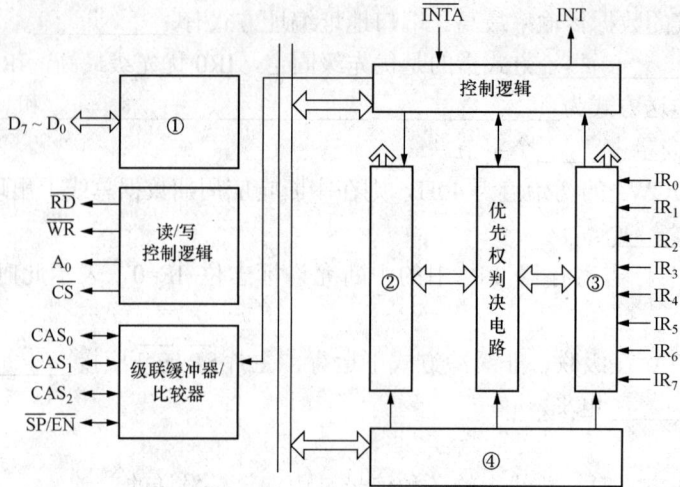

图 6.16　8259A 内部结构图

4. 某 8086 系统使用单片可编程中断控制器 8259A，带 8 个中断源，设其中断类型号为 40H~47H，电平触发，完全嵌套方式，非缓冲方式，一般的中断结束方式。阅读下面的程序，完成相应的操作。

（1）程序给 8259A 送了几个初始化命令字？分别是什么初始化命令字？

（2）完成程序注释。

Intel 8086　程序

```
CODE SEGMENT
    ...
    ;8259A 初始化
    MOV AL,1BH
    OUT 84H,AL
    MOV AL,45H
    OUT 86H,AL
    MOV AL,01
    OUT 86H,AL
    ...
;建立中断向量表
...
MOV AX,SEG INTERRUPT42
MOV DS,AX
MOV DX,OFFSET INTERRUPT42
MOV AL,42H
MOV AH,25H
INT 21H
STI                 ;注释 1
...
;42H 中断服务程序
INTERRUPT42:
PUSH CX
    ...
MOV AL,20H
```

```
OUT 84H,AL          ;注释 2
IRET                ;注释 3
…
CODE ENDS
```

实训 6.1　8259A 初始化编程

一、实训目的

1. 掌握 8259A 的初始化编程方法。

2. 能够根据 8259A 在系统中的使用要求和特点进行硬件连线。

二、实训内容

1. 8259A 在系统中的使用要求和特点。

（1）两片级联使用，管理 15 级中断源，主片的 $\overline{SP}/\overline{EN}$ 端接+5V，从片的 $\overline{SP}/\overline{EN}$ 端接地，$CAS_2 \sim CAS_0$ 作为互连线，从片的 INT 端连到主片的 IR_2。

（2）主片的端口地址范围为 20H～3FH，实际使用 20H 和 21H 两个端口。从片的端口地址范围为 0A0H～0BH，实际使用 0A0H 和 0A1H 两个端口。

（3）主/从片的中断请求信号均为边沿触发。

（4）采用一般完全嵌套方式。使用非缓冲器方式。

（5）设置 0～7 级中断的类型号范围为 08H～0FH，设置 8～15 级中断的类型号范围为 70H～77H。

2. 根据上述要求，硬件连线如图 6.17 所示。

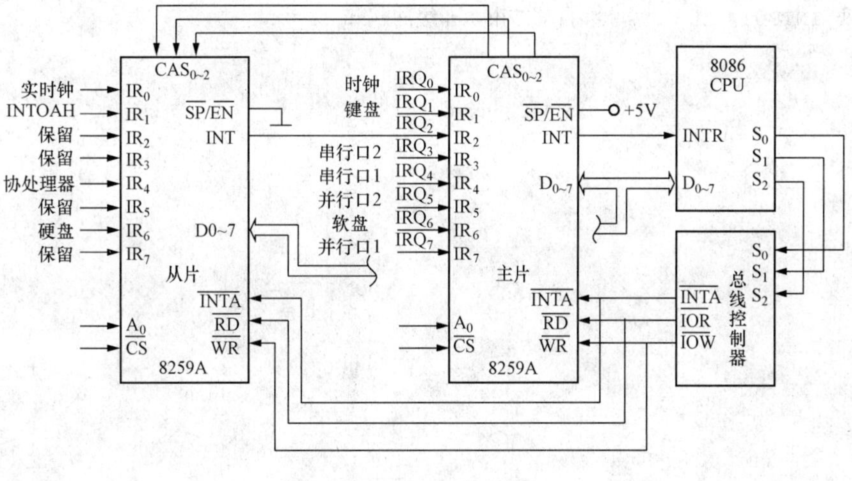

图 6.17　硬件连线图

3. 完成 8259A 的初始化编程。

三、实训步骤

1. 硬件连线。

2. 编写程序，对源程序进行汇编，连接生成可执行程序.EXE。

3. 实验平台上电，运行程序。

4．观察执行结果，以验证其正确性。

四、参考程序

1．初始化主片 8259A 的程序段如下。

```
INTA00  EQU  20H      ;8259A 偶地址端口
INTA01  EQU  21H      ;8259A 奇地址端口
...
MOV AL,11             ;ICW1：边沿触发、多片、需要 ICW4
OUT INTA00,AL
MOV AL,08H            ;ICW2：中断类型号高 5 位
OUT INTA01, AL
MOV AL, 04H           ;ICW3：主片的 IR2 接从片输出 INT
OUT INTA01, AL
MOV AL, 01H           ;ICW4：一般嵌套，8086/8088 CPU
OUT INTA01, AL        ;自动结束，非缓冲
```

2．初始化从片 8259A 的程序段如下。

```
INTB00  EQU  0A0H     ;8259A 偶地址端口
INTB01  EQU  0A1H     ;8259A 奇地址端口
...
MOV AL, 11H           ;ICW1：  边沿触发、多片、需要 ICW4
OUT INTB00, AL
MOV AL, 70H           ;ICW2：中断类型号高 5 位
OUT INTB01, AL
MOV AL, 02H           ;ICW3：从片的 INT 接主片 IR2 输入端
OUT INTB01, AL
MOV AL, 01H           ;ICW4：一般嵌套，8086/8088 CPU
OUT INTB01, AL        ;自动结束，非缓冲
...
```

第7章　常用可编程接口芯片

本章要点

（1）可编程并行接口芯片 8255A 的编程结构及其应用。

（2）可编程定时/计数器 8255A 的编程结构及其应用。

（3）可编程串行接口芯片 8251A 的编程结构及其应用。

（4）D/A、A/D 转换器 DAC0832、ADC0809 的编程结构及其应用。

7.1　可编程并行接口芯片 8255A

7.1.1　并行接口概述

按照微机与外设之间的数据传送方式不同，可分为并行接口和串行接口两种。

并行接口的特点是用多根传输线，把数据的各位同时进行传输，通常每次传输 8 位或 16 位数据。实现并行通信的接口称为并行通信接口，简称并行接口，如图 7.1 所示。一般并行接口与外设之间除了有并行数据线以外，至少还要设置两根握手（联络）信号线，以便进行查询方式的通信。

并行接口的特点：

（1）需要多根数据线，传输速度快。

（2）一般适合于近距离传送的场合。

（3）并行传送的信息一般不要求固定格式，这与串行传

送的信息有数据格式的要求不同。

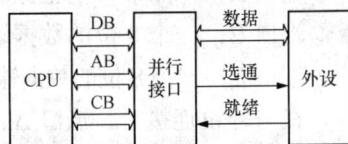

图 7.1　并行接口结构

并行接口电路有不可编程和可编程接口之分。不可编程接口一般由数据锁存器和三态数据缓冲器组成，电路简单，使用方便；但由于其工作方式及功能用硬件电路设定，故不能改变。可编程接口由于其接口的工作方式及功能可用软件编程的方法改变，无疑使用更灵活、功能更强，在微机系统中应用广泛。

Intel 8255A 是一个通用的可编程并行接口芯片，它有三个并行 I/O 口，又可通过编程设置多种工作方式，价格低廉，使用方便，可以直接与 Intel 系列的芯片连接使用，在中小系统中有着广泛地应用。

7.1.2　8255A 的内部结构及外部引脚

Intel 8255A 是常用的可编程并行接口芯片，CPU 通过输出指令对它编程，以规定其工作方式。

175

8255A 的基本功能：

（1）具有三个并行输入/输出端口（A、B、C），提供 TTL 兼容的并行接口。

（2）有三种工作方式，能使用多种数据传送方式完成 CPU 与 I/O 设备之间的数据传送，如无条件、查询和中断方式。

一、8255 的内部结构

8255 的内部结构如图 7.2 所示。由外设接口、内部逻辑和 CPU 接口三部分组成。

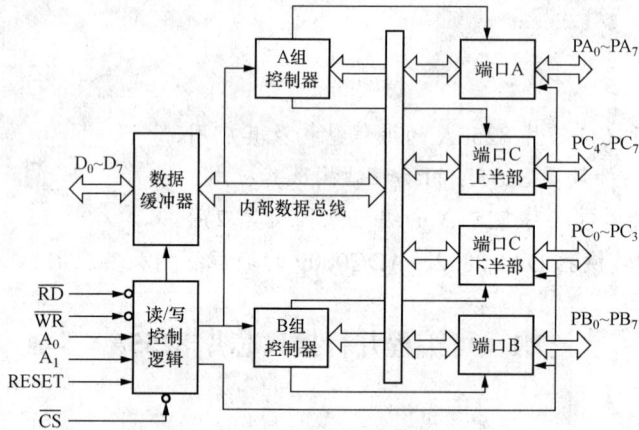

图 7.2   8255 的的内部结构

1. 外设接口部分

8255A 有 A、B 和 C 三个输入/输出端口，用来与外部设备相连。每个端口有 8 位，可以选择作为输入或输出，但功能不同。

端口 A：一个 8 位的数据输出锁存/缓冲器和一个 8 位的数据输入锁存器。

端口 B：一个 8 位的数据输出锁存/缓冲器和一个 8 位的数据输入缓冲器。

端口 C：一个 8 位的数据输出锁存/缓冲器和一个 8 位的数据输入缓冲器（输入没有锁存）。

在与外设连接时，端口 A、B 常作为独立的输入端口或输出端口，在 A 和 B 端口工作在方式 1 时，C 端口分别用 3 根线作为输出控制信号或输入状态信号配合端口 A 和端口 B 的工作。在端口 A 工作在方式 2 时，端口 C 有 5 根线作为输出控制信号或输入状态信号配合端口 A 工作。另外，端口 C 在方式字的控制下，也可分为两个 4 位端口，每一个 4 位端口都可定义为输入端口或输出端口。

2. 内部逻辑（A 组和 B 组控制电路）部分

A 组和 B 组控制电路根据 CPU 的命令字控制 A、B 两组的工作方式，它们有控制寄存器，接受 CPU 送来的控制字，决定两组的工作方式，也可根据 C 端口按位置/复位控制字对 C 端口的每一位实现置/复位操作。

A 组控制电路控制 A 端口和 C 端口的高 4 位（$PC_7 \sim PC_4$）。

B 组控制电路控制 B 端口和 C 端口的低 4 位（$PC_3 \sim PC_0$）。

3. CPU 接口部分

数据总线缓冲器是三态双向 8 位缓冲器，与系统数据总线相连，实现 CPU 与端口之间的信息交换。输入/输出的数据、CPU 发出的控制字以及从 8255 来的外设状态信息，都是通过该缓冲器传送的。

读/写控制逻辑与 CPU 的低位地址线（A_1、A_0），片选信号 $\overline{CS}$ 以及有关控制信号（$\overline{RD}$、$\overline{WR}$、RESET）连接，完成内部端口的选择和读/写操作。

二、引脚及其功能

8255A 是一个单+5V 电源，40 脚的双列直插式芯片，外部引脚如图 7.3 所示。

1. 与 CPU 连接的引脚。

$D_0 \sim D_7$：8 位，双向，三态数据线，用来与系统数据总线相连。

RESET：复位信号，高电平有效，输入，用来清除 8255A 的内部寄存器，并置 A 口、B 口、C 口均为输入方式。

$\overline{CS}$：片选，输入，用来决定芯片是否被选中。

$\overline{RD}$：读信号，输入，控制 8255A 将数据或状态信息送给 CPU。

$\overline{WR}$：写信号，输入，控制 CPU 将数据或控制信息送到 8255A。

A_1 和 A_0：芯片内部端口地址线，与系统的低位地址线连接，用来寻址 8255A 内部的 4 个寄存器。

$\overline{CS}$、$\overline{RD}$、$\overline{WR}$、A1、A0 这几个信号的组合决定了 8255A 的所有具体操作，8255A 的端口操作见表 7.1。

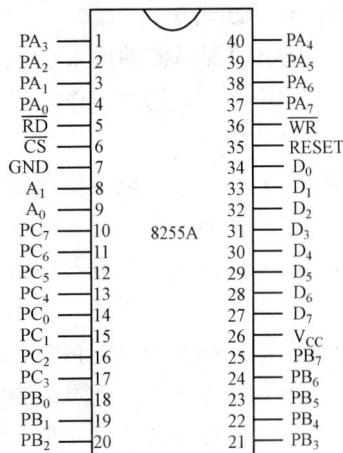

图 7.3　8255A 的外部引脚

表 7.1　　　　　　　　　　　8255A 的操作功能表

$\overline{CS}$	$\overline{RD}$	$\overline{WR}$	A_1A_0	功　　能
0	0	1	00	读 A 口
0	0	1	01	读 B 口
0	0	1	10	读 C 口
0	1	0	00	写 A 口
0	1	0	01	写 B 口
0	1	0	10	写 C 口
0	1	0	11	写控制口

2. 与外设连接的引脚

$PA_7 \sim PA_0$：A 端口的 8 根 I/O 线。

$PB_7 \sim PB_0$：B 端口的 8 根 I/O 线。

$PC_7 \sim PC_0$：C 端口的 8 根 I/O 线。

7.1.3　8255A 的工作方式

8255A 共有方式 0 为基本的输入/输出；方式 1 为选通的输入/输出；方式 2 为选通双向输入/输出三种工作方式。

一、方式 0

方式 0 是基本的输入/输出方式。这种方式通常不用联络信号（或不使用固定的联络信号），不使用中断。在这种工作方式下，三个端口中的每一个都可以由程序选定作为输入/输出。其基本功能如下。

（1）有两个 8 位端口和两个 4 位端口，即端口 A、端口 B、端口 C 的高 4 位和低 4 位。

（2）任何一个端口均可作为输入/输出端口。

（3）输出锁存；输入不锁存。

方式 0 适用于无条件传送方式及查询方式两种场合。在无条件传送方式中，8255A 的三个 8 位的数据端口（端口 A、端口 B、端口 C）可以实现三路 8 位数据的传输。在查询方式下，因为方式 0 并没有固定的应答信号，可以将端口 A 和端口 B 作为数据端口，而把端口 C 的 4 位（高 4 位或者低 4 位）规定为输出口以输出控制信号，另 4 位规定为输入口以输入状态信息。这样，利用端口可配合端口完成查询式的输入/输出操作。

二、方式 1

方式 1 是一种选通的输入/输出方式。在这种方式下，A 端口和 B 端口仍可作为数据的输入和输出口，而 C 端口要提供 6 位分别作为 A 端口和 B 端口的控制或状态信号线，使端口与外设协调，C 端口其余的 2 位仍可作为方式的输入输出线。

（1）方式 1 输入。8255A 的 A 端口和 B 端口方式 1 的输入组态如图 7.4 所示。

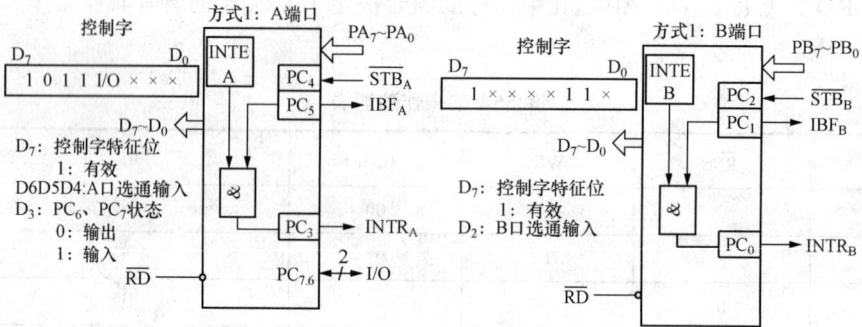

图 7.4 A 端口和 B 端口方式 1 的输入组态

在 A 端口作为方式输入时，$PC_5 \sim PC_3$ 用作应答联络线，在 B 端口作为方式 1 输入时，$PC_2 \sim PC_0$ 用作应答联络线，余下的 PC_7、PC_6 可单独作为输入或输出线。

$\overline{STB}$：选通输入信号，低电平有效。$\overline{STB} = 0$，把输入设备的数据送入输入缓冲器。

IBF：输入缓冲器满信号，高电平有效，是 8255A 送给外设的联络信号。IBF=1，表示数据已被装入至输入缓冲器，CPU 未取走数据，通知外设停止送数。$\overline{RD}$ 信号有效使其复位。

INTR：中断请求信号，高电平有效。8255A 内有中断允许触发器 INTEA 或 INTEB，只有 INTE=1 且 IBF=1 时，向 CPU 发出中断请求，且由 $\overline{RD}$ 信号的下降沿清除。

INTEA：A 口的中断允许位，用 C 端口按位置位/复位 PC4 设定，1 为允许中断。

INTEB：B 口的中断允许位，用 C 端口按位置位/复位 PC2 设定，1 为允许中断。

采用中断方式时，当外设的数据已经输入至 8255A 的端口数据线上，就发出 $\overline{STB}$ 选通信号，将数据锁存到数据输入锁存器。由 8255A 输出 IBF（输入缓冲器的满）信号给外设，阻止外设输入新的数据。在选通信号结束后，8255A 向 CPU 发出中断请求信号（如果中断允许）。CPU 响应中断，发出 $\overline{RD}$ 信号，把数据读入 CPU。同时清除中断请求信号，当 $\overline{RD}$ 结束后，数据已读至 CPU，并使 IBF 变低，表示输入缓冲器已空，通知外设可以送新的数据。另外，采用中断方式时，应先用 C 端口置位控制字，使 PC4 或 PC2 置 1，允许端口中断。

采用查询方式输入时，CPU 先查询输入缓冲器是否满，即 IBF 是否为高，若 IBF 为高，则 CPU 就可以从 8255A 读入数据。

（2）方式 1 输出。8255A 的 A 端口和 B 端口方式 1 输出组态如图 7.5 所示。

在 A 端口作为方式 1 输出时，PC_7～PC_6、PC_3 用作应答联络线，在 B 端口作为方式时，PC_2～PC_0 用作应答联络线，余下的 PC_5～PC_4 线可单独作为输入或输出。

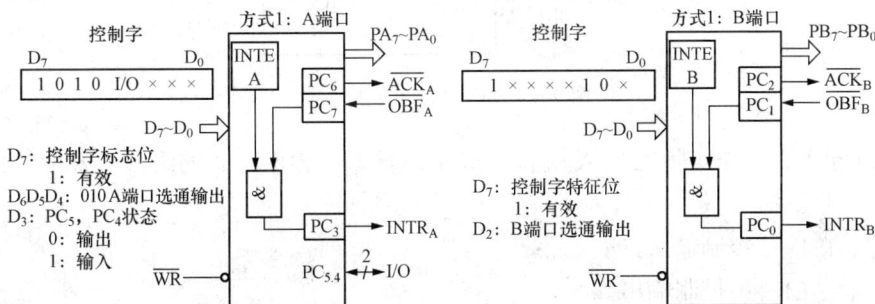

图 7.5   A 口和 B 口方式 1 的输出组态

$\overline{OBF}$：输出缓冲器满信号，低电平有效，$\overline{OBF}$ =0，表示 CPU 已将数据写入该端口输出锁存器，通知外设可以从 8255A 取数。

$\overline{ACK}$：应答信号，低电平有效，$\overline{ACK}$ =0，表示外设已将数据从 8255A 的输出缓冲器取走。

INTR：中断请求信号，高电平有效。当 INTE=1 且 $\overline{OBF}$ =1（空），则 INTR=1，向 CPU 发出中断请求，要求 CPU 送新数据，由 $\overline{WR}$ 信号的下降沿清除。

INTEA：A 端口的中断允许位，用 C 端口按位置位/复位 PC6 设定，1 为允许中断。

INTEB：B 端口的中断允许位，用 C 端口按位置位/复位 PC2 设定，1 为允许中断。

采用中断方式时，应先用 C 端口置位控制字，使 PC6 或 PC2 置 1，允许端口中断。输出过程由 CPU 响应中断开始，在中断服务程序中，CPU 输出数据，发出 $\overline{WR}$ 信号。$\overline{WR}$ 信号的下降沿将数据送至输出数据缓冲器，$\overline{WR}$ 的上升沿一方面使 $\overline{OBF}$ 信号有效，表明输出数据缓冲器满，通知外设接收数据，实质上 $\overline{OBF}$ 信号是送往外设的选通信号；另一方面清除 INTR 中断请求信号。外设接收数据后发出 $\overline{ACK}$ 信号，它一方面使 $\overline{OBF}$ 无效，另一方面 $\overline{ACK}$ 上升沿使 INTR 有效，发出新的中断请求信号，让 CPU 输出新数据。

采用查询方式输出时，CPU 在输出数据后查询 8255A 的输出缓冲器是否为空（即 $\overline{OBF}$ 是否为高），若 $\overline{OBF}$ 为高，则 CPU 可以输出新的数据。

三、方式 2

方式 2 是一种双向选通的输入/输出方式，只有 A 端口才有这种工作方式。这时 C 端口的 PC_7～PC_3 作为控制或状态信号线，C 端口的其余 3 位仍可作为方式 0 的输入输出线，或作为 B 端口方式 1 的应答联络线。8255A 的 A 端口方式 2 组态如图 7.6 所示。

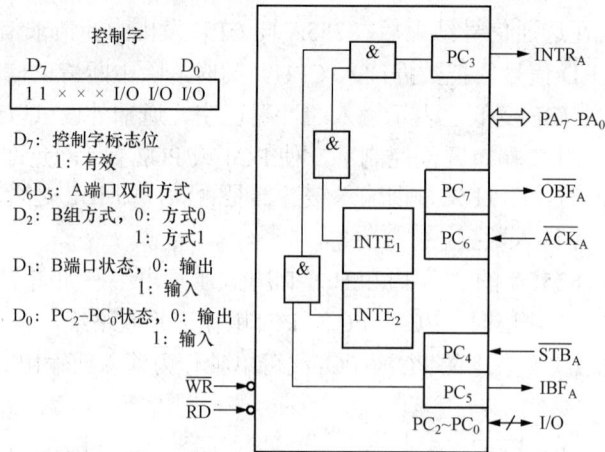

控制字

D_7 D_0

| 1 | 1 | × | × | × | I/O | I/O | I/O |

D_7：控制字标志位
  1：有效

D_6D_5：A端口双向方式

D_2：B组方式，0：方式0
     1：方式1

D_1：B端口状态，0：输出
      1：输入

D_0：PC_2~PC_0状态，0：输出
        1：输入

图 7.6   A 端口方式 2 的组态

A 端口方式 2 操作实际上是 A 端口方式 1 的输入和输出方式的组合，各应答信号的功能也相同。

$\overline{STB_A}$、IBF_A：控制输入。

$\overline{OBF_A}$、$\overline{ACK_A}$：控制输出。

INTE1：输出相关的中断允许，由 PC_6 的置位/复位来控制。

INTE2：输入相关的中断允许，由 PC_4 的置位/复位来控制。

$INTR_A$：中断请求信号，当 $INTR_A$ 为高时，需要对输入还是输出中断进行判断（查询 C 端口状态）。如是输入中断，则用输入指令读取 8255A 输入缓冲器数据；如是输出中断，则用输出指令将数据送 8255A 输出缓冲器。

7.1.4   8255A 的控制字和初始化编程

8255A 的工作方式和功能可以通过 CPU 将控制字写入控制寄存器来实现。8255A 有两个控制字，即方式选择控制字和端口 C 按位置位/复位控制字。

两个控制字都应写入控制寄存器（同一个地址）中，即当地址线 A_1 和 A_0 均为 1 时访问控制字寄存器。为区分两个控制字，控制字的 D_7 位被赋予特殊的含义，即特征位，当 D_7 位为 1 时，表示方式选择控制字；当 D_7 位为 0 时，表示对端口 C 按位置位/复位的控制字。

一、方式控制字

方式控制字的格式如图 7.7 所示，其最高位一定为 1（特征位），用于选择三个端口的工作方式。

A 端口有三种工作方式（方式 0、方式 1 和方式 2），B 端口只有两种工作方式（方式 0 和方式 1），C 端口除用于固定的应答联络线外的所有信号线均工作于方式 0。

A 端口和 B 端口分别作为一个整体确定工作方式，而 C 端口则分成高 4 位和低 4 位两部分分别确定工作方式，两部分的工作方式也可以不同，这样四部分可任意组合，以适应任何一种外部设备的连接需要。

【例 7.1】 设 8255A 的 4 个寻址地址号为 60H～63H，试编写下列各种情况下的初始化程序。

| D_7 | D_6 | D_5 | D_4 | D_3 | D_2 | D_1 | D_0 |

特征位：1

A组

方式选择
00: 方式0
01: 方式1
1X: 方式2

A端口
0: 输出
1: 输入

C端口高4位
0: 输出
1: 输入

B组

C端口低4位
0: 输出
1: 输入

B端口
0: 输出
1: 输入

方式选择
0: 方式0
0: 方式1

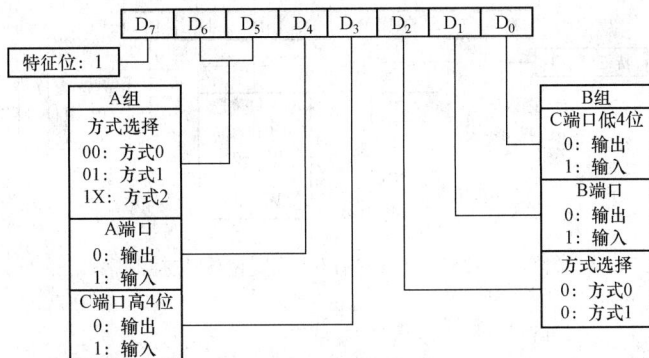

图 7.7　8255A 的方式控制字

（1）将 A 组和 B 组设置成方式 0，A 端口、B 端口为输入，C 端口为输出。

（2）将 A 组工作方式设置成方式 2，B 组为方式 1，B 端口作为输出。

（3）将 A 端口、B 端口均设置成方式 1，均为输入，PC_6 和 PC_1 为输出。

（4）A 端口工作在方式 1，输入；B 端口工作在方式 0，输出；C 端口高 4 位配合 A 端口工作，低 4 位为输入。

（1）方式控制字：10010010B=92H。

初始化程序为

```
MOV AL,92H
OUT 63H,AL
```

（2）方式控制字：11000100B=0C4H。

初始化程序为

```
MOV AL,0C4H
OUT 63H,AL
```

（3）方式控制字：10110110B=0B6H。

初始化程序为

```
MOV AL,0B6H
OUT 63H,AL
```

（4）方式控制字：10110001B=0B1H。

初始化程序为

```
MOV AL,0B1H
OUT 63H,AL
```

二、C 端口按位置位/复位控制字

C 端口按位置位/复位控制字也是写入控制寄存器的一个控制字，而不是写入 C 端口。其格式如图 7.8 所示，其最高位一定是 0。

C 端口中任一位均可用作输出控制（位控），输出一个开关量。

【例 7.2】　A 端口工作于方式 1 输入，采用中断方式，试利用 C 端口按位置位/复位控制字允许中断。

按位置位/复位控制字：00001001B=09H。

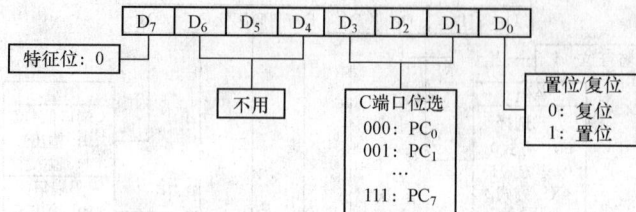

图 7.8　8255A 的 C 端口按位置位/复位控制字

参考程序如下：

```
MOV AL,09H
OUT 63H,AL
```

7.1.5　8255A 的应用示例

【例 7.3】　8255 各端口设置如下：A 组与 B 组均工作于方式 0，A 端口为输入，B 端口为输出，C 端口高位部分为输出，低位部分为输入，A 端口地址设为 40H。

（1）写出工作方式控制字。

（2）对 8255A 进行初始化。

（3）从 A 端口输入数据，将其取反后从 B 端口送出。

方式控制字：10010001B=91H。

参考程序如下：

```
MOV AL,91H
OUT 43H,AL        ;初始化程序
IN AL,40H;从 A 口输入数据
NOT AL
OUT 41H,AL        ;将其取反后从 B 口送出。
```

【例 7.4】　利用 8255A 的 A 端口方式 0 与打印机相连，将内存缓冲区 BUFF 中的字符打印输出。试完成相应的软、硬件设计。（CPU 为 8088）

说明

由 PC_0 充当打印机的选通信号，通过对 PC_0 的置位/复位来产生选通信号。同时，由 PC_7 来接收打印机发出的 BUSY 信号作为能否输出的查询。

打印机采用并行接口 Centronics 标准，其主要信号见表 7.2。

表 7.2　　　　　　　　　　　Centronics 标准引脚信号

引脚	名　称	方向	功　　能
1	STROBE	入	数据选通，有效时接收数据
2~9	DATA8-DATA1	入	数据线
10	ACKNLG	出	响应信号，有效时准备接收数据
11	BUSY	出	忙信号，有效时不能接收数据
12	PE	出	纸用完

续表

引脚	名　称	方向	功　　能
13	SLCT	出	选择联机，指出打印机不能工作
14	AUTOLF	入	自动换行
31	INIT	入	打印机复位
32	ERROR	出	出错
36	SLCTIN	入	有效时打印机不能工作

分析：按照 Centronics 标准，当主机准备好输出打印的一个数据时，通过并行接口把数据送给打印机接口的数据引脚 $D_7 \sim D_0$，同时送出一个数据选通信号 $\overline{STB}$ 给打印机。打印机收到该信号后，把数据锁存到内部缓冲区，同时在 BUSY 信号线上发出忙信号。待打印机处理好输入数据时，打印机撤销忙信号，同时又向主机送出一个响应信号 $\overline{ACK}$。主机可以利用 BUSY 信号或 $\overline{ACK}$ 信号决定是否输出下一个数据。

一、硬件连线

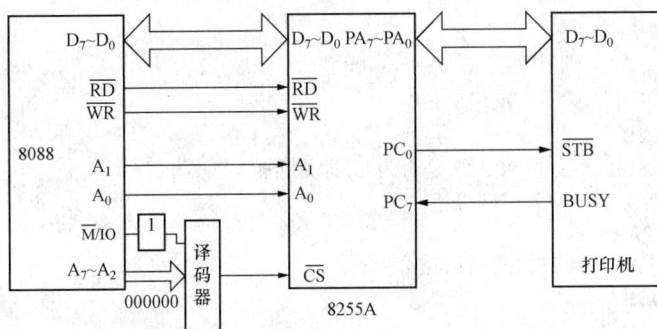

图 7.9　8088CPU 与打印机的硬件连线

二、软件设计

8255A 的控制字为 10001000=88H（A 端口方式 0，输出；C 端口高位方式 0，输入；低位方式 0，输出）

PC0 置位：00000001=01H

PC0 复位：00000000=00H

8255A 的 4 个端口地址分别为 00H，01H，02H，03H。

参考程序如下：

```
DADA SEGMENT
BUFF DB  'This is a print program!','$'
DATA ENDS
CODE SEGMENT
ASSUME CS:CODE,DS:DATA
START:MOV AX,DATA
MOV DS,AX
MOV SI,OFFSET BUFF
MOV AL,88H               ;8255A 初始化,A 端口方式 0,输出
```

```
        OUT 03H,AL              ;C端口高位方式 0,输入;低位方式 0,输出
        MOV AL,01H              ;
        OUT 03H, AL             ;使 PC0 置位,即使选通无效
        WAIT:IN AL,02H
        TEST AL,80H             ;检测 PC7 是否为 1,即是否忙
        JNZ WAIT                ;为忙则等待
        MOV AL,SI]
        CMP AL,'$'              ;是否结束符
        JZ DONE                 ;是则输出"↙"符
        OUT 00H,AL              ;不是结束符,从 A 口输出
        MOV AL,00H
        OUT 03H,AL
        MOV AL,01H
        OUT 03H, AL             ;产生选通信号
        INC SI                  ;修改指针,指向下一个字符
        JMP WAIT
        DONE:MOV AL,0DH
        OUT 00H,AL              ;输出"↙"符
        MOV AL,00H
        OUT 03H,AL
        MOV AL,01H
        OUT 03H, AL             ;产生选通
        WAIT1:IN AL,02H
            TEST AL,80H         ;检测 PC7 是否为 1,即是否忙
            JNZ WAIT 1          ;为忙则等待
            MOV AL, 0AH
            OUT 00H, AL         ;输出换行符
            MOV AL,00H
            OUT 03H, AL
            MOV AL,01H
            OUT 03H,AL ;产生选通
            MOV AH,4CH
            INT 21H
CODE ENDS
END START
```

【例 7.5】 将例 7-4 中 8255A 的工作方式改为方式 1,采用中断方式将 BUFF 开始的缓冲区中的 100 个字符从打印机输出。(假设打印机接口仍采用 Centronics 标准)

分析:仍用 PC_0 作为打印机的选通信号,打印机的 $\overline{ACK}$ 接 8255A 的 PC_6,8255A 的中断请求信号(PC_3)接至系统中断控制器 8259A 的 IR_3,硬件连线如图 7.10 所示。

8255A 的控制字为 1010×××0

PC0 置位:0000000=01H

PC0 复位:00000000=00H

PC6 置位:00001101=0DH,允许 8255A 的 A 口输出中断。

由硬件连线可以分析出,8255A 的 4 个端口地址分别为 00H,01H,02H,03H。

假设 8259A 初始化时送 ICW2 为 08H,则 8255A A 口的中断类型码是 0BH,此中断类型码对应的中断向量应放到中断向量表从 2CH 开始的 4 个单元中。

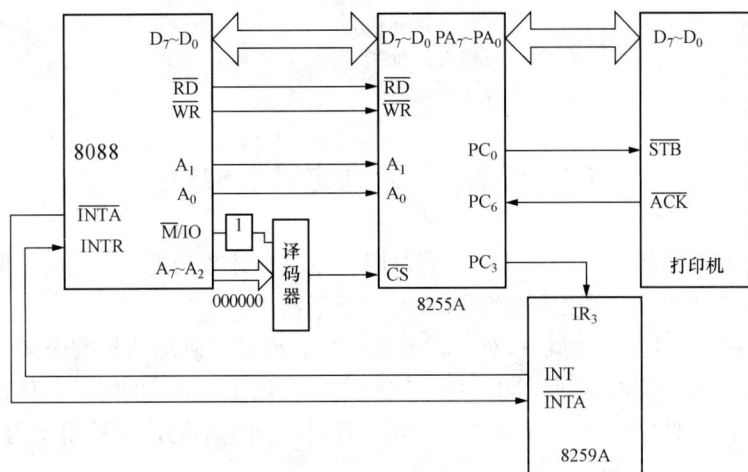

图 7.10 8088CPU 与打印机的硬件连线

主程序:

```
MAIN:MOV AL,0A0H
OUT 03H,AL                      ;设置 8255A 的控制字
MOV AL,01H                      ;使选通无效
OUT 03H,AL
XOR AX,AX
MOV DS,AX
MOV AX,OFFSET ROUTINTR
MOV WORD PTR [002CH],AX
MOV AX,SEG ROUTINTR
MOV WORD PTR [002EH],AX         ;送中断向量
MOV AL,0DH
OUT 03H,AL                      ;使 8255A A 端口输出允许中断
MOV DI,OFFSET BUFF              ;设置地址指针
MOV CX,99                       ;设置计数器初值
MOV AL,[DI]
OUT 00H,AL                      ;输出一个字符
INC DI
MOV AL,00H
OUT 03H,AL                      ;产生选通信号
INC AL
OUT 03H,AL                      ;撤销选通信号
STI                             ;开中断
NEXT:HLT                        ;等待中断
LOOP NEXT                       ;修改计数器的值,指向下一个要输出的字符
```

中断服务子程序如下:

```
ROUTINTR:MOV AL,[DI]
OUT 00H,AL                      ;从 A 端口输出一个字符
MOV AL,00H
OUT 03H,AL                      ;产生选通信号
INC AL
```

```
MOV 03H,AL                          ;撤销选通信号
INC DI                              ;修改地址指针
IRET                                ;中断返回
```

7.2　可编程计数器/定时器 8253

在微机系统尤其是控制系统中，常常需要用到定时和计数功能，如定时中断、定时检测、定时扫描、事件计数等。实现定时控制大致有以下三种方法。

（1）软件定时。就是让计算机执行一段延时程序，通过正确地选择指令和安排循环次数，使程序段执行时占用一定的延时时间。由于软件定时占用了 CPU 的时间，所以降低了 CPU 的利用率。此外，软件定时随机器频率的不同，延时时间也不同，不适用于通用性和准确性要求高的场合。

（2）不可编程硬件定时。采用小规模集成电路器件（如 555），外接定时部件电阻和电容，电路简单，但定时电路硬件连接好后，定时值、定时范围已定，不能用软件改变，不能满足精确度和灵活性的要求。

（3）可编程硬件定时。采用可编程定时器/计数器电路，定时值、定时范围可方便地由软件改变设置，功能强、灵活。

目前，各种微机和微机系统中都是采用可编程定时器/计数器电路来满足定时、计数及延时控制的需要，如 Intel 公司的 8253/8254 可编程定时器/计数器电路。8253 的最高计数频率为 2MHz，8254 为 8MHz。

7.2.1　8253 的内部结构及外部引脚

Intel 8253 具有三个独立的 16 位计数器通道，单一+5V 电源，24 个引脚的双列直插式器件。

一、内部结构

8253 的内部结构框图如图 7.11 所示，它由与 CPU 的接口、内部控制电路和三个计数器组成。

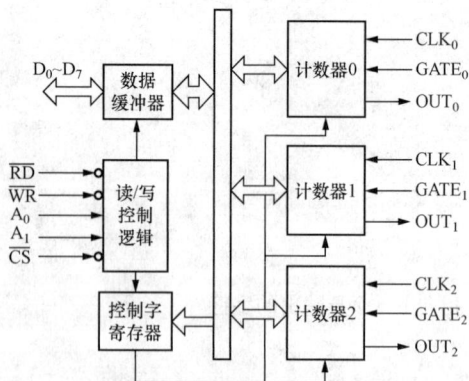

图 7.11　8253 的内部结构框图

1. 数据总线缓冲器

数据总线缓冲器是三态双向 8 位缓冲器，与系统数据总线相连。初始化时 CPU 写入 8253 的控制字、向某一个计数器写入计数值以及 CPU 从某一个计数器读当前的计数值都是通过该缓冲器传送的。

2. 读/写控制逻辑

与 CPU 的低位地址线（A_0、A_1）、片选信号 $\overline{CS}$ 以及有关控制信号（$\overline{RD}$、$\overline{WR}$）连接，选择内部的三个计数器和控制字寄存器，完成对其内部端口的读/写操作。

3. 控制字寄存器

初始化时写入 8253 的控制字，以决定计数器的工作方式。此寄存器只能写入不能读出。

4. 计数器 0、1、2

这是内三个 16 位可预置计数初值的减法计数器，相互间是独立的，但结构和功能是完全相同的。每个计数器内部均有计数初值寄存器、减 1 计数器和输出锁存器。

计数初值寄存器用于存放计数初值，长度为 16 位。计数初值寄存器的初值和减 1 计数器的初值在初始化的同时一起装入，在计数过程中保持不变，当减 1 计数器减 1 至 0 后，自动将计数初值寄存器的值再装入减 1 计数器，重新开始计数。

减 1 计数器用于减 1 操作，长度也为 16 位。每来一个时钟脉冲，它就做减 1 操作，直至将计数值减为零。如果连续进行计数，则可将计数初值寄存器的内容重装到减计数器。

输出锁存器用于存放减 1 计数器的值，以供读出和查询。在计数过程中，输出锁存器随减 1 计数器的变化而变化。为了读出当前计数值，只有将它送到输出寄存器加以锁存才能读出。

二、外部引脚

8255 的外部引脚如图 7.12 所示。

1. 与系统总线的连接信号

$D_0 \sim D_7$：双向数据线。

$\overline{RD}/\overline{WR}$：读/写信号，低电平有效。

$\overline{CS}$：片选信号，低电平有效，由系统的高位地址线经过 I/O 地址译码产生。$\overline{CS}$ 为低电平时，才选中 8253。

A_1 和 A_0：芯片内部端口地址线，与系统的低位地址线连接，用来寻址 8253 内部 4 个寄存器。

8253 的端口操作见表 7.3。

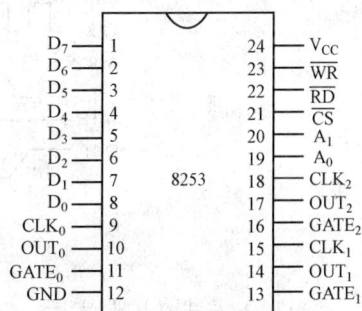

图 7.12　8253 的外部引脚

表 7.3　**8253 的端口操作表**

$\overline{CS}$	$\overline{RD}$	$\overline{WR}$	$A_1 A_0$	功　能
0	1	0	0 0	写计数器 0
0	1	0	0 1	写计数器 1
0	1	0	1 0	写计数器 2
0	1	0	1 1	写控制字寄存器
0	0	1	0 0	读计数器 0
0	0	1	0 1	读计数器 1
0	0	1	1 0	读计数器 2
0	0	1	1 1	无操作
1	×	×	× ×	禁止使用
0	1	1	× ×	无操作

2. 计数器的连接信号

每个通道有三条信号线，如下：

CLK：时钟脉冲输入，计数器对它计数。每输入一个时钟脉冲，计数值减 1。

GATE：门控信号输入，高电平允许计数，低电平通常是禁止计数器工作。

OUT：输出信号，当计数到 "0" 时，输出一个信号，表示定时或计数已到。这个信号可作为外部定时或计数控制信号接到 I/O 设备，用于启动某种操作；也可作为 CPU 的查询信号或中断请求信号。

7.2.2 计数器的工作方式

8255 的 3 个计数器都有的工作方式，其主要区别在于输出波形不同、启动计数器的触发方式不同和计数过程中门控信号 GATE 对计数操作的影响不同。

一、方式 0——计数结束产生中断

该方式当计数值减至零时，OUT 信号由低变高，可作为 CPU 的中断请求信号。方式 0 的波形如图 7.13 所示。

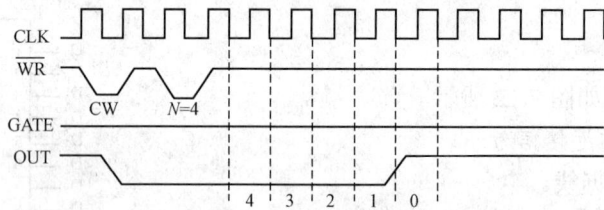

图 7.13　方式 0 波形

当写入方式 0 控制字后，OUT 信号变为低电平，此时门控信号 GATE 为高电平，写入计数初值后，再经过一个时钟脉冲的下降沿，计数初值被送入相应计数器的减 1 计数器，开始计数。这期间 OUT 输出一直是低电平，直至计数结束，OUT 输出高电平，OUT 由低到高的信号正好符合中断请求信号的要求。

方式 0 的主要特点：

（1）计数器只计一遍，当计数到 0 时，不重新开始计数保持为高，直到输入一新的计数值，OUT 才变低，开始新的计数。

（2）计数值是在写计数值命令后经过一个输入脉冲才装入计数器的，下一个脉冲开始计数，因此，如果设置计数器初值为 N，则输出 OUT 在 $N+1$ 个脉冲后才能变高。

（3）在计数过程中，可由 GATE 信号控制暂停。当 GATE=0 时，暂停计数；当 GATE=1 时，继续计数。

（4）在计数过程中可以改变计数值，且这种改变是立即有效的，分成两种情况：若是 8 位计数，则写入新值后的下一个脉冲按新值计数；若是 16 位计数，则在写入第一个字节后，停止计数，写入第二个字节后的下一个脉冲按新值计数。

二、方式 1——可编程单稳态电路

该方式由外部门控脉冲启动计数，OUT 输出一个负脉冲，相当于一个可编程的单稳态电路。方式 1 的波形如图 7.14 所示。

当写入方式 1 控制字后，OUT 信号变为高电平，写入计数初值并不开始计数，再经过一个时钟脉冲的下降沿，直至门控信号 GATE 有触发（上升沿）之后的下一个 CLK 脉冲的下降沿 OUT 输出低电平开始减 1 计数。这期间 OUT 输出一直是低电平，直至计数结束，OUT 输出高电平。

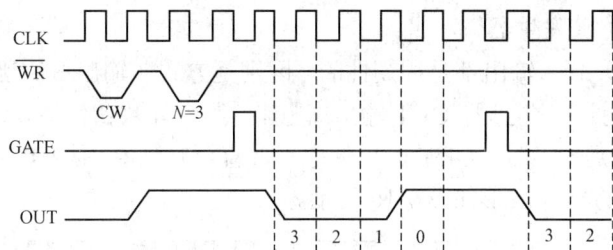

图 7.14　方式 1 的波形

如果再来一次 GATE 触发信号，则又自动重新装入计数初值，开始减 1 计数，再产生一个负脉冲。

方式 1 的主要特点：

（1）若计数初值为 N，则 OUT 输出宽度为 N 个 CLK 脉冲宽度的单脉冲。

（2）输出受门控信号 GATE 的控制，分以下三种情况：

1）计数到 0 后，再来 GATE 脉冲，则重新开始计数，OUT 变低。

2）在计数过程中来 GATE 脉冲，则从下一个 CLK 脉冲开始重新计数，OUT 保持为低。

3）改变计数值后，只有当 GATE 脉冲启动后，才按新值计数，否则原计数过程不受影响，仍继续进行，即新值的改变是从下一个 GATE 开始的。

（3）计数值是多次有效的，每来一个 GATE 脉冲，就自动装入计数值开始从头计数，因此在初始化时，计数值写入一次即可。

三、方式 2——频率发生器

该方式也称 n 分频方式，CPU 写入方式 2 控制字之后，OUT 输出高电平。写入计数初值后，计数器开始对输入时钟 CLK 减 1 计数，直至减到 1 时，OUT 输出低电平，经过一个 CLK 周期，OUT 输出恢复为高电平，而且计数器开始新的计数。方式 2 的波形如图 7.15 所示。

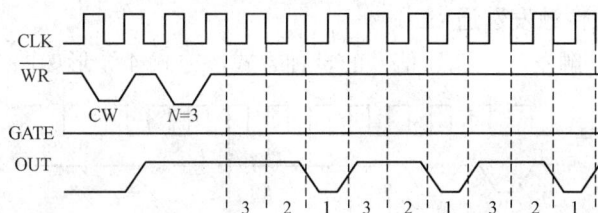

图 7.15　方式 2 波形

方式 2 的主要特点：

（1）自动重新装入计数初值。每当减 1 计数到 0 时，计数器能自动重新装入计数初值，开始下一轮计数。即通道可以连续工作。

（2）OUT 连续输出固定频率的负脉冲。频率=CLK 频率/计数初值。

（3）GATE 可以控制计数过程，当 GATE 为低时暂停计数，恢复为高后重新从初值开始。（注意：该方式与方式 0 不同，方式 0 是继续计数）

（4）重新设置新的计数值即在计数过程中改变计数值，则新的计数值是下次有效，同方式 1。

四、方式3——方波发生器

该方式和方式2一样，输出都是周期性的，区别是方式3输出占空比基本为1:1的方波。

CPU写入方式3控制字之后，OUT输出高电平。写入计数初值后，计数器开始对输入时钟减1计数，当计数到一半时，OUT输出低电平，直至减到0时，OUT输出高电平，计数器又开始新的计数。方式3波形如图7.16所示。

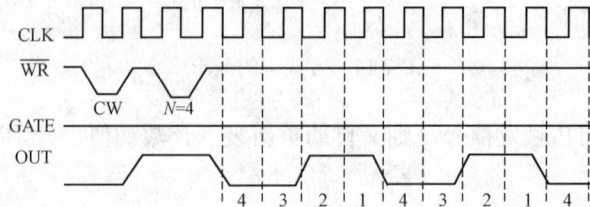

图 7.16　方式3波形

方式3的主要特点：

（1）通道可以连续工作，OUT输出固定频率的方波。频率=CLK频率/计数初值。

（2）关于计数值的奇偶，若为偶数，则输出标准方波，高低电平各为 $N/2$ 个；若为奇数，则在装入计数值后的下一个CLK使其装入，然后减1计数，$(N+1)/2$，OUT改变状态，再减至0，OUT又改变状态，重新装入计数值循环此过程，因此，在这种情况下，输出有 $(N+1)/2$ 个CLK个高电平，$(N-1)/2$ 个CLK个低电平。

（3）GATE信号能使计数过程重新开始，当GATE=0时，停止计数，当GATE变高后，计数器重新装入初值开始计数，尤其是当GATE=0时，此时若OUT为低，则立即变高，其他动作同上。

（4）在计数期间改变计数值不影响现行的计数过程，一般情况下，新的计数值是在现行半周结束后才装入计数器。但若中间遇到有GATE脉冲，则在此脉冲后即装入新值开始计数。

五、方式4——软件触发选通

该方式是利用软件触发产生选通信号的一种方式，方式4波形如图7.17所示。

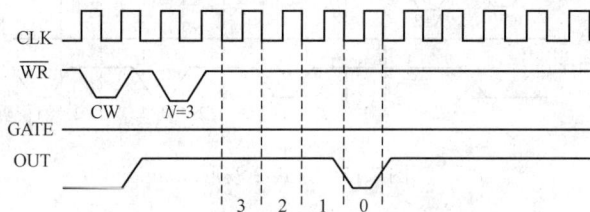

图 7.17　方式4波形

CPU写入方式4控制字之后，输出高电平。写入计数初值后的下一个时钟脉冲的下降沿，计数初值被送入相应计数器的减1计数器，开始计数。这期间OUT输出一直是高电平，直至计数到0后，OUT输出变低，经过一个CLK时钟后，OUT输出又变高，计数器停止工作，从而产生了一个时钟宽度的负脉冲选通，常用此负脉冲作为选通信号，所以又称为软件选通方式。

方式4的主要特点：

（1）GATE=0时，停止计数，GATE=1时，重新开始计数。

（2）在计数过程中重新装入新的计数值，则该值是立即有效的（若为 16 位计数值，则装入第一个字节时停止计数，装入第二个字节后开始按新值计数）。

六、方式 5——硬件触发选通

该方式是利用外部 GATE 信号触发产生选通信号的一种方式，方式 5 波形如图 7.18 所示。

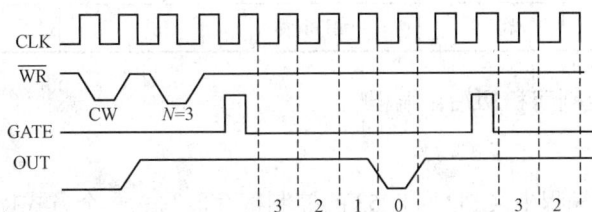

图 7.18　方式 5 波形

CPU 写入方式 5 控制字之后，OUT 输出高电平。写入计数初值后计数器并不立即开始计数，而是由 GATE 的上升沿启动计数，直至计数到 0 后，OUT 输出变低，经过一个 CLK 时钟后，OUT 输出又变高，计数器停止工作，从而产生了一个时钟宽度的负脉冲选通信号。

方式 5 的主要特点：

（1）若在计数过程中又来一个 GATE 脉冲，则重新装入初值开始计数，输出不变，即计数值多次有效。

（2）计数过程中改变计数初值，只要没有 GATE 触发，则不影响计数过程；若有 GATE 触发，则立即按新的计数初值重新开始计数。

七、工作方式小结

（1）方式 2、4、5 的输出波形是相同的，都是宽度为一个 CLK 周期的负脉冲，但方式 2 连续工作，方式 4 由软件触发启动，方式 5 由硬件触发启动。

（2）方式 5 与方式 1 工作过程相同，但输出波形不同，方式 1 输出的是宽度为 N 个 CLK 脉冲的低电平有效的脉冲（计数过程中输出为低），而方式 5 输出的为宽度为一个 CLK 脉冲的负脉冲（计数过程中输出为高）。

（3）输出端 OUT 的初始状态，方式 0 在写入方式字后输出为低，其余方式，写入控制字后，输出均变为高。

（4）任一种方式，均是在写入计数初值之后才能开始计数，方式 0、2、3、4 都是在写入计数初值之后开始计数的，而方式 1 和方式 5 需要外部触发启动才开始计数。

（5）6 种工作方式中，只有方式 2 和方式 3 是连续计数，其他方式都是一次计数，要继续工作需要重新启动，方式 0、4 由软件启动，方式 1、5 由硬件启动。

（6）计数到 0 后计数器的状态，方式 0、1、4、5 继续倒计数，变为 FF、FE、…，而方式 2、3 则自动装入计数初值继续计数。

（7）门控信号的作用。门控 GATE 信号的作用见表 7.4。

表 7.4　　　　　　　　　　　门控 GATE 信号的作用

	方式 0	方式 1	方式 2	方式 3	方式 4	方式 5
0	禁止计数	无影响	禁止计数	禁止计数	禁止计数	无影响

	方式 0	方式 1	方式 2	方式 3	方式 4	方式 5
下降沿	暂停计数	无影响	停止计数	停止计数	停止计数	无影响
上升沿	继续计数	启动计数	重装、启动计数	启动计数	无影响	启动计数
1	允许计数	无影响	允许计数	允许计数	允许计数	无影响

7.2.3 8253 的控制字和初始化编程

一、8253 控制字

在 8253 的初始化编程中，CPU 向 8253 的控制寄存器写入一个方式控制字，它规定了 8253 各计数器的工作方式，其格式如图 7.19 所示。

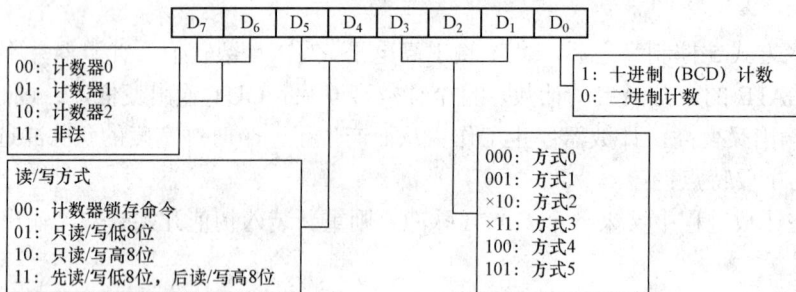

图 7.19 8253 的方式控制字

1. 计数器选择

D_7、D_6（SC1、SC0）：计数器选择位，由于三个计数器的三个控制字都送同一个地址（控制寄存器地址），所以用 SC_1、SC_0 两位来分别选择不同的计数器，这两位都为 1 是非法的。其余 6 位为所选中计数器的方式字。

2. 读/写方式选择

D_5、D_4（（RL_1、RL_0）：CPU 在写计数初值和读当前计数值时，是写入 16 位还是 8 位数据，有三种不同的方式，即只读/写低 8 位（RL1RL0=01）、只读/写高 8 位（RL1RL0=10）、读/写 16 位计数值（RL1RL0=11），在读/写 16 位计数值时，必须先读/写低 8 位，后读/写高 8 位。

RL1RL0=00 表示锁存当前计数值，CPU 可以查看当前计数器的计数情况，而不影响计数器正常工作。

3. 工作方式选择

$D_3 \sim D_1$（$M_2 \sim M_0$）：选择计数器的 6 种工作方式。

4. 计数进制选择

D_0（BCD）：二进制计数和 BCD 计数两种不同计数进制的选择。

BCD=0 时，为二进制计数，写入的初值范围为 0000H～FFFFH，其中 0000H 最大代表 65536。

BCD=1 时，为 BCD 计数，写入的初值范围为 0000H～9999H，其中 0000H 最大代表 10000。

二、8253 的编程

8253 初始化编程分两步：一是写入每个计数器通道的方式控制字，写入无顺序；二是写入每个计数通道的计数初值。

1. 8253 方式控制字送控制寄存器地址（A1A0=11）

D_7、D_6：确定是哪个通道的控制字。

D_5、D_4：确定数据读写格式。

$D_3 \sim D_1$：确定工作方式。

D_0：确定计数数制。

2. 计数初值送各计数器对应的端口地址

二进制计数：0000H～FFFFH。

BCD 码计数：0000H～9999H。

写入计数初值，格式由控制字中的 D_5、D_4 确定。其中只写低 8 位，则高 8 位自动置 0；只写高 8 位，则低 8 位自动置 0；16 位初值分两次送，先送低 8 位，后送高 8 位。

【例 7.6】　计数器 0 工作于方式 1，BCD 计数，计数值为 5000，8253 端口地址为 60H～63H。

（1）确定通道控制字。00110011=33H（计数器 0，先低后高，方式 1，BCD 计数）。

（2）确定计数值低 8 位为 00H，高 8 位为 50H。

```
MOV AL,33H
OUT 63H,AL
MOV AL,00H
OUT 60H,AL
MOV AL,50H
OUT 60H,AL
```

【例 7.7】　要求同例 7.5。

（1）确定通道控制字。00100011=23H（计数器 0，只写高 8 位，方式 1，BCD 计数）。

（2）确定计数值高 8 位为 50H，低 8 位自动置 0。

```
MOV AL,23H
OUT 63H,AL
MOV AL,50H
OUT 60H,AL
```

【例 7.8】　计数器 0 工作于方式 1，二进制计数，计数值为 5000（1388H），8253 端口地址为 60H～63H。

（1）确定通道控制字。00110010=32H（计数器 0，先低后高，方式 1，二进制计数）。

（2）确定计数值低 8 位为 88H，高 8 位为 13H。

```
MOV AL,32H
OUT 63H,AL
MOV AL,88H
OUT 60H,AL
MOV AL,13H
OUT 60H,AL
```

CPU 可用输入指令读取任一个计数器通道的当前计数值，读计数值有两种方法：

（1）计数器停止计数（如 GATE 变低），进行读操作。

（2）计数过程中读，送一个控制字 RL1RL0=00，将计数器的计数值锁存，然后分两次读。

【例 7.9】 设在 8086 系统中，8253 的端口地址为 60H～63H，试写出程序段，读取计数器 2 的当前计数值，存入 BX 寄存器中。

```
MOV AL,84H
OUT 63H,AL
IN AL,62H
MOV BL,AL
IN AL,62H
MOV BH,AL
```

7.2.4 8253 的应用示例

【例 7.10】 已知 8253 的地址为 60H～63H，时钟频率为 1MHz，要求计数器 0 的输出频率为 4KHz 的方波，计数器 1 产生脉冲宽度为 500μs 的单脉冲，计数器 2 每隔 2ms 产生一个负脉冲。

分析：

（1）计数器 0。

1）选择方式 3：方波发生器。

2）确定通道控制字：00110111=37H（16 位读写，方式 3，BCD 计数）。

3）初值：1MHz/4kHz=250。

（2）计数器 1。

1）选择方式 1：可编程单稳态电路。

2）确定通道控制字：01100011=63H（只写高 8 位，方式 1，BCD 计数）。

3）初值：500μs/1μs=500。

（3）计数器 2

1）选择方式 2：频率发生器。

2）确定通道控制字：00110100=34H（16 位读写，方式 2，二进制计数）。

3）初值：2ms/1μs =2000。

参考程序如下：

```
MOV AL,37H
OUT 63H,AL      ;送计数器 0 方式控制字
MOV AL,50H
OUT 60H,AL      ;送低 8 位
MOV AL,02H
OUT 60H,AL      ;送高 8 位
MOV AL,63H
OUT 63H,AL      ;送计数器 1 方式控制字
MOV AL,05H
OUT 61H,AL      ;只送高 8 位,低 8 位自动置 0
MOV AL,34H
OUT 63H,AL      ;送计数器 2 方式控制字
MOV AX,4000
OUT 62H,AL      ;送低 8 位
MOV AL,AH
MOV AL,02H
OUT 62H,AL      ;送高 8 位
```

【例 7.11】　如图 7.20 所示。已知 8253 的地址为 60H～63H，时钟频率为 1MHz，若使计数器 1 的 OUT1 产生周期为 1s 的方波，应如何实现？

分析：

要产生周期为 1s 的方波，则初值为（1s）/0.5μs=$2×10^6$，而一个 16 位的计数器最大初值为 65536，最大定时时间为 65.536ms，采用单个计数器不能满足需求，所以需要 2 个计数器级联的方式来实现，如图 7.20 所示。

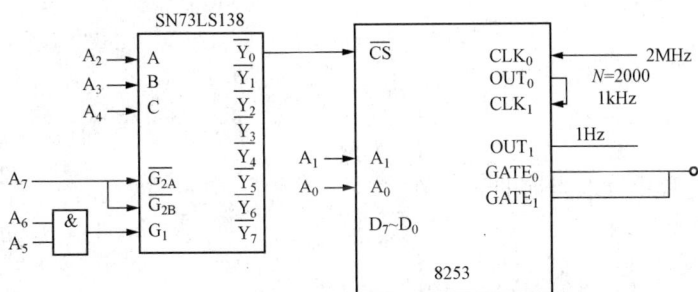

图 7.20　8253 的应用

确定计数器 0、计数器 1 的初值、通道控制字。

（1）计数器 0，OUT_0 接 CLK_1，方式 2（频率发生器），初值取 2000。

输出信号频率为 2MHz/2000=1kHz（周期为 1ms）。

通道控制字为 00100101B=25H

（2）计数器 1，方式 3（方波发生器）。

初值=1kHz/1Hz=1000。

通道控制字为 01100111B=67H。

参考程序如下：

```
MOV AL,25H
OUT 63H,AL        ;送计数器 0 控制字
MOV AL,20H
OUT 60H,AL        ;送计数器 0 初值（高 8 位）
MOV AL,67H
OUT 63H,AL        ;送计数器 1 控制字
MOV AL,10H
OUT 61H,AL        ;送计数器 1 初值（高 8 位）
```

【例 7.12】　统计某工厂自动化流水线上产品的个数，电路如图 7.21 所示。要求：（1）计满 300 个产品后向 CPU 发出中断请求；（2）在统计过程中，可以随时得知当前产品的个数。8253 的端口地址为 40H～43H。

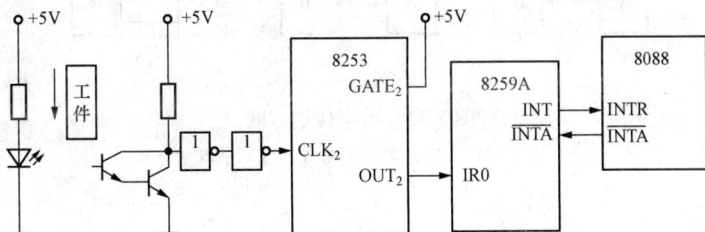

图 7.21　产品个数统计电路

分析：

（1）采用计数器 2，工作于方式 0，确定通道控制字。

10110001=B1H（计数器 2，16 位读写，方式 0，BCD 计数）。

计数初值=299，计满 300 个后 OUT$_2$ 变高。

参考程序如下：

```
MOV AL,0B1H
OUT 43H,AL
MOV AL,99H
OUT 42H,AL
MOV AL,02H
OUT 42H,AL
```

（2）在计数过程中读取当前的计数值。

```
MOV AL,81H
OUT 43H,AL
IN AL,42H
MOV AH,AL
IN AL,42H
XCHG AH,AL
```

7.3 可编程串行接口芯片 8251A

7.3.1 串行通信的基本概念

在串行通信方式中，数据是在单条 1 位宽的传输线上一位接一位地顺序传送。这样一个字节的数据要分 8 次由低位到高位按顺序逐位传送。所以串行通信具有以下特点：

（1）节省传输线，这是显而易见的。尤其是在远程通信时，此特点尤为重要。这也是串行通信的主要优点。

（2）数据传送效率低。与并行通信相比，是显而易见的。这也是串行通信的主要缺点。

例如：传送一个字节，并行通信只需要 $1T$ 的时间，而串行通信至少需要 $8T$ 的时间。

由此可见，串行通信适合于远距离传送，可以从几米到数千公里。对于长距离、低速率的通信，串行通信往往是唯一的选择。

一、数据的传送方式

根据数据传送方向的不同有以下三种方式，如图 7.22 所示。

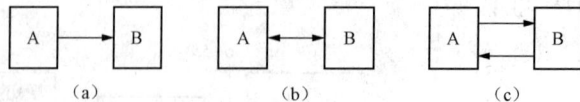

图 7.22 数据传送方式

(a) 单工方式；(b) 半双工方式；(c) 全双工方式

1. 单工方式

只允许数据按照一个固定的方向传送，即一方只能作为发送站，另一方只能作为接收站。

2. 半双工方式

数据能从 A 站传送到 B 站，也能从 B 站传送到 A 站，但是不能同时在两个方向上传送，每次只能由一个站发送，另一个站接收。通信双方可以轮流地进行发送和接收。

3. 全双工方式

允许通信双方同时进行发送和接收。这时，A 站在发送的同时也可以接收，B 站也相同。全双工方式相当于把两个方向相反的单工方式组合在一起，因此它需要两条传输线。

提示

在计算机串行通信中主要使用半双工和全双工方式。

二、数据传输率

数据的传输率是指单位时间内传送二进制数据的位数，单位为 bit/s（位/秒）。在计算机通信中，传输率也常称为波特率，单位为波特。波特率一般为 110、300、1200、2400、4800、9600、19200bit/s 等。通常 CRT 终端能处理从 110～9600 范围中的任何一种波特率传输，而打印机终端速度较慢，需要较低的波特率工作。

例如，数据传输速率是 240 字符/s，每个字符格式规定含有 10 位二进制数据，则传送的波特率为 10×240=2400bit/s=2400 波特。

三、串行通信的方式

串行通信分为异步通信（asynch ron ous communi cation，ASYNC）和同步通信（syn chronous communication，SYNC）两种方式。

1. 异步通信及其协议

异步通信是指通信中两个字符之间的时间间隔是不固定的，而在一个字符内各位的时间间隔是固定的。异步通信规定字符由起始位（start bit）、数据位（data bit）、奇偶校验位（parity）和停止位（stop bit）组成。起始位表示一个字符的开始，接收方可以用起始位使自己的接收时钟与数据同步。停止位则表示一个字符的结束。这种用起始位开始，停止位结束所构成的一串信息称为一帧（frame）。

异步通信在传送一个字符时，由一位低电平的起始位开始，接着传送数据位，数据位的位数为 5～8。在传送时，按低位在前，高位在后的顺序传送。奇偶校验位用于检验数据传送的正确性，也可以没有，可由程序来指定。最后传送的是高电平的停止位，停止位可以是 1、1.5 位或 2 位，两个字符之间的空闲位要由高电平 1 来填充。

2. 同步串行通信及其规程

同步串行通信是指在约定的数据通信速率下，发送方和接收方的时钟信号频率和相位始终保持一致（同步），这就保证了通信双方在发送数据和接收数据时具有完全一致的定时关系。在有效数据传送之前首先发送一串特殊的字符进行标识或联络，这串字符称为同步字符或标识符。在传送过程中，发送端和接收端的每一位数据均保持同步。

四、RS-232C 总线

RS-232C 是一种串行通信总线标准，是数据终端设备（DTE）和数据通信设备（DCE）之间的接口标准，它是美国电子工业协会（EIA）推荐为国际通用的一种串行通信总线标准。不同厂家所生产的设备，只要它们都具备 RS-232C 标准总线，不需要任何转换电路，就可以互相插接起来。这个标准仅保证硬件兼容而没有软件兼容。通常两台计算机的近距离通信

（15m 以内）可以通过 RS-223C 总线直接相连实现。

1. RS-232C 信号定义

RS-232C 是一个 25 芯的 D 型连接器，如图 7.23（a）所示；9 芯 D 型连接器，如图 7.23（b），目前在普通微机中常见的为 9 芯 D 型连接器。RS-232C D 型连接器的引脚见表 7.5。

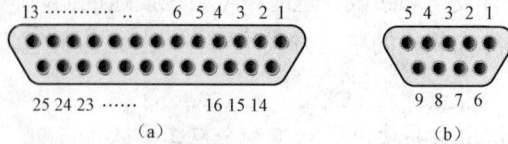

图 7.23　RS-232C D 型连接器

（a）D 型 25 芯连接器；（b）D 型 9 芯连接器

表 7.5　　　　　　　　　　　　　　RS-232C D 型连接器引脚功能

25 脚引脚号（9 脚）	符号	方向	功　　能
2（3）	TXD	输出	发送数据
3（2）	RXD	输入	接收数据
4（7）	RTS	输出	请求发送
5（8）	CTS	输入	允许发送
6（6）	DSR	输入	数据通信设备准备好
7（5）	GND	输入	信号地
8（1）	DCD	输入	数据载波检测
20（4）	DTR	输出	数据终端准备好
22（9）	RI	输入	振铃提示

串行通信信号引脚分为两类：一类为基本的数据传送信号引脚；另一类为用于 MODEM 控制的信号引脚。

（1）基本的数据传送信号引脚。

TXD：发送数据线，输出。数据由该引脚发出，送上通信线。

RXD：接收数据线，输入。接收数据到计算机或终端。

GND：接地。

（2）用于 MODEM 控制的信号引脚。从计算机到 MODEM。

DTR：数据终端就绪，输出。计算机收到 RI 信号以后，就发出 DTR 信号到 MODEM 作为回答，以控制其转换设备，建立通信链路。

RTS：请求发送，输出。计算机通过此引脚通知 MODEM，要求发送数据。从 MODEM 到计算机。

CTS：允许发送，输入。发出 CTS 作为对 RTS 的回答，计算机才可以发送数据。

DSR：数据装置就绪（即 MODEM 准备好），输入。表示调制解调器可以使用，该信号有时直接接到电源上，这样当设备连通时即有效。

DCD：载波检测（接收线信号测定器），输入。表示 MODEM 已与电话线路连接好。

如果通信线路是交换电话的一部分，则至少还需如下两个信号：

RI：振铃指示，输入。MODEM 若接到交换台送来的振铃呼叫信号，就发出该信号来通知计算机或终端。

2．两台计算机的连接方法

在实际使用中，若进行近距离通信，即不通过电话线进行远程通信，如图 7.24 所示，只需要连接 3 根基本的数据传送信号线就可以了，其他和 MODEM 有关的线可以不连接。

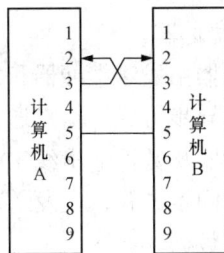

图 7.24　近距离通信的 RS232 接口连线

7.3.2　8251A 的内部结构与外部引脚

8251A 是一个通用串行输入/输出接口，可用来将 86 系列 CPU 以同步或异步方式与外部设备进行串行通信。它能将主机以并行方式输入的 8 位数据变换成逐位输出的串行信号；也能将串行输入数据变换成并行数据传送给处理机。由于由接口芯片硬件完成串行通信的基本过程，从而大大减轻了 CPU 的负担，被广泛应用于长距离通信系统及计算机网络。

一、8251A 的基本特征

（1）两种工作方式：同步方式，异步方式。同步方式下，波特率为 64k bit/s，异步方式下，波特率为 0～19.2k bit/s。

（2）同步方式下的格式。每个字符可以用 5、6、7 或 8 位来表示，并且内部能自动检测同步字符，从而实现同步。除此之外，8251A 也允许同步方式下增加奇/偶校验位进行校验。

（3）异步方式下的格式。每个字符也可以用 5、6、7 或 8 位来表示，时钟频率为传输速率的 1、16 或 64 倍，用 1 位作为奇/偶校验。1 个启动位，并能根据编程为每个数据增加 1、1.5 个或 2 个停止位。可以检查假启动位，自动检测和处理终止字符。

（4）全双工工作方式。其内部提供具有双缓冲器的发送器和接收器。

（5）提供出错检测。具有奇偶、溢出和帧错误三种校验电路。

二、8251A 的内部结构

8251A 的内部结构如图 7.25 所示，由发送器、接收器、数据总线缓冲器、读/写控制逻辑电路及调制/解调控制电路等五部分组成，它们之间由内部数据总线实现相互之间的通信。

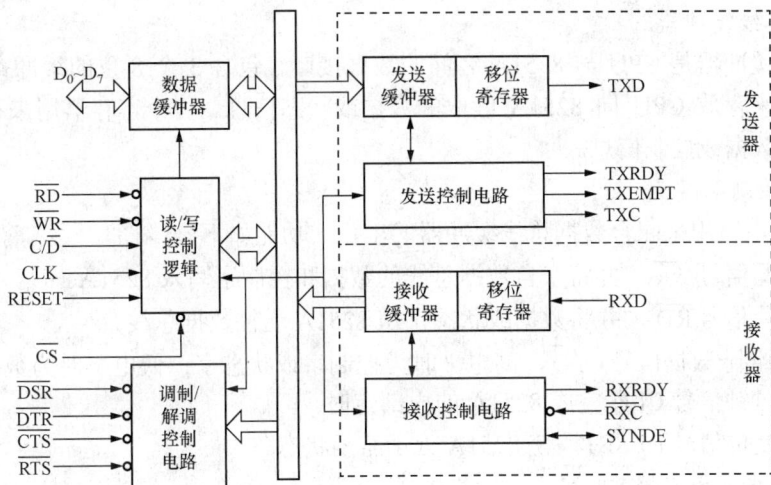

图 7.25　8251A 内部结构

1. 发送器

发送器由发送缓冲器和发送控制电路两部分组成。

采用异步方式，由发送控制电路在其首尾加上起始位和停止位，然后从起始位开始，经移位寄存器从数据输出线 TXD 逐位串行输出。

采用同步方式，在发送数据之前，发送器将自动送出 1 个或 2 个同步字符，然后才逐位串行输出数据。

如果 CPU 与 8251A 之间采用中断方式交换信息，那么 TXRDY 可作为向 CPU 发出的中断请求信号。当发送器中的 8 位数据串行发送完毕，由发送控制电路向 CPU 发出 TXEMPT 有效信号，表示发送器中移位寄存器已空。

2. 接收器

接收器由接收缓冲器和接收控制电路两部分组成。接收移位寄存器从 RXD 引腿上接收串行数据转换成并行数据后存入接收缓冲器。

异步方式：在 RXD 线上检测低电平，将检测到的低电平作为起始位，8251A 开始进行采样，完成字符装配，并进行奇偶校验和去掉停止位，变成了并行数据后，送到数据输入寄存器，同时发出 RXRDY 信号送 CPU，表示已经收到一个可用的数据。

同步方式：首先搜索同步字符。8251A 监测 RXD 线，每当 RXD 线上出现一个数据位时，接收下来并送入移位寄存器移位，与同步字符寄存器的内容进行比较，如果两者不相等，则接收下一位数据，并且重复上述比较过程。当两个寄存器的内容比较相等时，8251A 的 SYNDET 升为高电平，表示同步字符已经找到，同步已经实现。

采用双同步方式，就要在测得输入移位寄存器的内容与第一个同步字符寄存器的内容相同后，再继续检测此后输入移位寄存器的内容是否与第二个同步字符寄存器的内容相同。如果相同，则认为同步已经实现。

在外同步情况下，同步输入端 SYNDET 加一个高电位来实现同步。

实现同步之后，接收器和发送器间就开始进行数据的同步传输。这时，接收器利用时钟信号对 RXD 线进行采样，并把收到的数据位送到移位寄存器中。在 RXRDY 引脚上发出一个信号，表示收到了一个字符。

3. 数据总线缓冲器

数据总线缓冲器是 CPU 与 8251A 之间的数据接口。包含 3 个 8 位的缓冲寄存器：两个寄存器分别用来存放 CPU 向 8251A 读取的数据或状态信息。一个寄存器用来存放 CPU 向 8251A 写入的数据或控制信息。

4. 读/写控制电路

读/写控制电路用来配合数据总线缓冲器的工作。功能如下：

（1）接收写信号 $\overline{\text{WR}}$，并将来自数据总线的数据和控制字写入 8251A。

（2）接收读信号 $\overline{\text{RD}}$，并将数据或状态字从 8251A 送往数据总线。

（3）接收控制/数据信号 C/$\overline{\text{D}}$，高电平时为控制字或状态字；低电平时为数据。

（4）接收时钟信号 CLK 完成 8251A 的内部定时。

（5）接收复位信号 RESET，使 8251A 处于空闲状态。

5. 调制解调控制电路

调制解调控制电路用来简化 8251A 和调制解调器的连接。

三、8251A 的引脚及其功能

1. 8251A 和 CPU 之间的连接信号

（1）片选信号。

$\overline{CS}$：片选信号，它由 CPU 的地址信号通过译码后得到。

（2）数据信号。

$D_0 \sim D_7$：8 位，三态，双向数据线，与系统的数据总线相连。传输 CPU 对 8251A 的编程命令字和 8251A 送往 CPU 的状态信息及数据。

（3）读/写控制信号。

$\overline{RD}$：读信号，低电平时，CPU 当前正在从 8251A 读取数据或者状态信息。

$\overline{WR}$：写信号，低电乎时，CPU 当前正在往 8251A 写入数据或者控制信息。

$C/\overline{D}$：控制/数据端口选择。$C/\overline{D}=1$，表示当前选择了控制端口；$C/\overline{D}=0$，表示当前选择了数据端口。

由此可知，$\overline{RD}$、$\overline{WR}$、$C/\overline{D}$ 这 3 个信号的组合，决定了 8251A 的具体操作，它们的关系见表 7.6。

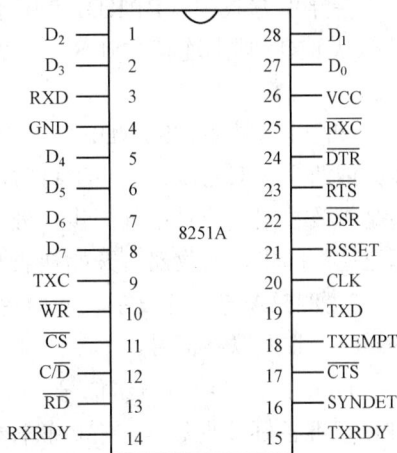

图 7.26　8251A 的外部引脚

表 7.6　　　　　　　　　　　8251A 读/写操作方式

$\overline{CS}$	$C/\overline{D}$	$\overline{RD}$	$\overline{WR}$	功　　能
0	0	0	1	读 8251A 数据→CPU
0	1	0	1	读 8251A 状态→CPU
0	0	1	0	写数据 CPU→8251A
0	1	1	0	写控制字 CPU→8251A
0	×	1	1	8251A 数据总线浮空
1	×	×	×	8251A 未被选中，数据总线浮空

注意

数据输入端口和数据输出端口合用同一个偶地址，而状态端口和控制端口合用同一个奇地址。

（4）收发联络信号。

TXRDY：发送器准备好信号，用来通知 CPU，8251A 已准备好发送一个字符。

TXEMPT：发送器空信号，TXEMPT 为高电平时有效，用来表示此时 8251A 发送器中并行到串行转换器空，说明一个发送动作已完成。

RXRDY：接收器准备好信号，用来表示当前 8251A 已经从外部设备或调制解调器接收到一个字符，等待 CPU 来取走。因此，在中断方式时，RXRDY 可用来作为中断请求信号；在查询方式时，RXRDY 可用来作为查询信号。

SYNDET/BRKDET：双功能检测信号，高电平有效。

在异步方式中，BRKDET 用于检测线路是处于工作状态还是断缺状态。若在起始位后，从 RXD 端上连续收到 8 个 "0" 信号，则 BRKSET 变成高电平，表示当前处于数据断状态。

在同步方式中，SYNDET 是同时检测端。若采用内同步，当 RXD 端上收到一个（单同步）或两个（双同步）同步字符时，SYNDET 输出高电平，表示已达到同步，后续接收到的便是有效数据。若采用外同步，外同步字符从 SYNDET 端输入，当 SYNDET 输入有效，表示已达到同步，接收器可开始接收有效数据。

2. 8251A 与外部设备之间的连接信号

（1）收发联络信号。

$\overline{DTR}$：数据终端就绪信号，（向调制/解调器）输出信号，低电平有效。DTR 有效，表示 CPU 已准备好接收数据，它可软件定义。控制字中 DTR 位=1 时，输出 DTR 为有效信号。

$\overline{DSR}$：数据装置就绪信号。（从调制/解调器）输入，低电平有效。 DSR 有效，表示调制/解调器或外部设备向 CPU 传送数据已就绪， CPU 可以利用 IN 指令读入 8251A 状态寄存器，检测 DSR 位状态，当 DSR=1 时，表示 DSR 有效。DTR 与 DSR 为数据接收的一对联络信号。

$\overline{RTS}$：请求发送信号。（向调制/解调器）输出，低电平有效。RTS 有效，表示 CPU 发送数据已就绪，可由软件定义。控制字中 RTS 位=1 时，输出 RTS 有效信号。

$\overline{CTS}$：清除发送信号（表示调制/解调器处于发送就绪）。（由调制/解调器）输入，低电平有效。CTS 有效，表示调制/解调器已做好接收来自 CPU 数据的准备。只要控制字中位 TxEN=1，CTS 有效时，8251A 发送器才可串行发送数据。它实际上是对 RTS 的回答信号。如果在数据发送过程中使 CTS 无效或 TxEN=0，发送器将正在发送的字符结束时停止继续发送。

注意

实际使用时，这 4 个信号中通常只有 $\overline{CTS}$ 必须为低电平，其他 3 个信号可以悬空。

（2）数据信号。

TXD：发送器数据输出信号。当 CPU 送往 8251A 的并行数据被转变为串行数据后，通过 TXD 送往外设。

RXD：接收器数据输入信号。用来接收外设送来的串行数据，数据进入 8251A 后被转变为并行方式。

（3）时钟、电源和地。

8251A 除了与 CPU 及外设的连接信号外，还有电源端、地端和 3 个时钟端。

CLK：时钟输入，用来产生 8251A 器件的内部时序。

提示

同步方式下，大于接收数据或发送数据波特率的 30 倍；异步方式下，要大于数据波特率的 4.5 倍。

TXC：发送器时钟输入，用来控制发送字符的速度。

提示

同步方式下，TXC 的频率等于字符传输的波特率；异步方式下，TXC 的频率可以为字符传输波特率的 1、16 倍或者 64 倍

$\overline{\text{RXC}}$：接收器时钟输入，用来控制接收字符的速度，和 TXC 一样。在实际使用时，$\overline{\text{RXC}}$ 和 TXC 往往连在一起，由同一个外部时钟提供，CLK 则由另一个频率较高的外部时钟提供。

VCC：电源输入。

GND：地。

7.3.3　8251A 的控制字和初始化编程

8251A 内部的寄存器很多，其中可以进行编程的寄存器有：一个工作方式寄存器、一个控制命令寄存器、一个状态寄存器和两个同步字符寄存器。向工作方式寄存器写入内容可以决定 8251A 采用同步还是异步工作模式，还决定了接收和发送字符的格式，比如字符采用几位表示，采用什么方式校验等。改变控制命令寄存器的内容可以设置控制 8251A 工作的各种命令。状态寄存器提供 8251A 在工作过程中的状态信息，如数据终端是否已经准备好。同步字符寄存器用来存放同步方式中所用的同步字符，这个同步字符是可以由用户设定的。

一、8251A 的控制字

8251A 是通过各种控制字来确定其工作方式、传输速率、字符格式和停止位长度等，即对 8251A 初始化。8251A 有三个控制字，分别为方式选择控制字、操作命令控制字和状态字。

1. 方式选择控制字

8251A 的方式选择控制字如图 7.27 所示。

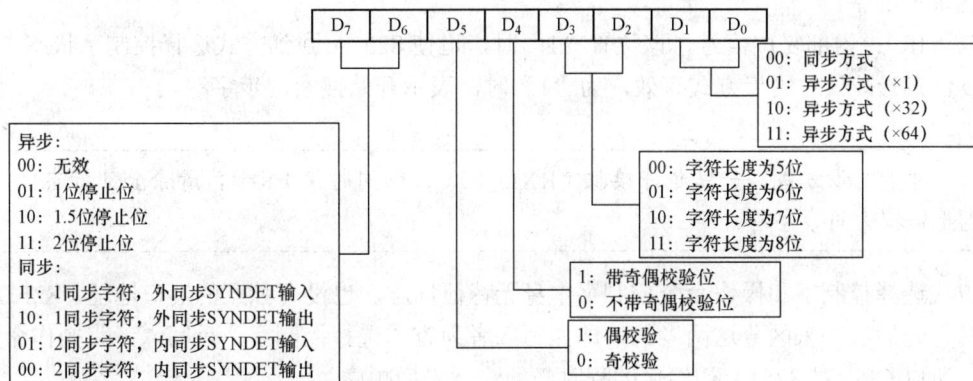

图 7.27　8251A 的方式选择控制字

D_1、D_0（B_1、B_2）：规定工作于同步方式还是异步方式。当 B_2B_1=00 时，为同步方式；而在 $B_2B_1 \neq 00$ 且 B_2B_1 的三种组合用以选择异步方式输入时钟频率与波特率之间的系数时，它们之间的关系：

发送/接收时钟频率=发送/接收波特率×波特率系数

D_3、D_2（L_1、L_2）：确定字符的位数。

D_5、D_4（EP、PEN）：确定奇偶校验的性质。

D_7、D_6（S_2、S_1）：在同步和异步方式时的意义是不同的。异步时用以规定停止位的位数；

同步时用以确定是内同步还是外同步，以及同步字符的个数。在同步方式时，紧跟在方式字后面的是由程序输入的同步字符。它是用于方式字类似的方法由 CPU 送给 8251A 的。

2. 操作命令控制字

操作命令控制字使 8251A 处于规定的状态以准备发送或接收数据，用于控制 8251A 的工作，可以多次写入。格式如图 7.28 所示。

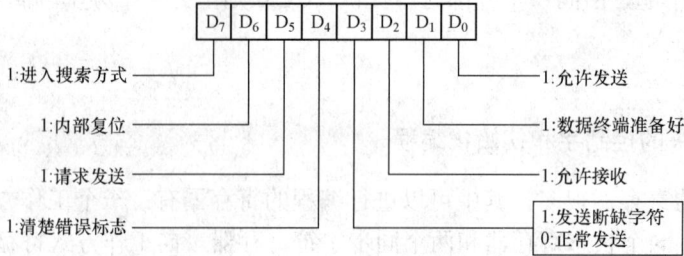

图 7.28 8251A 的操作命令字的格式

D_0（TXEN）：允许发送位，置"1"时，发送器才能通过 TXD 线向外部串行发送数据。

D_1（DTR）：DTR=1 时，表示 CPU 已准备好接收数据，DTR 引线端输出有效。

D_2（RXE）：RXE=1 时，接收器才可通过 RXD 线接收外部串行数据。

D_3（SBRK）：发送断缺字符，SBRK=1，迫使 TXD 线一直发送"0"信号，正常通信过程中 SBRK 应保持为"0"。

D_4（ER）：ER=1 时，清除奇偶、溢出和帧校验出错标志。

D_5（RTS）：请求发送信号，该位置"1"时，迫使 RTS 引脚输出低电平，表示 CPU 已做好发送数据准备。

D_6（IR）：内部复位信号，该位置"1"时，迫使 8251A 回到方式选择控制字状态。

D_7（EH）：只对同步方式有效，为"1"时，表示开始搜索同步字符。

注意

对于同步方式，一旦允许接收（RXE=1），必须同时使 ER=1，清除全部标志位，才能开始搜索同步字符。

方式选择控制字和操作命令控制字本身无特征标志，也没有独立的端口地址，8251A 是根据写入先后次序来区分这两者的，即先写入者为方式选择控制字，后写入者为操作命令控制字。所以 CPU 对 8251A 初始化编程时必须注意先后顺序。

3. 状态字

8251A 中还有状态寄存器，CPU 通过 I/O 读操作把 8251A 的状态字读入 CPU 内，用以判断并控制 CPU 与 8251A 的数据交换。读状态字时，C/$\overline{\text{D}}$ 端应为 1。状态字的格式如图 7.29 所示。

D_0（TXRDY）：发送准备好标志，TXRDY=1 时，表示当前发送数据缓冲器为空。

D_1、D_2、D_6（RXRDY、TXEMPTY、SYNDET/BRKDET）：三位状态的定义与其相应的引脚定义相同。

D_3（PE）：PE=1 表示当前发生了奇偶错误。

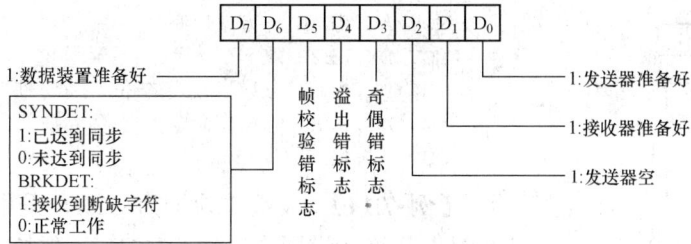

图 7.29　8251A 的状态字

D_4（OE）：OE=1，表示当下一个字符从 RXD 端输入，而前一个字符 CPU 还没来得及读取时，上一个字符被丢失。

D_5（FE）：帧校验错标志；只对异步方式有效，当前在任意一字符的结尾没有检测到规定的停止位时，FE 被置"1"。

D_7（DSR）：DSR=1 时，表示外设或调制/解调器已做好发送数据准备，并发送低电平信号给 8251A 的 DSR 引脚。

注意

当出现 PE、OE、FE 时，不终止 8251A 的工作，它们可由操作命令控制字的 ER 位置"1"来全部复位。另外，TXRDY 状态位和 TXRDY 引脚不同，它不受 CTS 和 TXEMPTY 的影响，只要数据缓冲器为空，状态寄存器的 TXRDY 就置位；而引脚 TXRDY 的置位条件为数据缓冲器空、CTS、TXEMPTY 均为 1。

二、初始化编程

8251A 有一个方式寄存器、一个命令寄存器、一个状态寄存器和两个同步字符寄存器，再加上数据发送和数据接收缓冲器，一共有 7 个用户可访问的寄存器。而 8251A 芯片只提供 2 个分别用于命令寄存器和数据寄存器的可访问地址。不难想到，编程 8251A 的方式字、命令字必须遵循芯片设计的有关约定，按照规定的先后次序来进行设置。芯片设计约定：

凡是初始化有关的方式、命令和同步字或者读取状态字，访问芯片的奇地址；凡是传送数据，访问芯片的偶地址。

复位以后，第一次写入奇地址的是方式选择字。

如果编程 8251A 的工作方式为同步方式，紧接着送入奇地址的是同步字。方式选择字还规定了同步字的个数，必须根据方式字的设定，向奇地址写入 1 个或按顺序写入 2 个同步字。

之后，写入奇地址的数据一概被认为是命令字。命令字中如果包含复位命令，8251A 被复位。其后送入奇地址的字节又被认为是方式字。命令字中如果不包含复位命令，初始化完毕，便可以开始使用偶地址传送数据。8251A 初始化编程流程图如图 7.30 所示。

【例 7.13】 设 8251A 工作在异步模式，波特率系数（因子）为 16，7 个数据位/字符，偶校验，2 个停止位，发送、接收允许，设端口地址为 00E2H 和 00E4H。完成初始化程序。

分析：根据题目要求，可以确定方式控制字为 11111010B=FAH；而操作命令控制字为 00110111B=37H。

初始化程序如下：

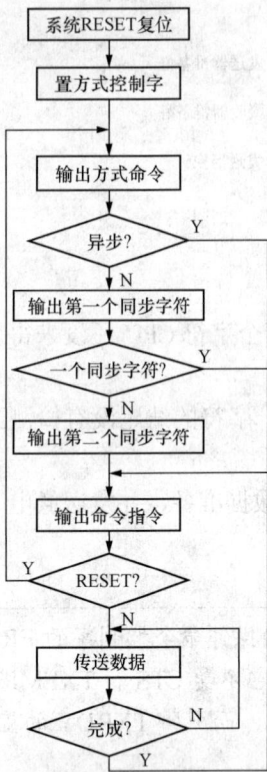

图 7.30　8251A 初始化编程流程图

```
MOV AL,0FAH  ;方式控制字
MOV DX,0E2H
OUT DX,AL    ;异步方式,7 位/字符,偶校验,2 个停止位
MOV AL,37H   ;操作命令控制字
OUT DX,AL
```

【例 7.14】　设端口地址为 52H，采用内同步方式，2 个同步字符（设同步字符为 16H），偶校验，7 位数据位/字符。

分析：根据题目要求，可以确定方式控制字为 00111000B=38H；而操作命令控制字为 10010111B=97H。它使 8251A 对同步字符进行检索；同时使状态寄存器中的 3 个出错标志复位；此外，使 8251A 的发送器启动，接收器也启动；控制字还通知 8251A，CPU 当前已经准备好进行数据传输。

具体程序段如下：

```
MOV AL,38H   ;设置方式控制字,同步模式,用 2 个同步字符
OUT 52H,AL   ;7 个数据位,偶校验
MOV AL,16H
OUT 52H,AL   ;送同步字符 16H
OUT 52H,AL
MOV AL,97H   ;设置操作命令控制字,使发送器和接收器启动
OUT 52H,AL
```

7.3.4　8251A 的应用示例

【例 7.15】　利用 8251A 通过标准串行接口实现两台微机之间串行通信。双机互连结构框如图 7.31 所示。当采用查询方式、异步传送、双方实现半双工通信时，对其进行初始化编程。设发送方 8251A 的控制端口地址为 0FF7H，数据端口地址为 0FF5H，发送数据块首地址为 DATA1，数据块字节数为 COUNT；接收方 8251A 的控制端口地址为 0F0AH，数据端口地址为 0F08H，接收数据起始地址为 DATA2。

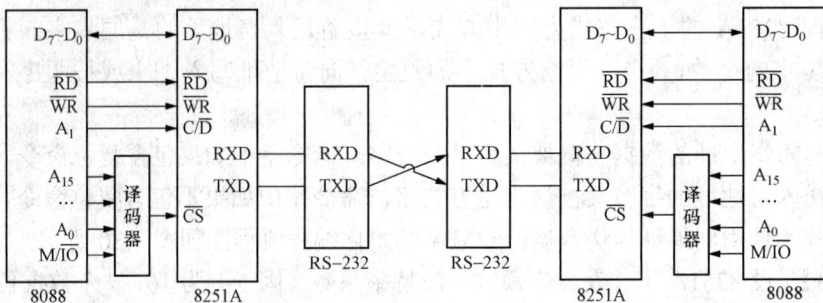

图 7.31　双机互连结构框图

分析：设系统采用查询方式控制传输过程，初始化程序由以下两部分组成。

（1）是将一方定义为发送器。发送端 CPU 每查询到 TXRDY 有效，则向 8251A 并行输

出一个字节数据。

（2）是将对方定义为接收器。接收端 CPU 每查询到 RXRDY 有效，则从 8251A 输入一个字节数据，一直进行到全部数据传送完毕为止。

发送端初始化程序与发送控制程序如下所示：

```
STT: MOV DX,0FF7H
MOV AL,7FH
OUT DX,AL              ;将8251A定义为异步方式,8位数据,1位停止位
MOV AL,11H             ;偶校验,取波特率系数为64,允许发送
OUT DX,AL
MOV DI,OFFSET DATA1    ;设置地址指针
MOV CX,COUNT           ;设置计数器初值
NEXT:MOV DX,0FF7H
IN AL,DX
AND AL,01H             ;查询TXRDY有效否?
JZ NEXT                ;无效则等待
MOV DX,0FF5H
MOV AL,[DI]            ;向8251A输出一个字节数据
OUT DX,AL
INC DI                 ;修改地址指针
LOOP NEXT              ;未传输完,则继续下一个
HLT
```

接收端初始化程序和接收控制程序如下所示：

```
SRR:MOV DX,0FF7H
MOV AL,7FH
OUT DX,AL              ;初始化8251A,异步方式,8位数据
MOV AL, 14H            ;1位停止位,偶校验,波特率系数64,允许接收
OUT DX,AL
MOV DI,OFFSET DATA2    ;设置地址指针
MOV CX,COUNT           ;设置计数器初值
COMT:MOV DX,0FF7H
IN AL,DX
ROR AL,1               ;查询RXRDY有效否?
ROR AL,1
JNC COMT               ;无效则等待
ROR AL,1
ROR AL,1               ;有效时,进一步查询是否有奇偶校验错
JC ERR                 ;有错时,转出错处理
MOV DX,0FF5H
IN AL,DX               ;无错时,输入一个字节到接收数据块
MOV [DI],AL
INC DI                 ;修改地址指针
LOOP COMT              ;未传输完,则继续下一个
HLT
ERR:CALL ERROR1
```

7.4　D/A 和 A/D 转换器

微型计算机只能对以二进制数字形式表示的信息进行运算和处理，运算和处理的结果也

只能是这种数字量。但在各种自动测量、采集和控制系统中遇到的变量，大多数是时间和幅值上都连续变化的物理量，即模拟量。比如用计算机来对导弹、卫星的飞行过程进行监视和控制，被监控对象大都是电压、电流、角度、速度、加速度、位移、压力、温度等模拟量。这些模拟量并不能直接被数字电子计算机所认识和接收，而必须先把它们变成计算机能认识的数字量。这个过程称为模拟/数字转换。完成这种转换的装置称为模数转换器（Analog to Digital Converter，A/D 转换器或 ADC）。

同样，由于各种执行部件所要求的控制信号一般也都是模拟电压或电流，所以数字计算机运算、处理的结果通常也不能直接控制执行部件，而需要先把它们转换为模拟量，才能通过执行部件去实现对被控对象的控制。这种转换过程称为数字/模拟转换。而实现这种转换的

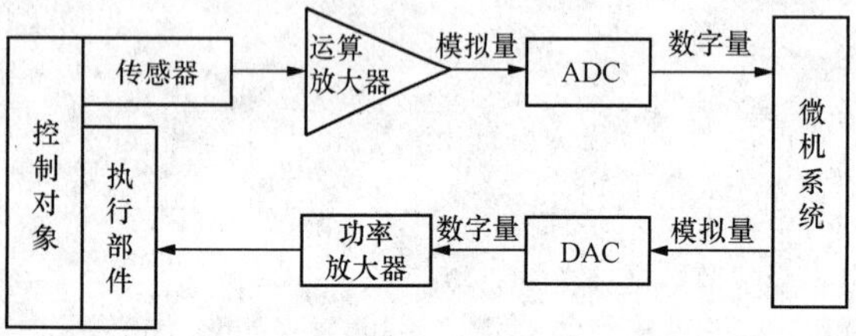

图 7.32　微机控制系统框图

装置则称为数字/模拟转换器（Digital to Analog Converter，D/A 转换器或 DAC）。图 7.32 是一个实际的微机控制系统框图。

A/D 和 D/A 转换是将数字计算机应用于生产过程、科学试验和军事系统以实现更有效的自动控制的必不可少的环节，因此如何实现 A/D、D/A 转换器与计算机的接口，也就成为计算机控制系统设计中一项十分重要的工作。本节以最常见的美国 Nsc 公司生产的 DAC0832 和 ADC0809 为例介绍模/数转换。

7.4.1　DAC0832 8 位 D/A 转换器

DAC0832 是 8 位芯片，采用 CMOS 工艺和 R-2RT 形电阻解码网络。转换结果以一对差动电流 I_{O1} 和 I_{O2} 输出。其主要性能参数为

（1）分辨率：8 位。

（2）转换时间：1μs。

（3）满刻度误差：±1LSB。

（4）单电源：+5～+15V。

（5）参考电压：+10～-10V。

（6）数据输入电平与 TTL 电平兼容。

（7）内部结构与外部引脚

一、DAC0832 的内部结构及引线

1、内部结构

DAC0832 由 8 位输入寄存器、8 位 DAC 寄存器和 8 位 D/A 转换器电路组成，内部结构和引脚如图 7.33 所示。

8 位输入寄存器的锁存使能端 $\overline{LE_1}$ 由与门 1 进行控制。当 $\overline{CS}$、$\overline{WR_1}$ 为高为低电平，ILE 为高电平时，输入寄存器的输出 Q 跟随输入 D，这三个控制信号任一个无效，例如 $\overline{WR_1}$ 由低变高，则 $\overline{LE_1}$ 变低，输入数据立刻被锁存。

8 位 DAC 寄存器的锁存使能端 $\overline{LE_2}$ 由与门 3 进行控制，当 $\overline{WR_2}$ 和 $\overline{XFER}$ 二者都有效时，DAC 寄存器的输出 Q 跟随输入 D，此后若 $\overline{XFER}$ 和 $\overline{WR_2}$ 中任意一个信号变高时，输入数据

被锁存。

　　8 位 DAC 对 DAC 寄存器的输出进行转换，输出与数字量成一定比例的模拟量电流。

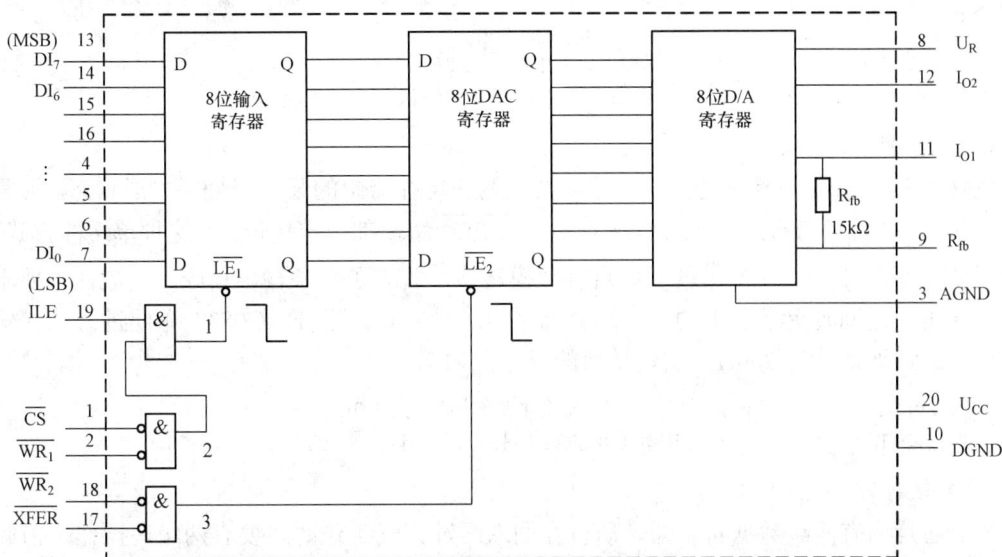

图 7.33　DAC0832 的内部结构及引脚图

2. 外部引线

如图 7.29 所示。从图中可以看出，DAC0832 共有 20 条引脚信号线：

$DI_7 \sim DI_0$：8 位数据输入端，DI_7 为 MSB 位。

ILE：数据允许锁存信号，高电平有效。

$\overline{CS}$：输入寄存器选择信号，低电平有效，它和 ILE 信号一起决定 $\overline{WR_1}$ 是否起作用。

$\overline{WR_1}$：输入寄存器的写选通信号，$\overline{WR_1}$ 必须和 $\overline{CS}$、ILE 同时有效。

$\overline{XFER}$：传送控制信号，用来控制 $\overline{WR_2}$。

$\overline{WR_2}$：DAC 寄存器的写选通信号，$\overline{WR_2}$ 必须和 $\overline{XFER}$ 同时有效。

I_{O1}：D/A 转换器输出电流端之一。DAC 锁存的数据位为"1"的位电流均流出此端；当 DAC 锁存器各位全 1 时，输出电流最大，全 0 时输出为 0。

I_{O2}：D/A 转换器输出电流端之二。与 I_{O1} 是互补关系。

R_{fb}：内备的反馈电阻引出端，另一端在片内与 I_{O1} 相接，芯片内部已提供一个反馈电阻，约 15kΩ。

U_R：基准电压源输入端，此端可以接正电压，也可接负电压，供解码网用；范围为 U_R =-10～+10V。

U_{CC}：芯片供电电源引入端，范围+5～+15V，最佳工作状态为+15V。

A_{GND}：模拟信号地，即模拟电路接地端。

D_{GND}：数字量地。

二、DAC0832 的工作方式

1. 直通方式

把 DAC0832 的输入寄存器和 DAC 寄存器都接成直通方式。此时提供给 DAC 的数据必须来自具体锁存功能的端口，DAC0832 直接得到的转换输出信号，该信号是模拟电流 I_{O1} 和 I_{O2}。例如，利用 8255A 输出端的锁存功能，设 8255A 的 A 口地址为 0FF8H，实现转换的程序如下：

```
MOV DX,0FF80H        ;设 8255A 端口地址为 0FF80H
OUT DX,AL            ;AL 中的数据送 A 口锁存并转换
```

2. 单缓冲方式

DAC0832 工作于单缓冲方式下，这时要使两级寄存器中的某一级处于直通状态。通常是使第二级 DAC 寄存器直通，方法是将 $\overline{WR_2}$ 和 $\overline{XFER}$ 两端都固定接地。在这种单缓冲方式下，数据只要一写入 DAC 芯片，就立即进行数模转换，省去了一条输出指令。一般在不要求多个模拟输出通道同时更新输出的应用场合都采用这种方式。设 DAC0832 单缓冲方式（输入锁存器）的选通地址为 200H，实现转换的程序段如下：

```
MOV DX,200H          ;DAC0832 输入锁存器的地址为 200H
OUT DX,AL            ;AL 中数据送 DAC 转换，该操作 IOW=0，使 CS=0，WR₁=0
```

3. 双缓冲方式

由于芯片内有两级数据寄存器，所以在用双缓冲方式工作时，要有两级写操作。为此需要两个地址译码信号分别接到 $\overline{CS}$ 端和 $\overline{XFER}$ 端，即需要两个不同的端口地址。至于 $\overline{WR_1}$、$\overline{WR_2}$ 则可一起接 CPU 的 $\overline{IOW}$ 信号。这种双缓冲工作方式的优点是，DAC0832 的数据接收和启动转换可异步进行。于是可在 D/A 转换的同时进行下一数据的接收，以提高模出通道的转换速率。更重要的是，多个模出通道有可能同时进行转换，所以它特别适合于需要多个模拟输出通道同时刷新（改变）输出的应用场合。设 DAC0832 的输入锁存器的地址为 200H，DAC 锁存器的地址为 201H，实现转换的程序段如下：

```
MOV DX,200H          ;DAC0832 的输入锁存器的地址为 200H
OUT DX,AL            ;AL 中数据 DATA 送输入锁存器
MOV DX,201H          ;DAC0832 的 DAC 锁存器的地址为 201H
OUT DX,AL            ;将数据 DATA 写入 DAC 锁存器并转换
```

三、DAC0832 的输出方式

DAC0832 直接得到的转换输出信号是模拟电流 I_{O1} 和 $I_{O2}(I_{O1}+I_{O2}=$常数)。为得到电压输出，应加接一个运算放大器，如图 7.34 所示。这时得到的电压是单极性，极性与 U_R 相反，对应的数字量 00H～FFH 的模拟电压 U_0 的输出范围是 $0\sim-U_{REF}$。如要输出双极性电压，应

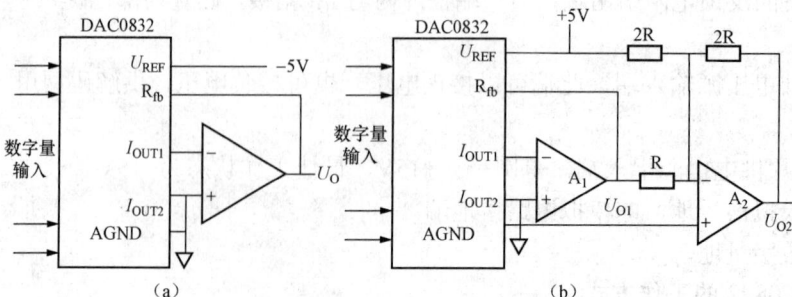

图 7.34 DAC0832 的输出方式

（a）单极性输出；（b）双极性输出

于输出端再加一级运算放大器，作为偏移电路，如图 7.34 所示。作为偏移电路的运算放大器 A2 是个反相比例求和电路，使 A1 的输出电压 U_{O1} 两倍于参考电压 U_{REF} 求和，对应数字量 00H～FFH 的模拟电压 U_{O2} 输出范围 $-U_{REF}$～U_{REF}。

7.4.2　ADC0809 8 位 A/D 转换器

ADC0809 是 CMOS 器件，不仅包括一个 8 位的逐次逼近型 ADC 部分，而且还提供一个 8 通道的模拟多路开关和通道寻址逻辑，因而有理由把它作为简单的数据采集系统。利用它可直接输入 8 个单端的模拟信号分时进行 A/D 转换，在多点巡回检测和过程控制、机床控制控制时序中应用十分广泛。

一、主要技术指标和特性

（1）分辨率：8 位。

（2）总的不可调误差：±1LSB。

（3）转换时间：取决于芯片时钟频率，如 CLK=500kHz 时，T_{CONV}=128μs。

（4）单一电源：+5V。

（5）模拟输入电压范围：单极性 0～5，双极性±5～±10V。

（6）具有可控三态输出缓存器。

（7）启动转换控制为脉冲式（正脉冲），上升沿使所有内部寄存器清零，下降沿使 A/D 转换开始。

（8）使用时不需进行零点和满刻度调节。

二、ADC0809 的内部结构和外部引脚

如图 7.35 所示对 ADC0809 引脚定义如下：

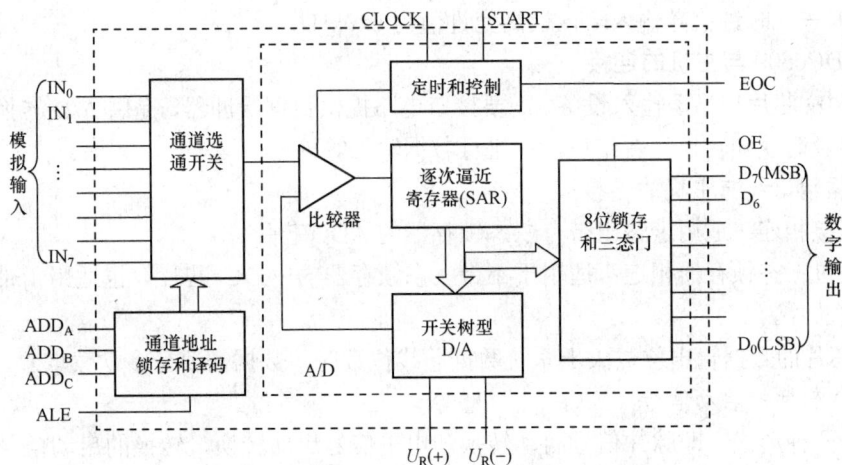

图 7.35　ADC0809 的内部结构和引脚结构图

IN_0～IN_7——8 路模拟输入，通过 ADD_A、ADD_B、ADD_C3 根地址译码线来选通一路。

D_7～D_0——A/D 转换后的数据输出端，为三态可控，故可直接和微处理机数据线连接。8 位排列顺序是 D_7 为最高位，D_0 为最低位。

ADD_A、ADD_B、ADD_C——模拟通道选择地址信号，ADD_A 为低位，ADD_C 为高位。地址

信号与选中通道对应关系见表 7.7。

表 7.7　　　　　　　　　　　地址信号与选中通道对应关系

ADD_C、ADD_B、ADD_A	000	001	010	011	100	101	110	111
选中通道	IN_0	IN_1	IN_2	IN_3	IN_4	IN_5	IN_6	IN_7

U_R（+）、U_R（-）——正、负参考电压输入端，用于提供片内 DAC 电阻网络的基准电压。在单极性输入时，U_R（+）=5V，U_R（+）=0V；双极性输入时，U_R（+）、U_R（-）分别接正、负极性的参考电压。

ALE——地址锁存允许信号，高电平有效。当此信号有效时，使 A、B、C 三位地址信号被锁存，译码选通对应模拟通道。在使用时，该信号常和 START 信号连在一起，以便同时锁存通道地址和启动 A/D 转换。

START——A/D 转换启动信号，正脉冲有效。加于该端脉冲的上升沿使逐次逼近寄存器清零，下降沿开始 A/D 转换。如正在进行转换时又接到新的启动脉冲，则原来的转换进程被中止，重新从头开始转换。

EOC——转换结束信号，高电平有效。A/D 转换过程中为低电平，其余时间为高电平。该信号可作为被 CPU 查询的状态信号，也可作为对 CPU 的中断请求信号。在需要对某个模拟量不断采样、转换的情况下，EOC 也可作为启动信号反馈接到 START 端，但在刚加电时需由外电路第一次启动。

OE——输出允许信号，高电平有效。当微处理机送出该信号时，ADC0809 的输出三态门被打开，使转换结果通过数据总线被读走。在中断工作方式下，该信号往往是 CPU 发出的中断请求响应信号。

CLOCK——时钟信号输入端，最高允许值为 640kHz。

三、ADC0809 与主机的连接

ADC0809 芯片相当于输入设备，需要接口电路提供数据缓冲器，提供 A/D 转换的启动信号，还需要及时获知转换是否结束，并进行数据输入等处理。

1. 数据输出线与主机的连接

（1）直接相连：适用于输出带有三态锁存器的 ADC 芯片。

（2）通过三态锁存器相连：适用于不带三态锁存器的 ADC 芯片，也适用于带有三态锁存缓冲器的芯片。

ADC 芯片的数据输出位数大于系统数据总线位数时，数据需要分多次读取。

2. A/D 转换的启动信号

一般有两种形式，即脉冲信号启动转换和电平信号启动转换，转换的启动信号的产生可以用编程启动，即在软件启动上执行一条输出指令；或硬件启动，如外部事件产生 ADC 启动脉冲，或产生一个启动有效电平，也可用定时器启动，启动信号来自定时器输出等。

3. 转换结束信号的处理

A/D 转换结束的处理方式有多种，不同的处理方式对应程序设计的方法不同，大体上可分为以下几种。

（1）查询方式——把结束信号作为状态信号。

（2）中断方式——把结束信号作为中断请求信号。

（3）延时方式——不使用转换结束信号，通过执行一段延时程序保证 ADC 转换完成。

（4）DMA 方式——把结束信号作为 DMA 请求信号。

7.4.3 应用示例

【例 7.16】 ADC0809 与 CPU 接口电路如图 7.36 所示。（1）仅对模拟通道 IN0 进行 A/D
转换（对 0 通道采样一个点）；（2）若对 IN0～IN7 这 8 个通道的模拟量各采样 100 个点，并
转换成数字量。要求采用查询方式完成。

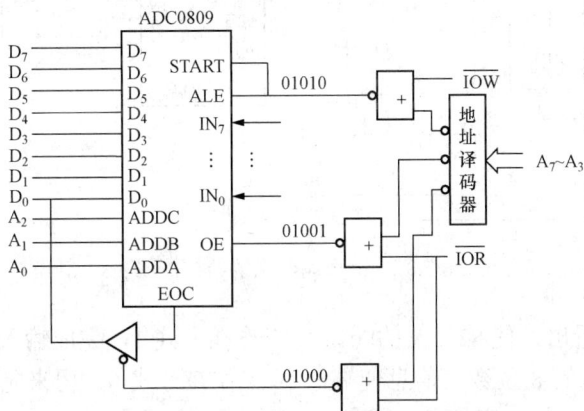

图 7.36 ADC0809 接口电路与 CPU 接口电路

（1）程序如下：

```
OUT 50H,AL                ;选通 IN0 启动 A/D 转换
WAIT:IN AL,41H            ;输入 EOC 标志
TEST AL,01H
JZ WAIT                   ;未结束,返回等待
IN AL,49H                 ;结束,把结果送入 AL 中
```

（2）程序段如下：

```
MOV BX,OFFSET WP          ;设置数据存储指针
MOV CL,100                ;设置计数初值
N:MOV DX,0050H
P:OUT DX,AL               ;选通一个通道,启动 A/D
NOP
W:IN AL,41H               ;输入 EOC 标志
TEST AL,01H               ;测试状态
JZ W                      ;未结束,返回等待
IN AL,49H                 ;结束,读数据
MOV [BX],AL               ;存数
INC BX                    ;修改存储地址指针
INC DX                    ;修改 A/D 通道地址
CMP DX,0058H              ;判断 8 个通道是否转换完
JNZ P                     ;未完,返回启动新通道
DEC CL                    ;100 个点是否采样完了,未完返回再启动 IN0 通道
JNZ N
HLT                       ;100 个点完成,暂停
```

【例 7.17】 图 7.37 所示是由 8088 CPU 和 8255A 可编程控制器的闭环调节系统结构框图。CPU 通过 8255A 的 A、B、C 三个并行端口实现对输入及输出的控制。为了简化 CPU 与 8255A 的连接，图中将 8088 CPU 的地址线和数据线分开独立画出。

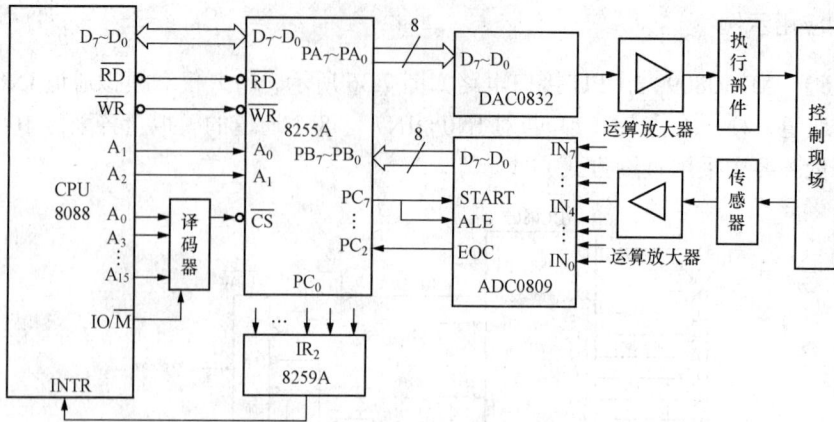

图 7.37 闭环调节系统结构框图

分析：由图可以看出，使 8255A 的端口 B 工作在方式 1，完成输入功能，用来接收 A/D 转换器 ADC0809 输入的 8 位数字信息使端口 A 工作在方式 0，用来完成输出功能，向 D/A 转换器 DAC0832 输出 8 位数字信息；端口 C 用来作为控制端口，PC_7 控制 ADC0809 的启动信号 START 和 ALE 端，ADC0809 的转换结束信号 EOC 连接到 PC_2 端做输入的 $\overline{STB_B}$ 信号，PC_0 用作中断请求信号 INTRB，通过中断控制器 8259A 可向 CPU 发出中断请求，以上每个端口功能都要由初始化程序来确定编程实现控制功能。

控制现场的模拟信息量经传感器和运算放大器可以变换为模拟电压量，这个模拟电压量经 A/D 转换器 ADC0809 转换成为一个 8 位数字信息量，再送到 8255A 端口，A/D 的转换速度由 CLOCK 端引入的时钟信号来控制，转换的数字量通过端口 B 送入 CPU 进行处理。CPU 可以用查询或者中断的方式实现数据的输入，这里用中断方式。中断请求信号经 8259A 中断控制器排队后送 CPU 的 INTR 端，再由 CPU 进行处理。

经 CPU 处理过的 8 位数字信息，由 8255A 端口 A 输出，经 D/A 转换器 DAC0832 转换成模拟电流输出。为了将模拟电流放大并转换为模拟电压，通过 DAC0832 与运算放大器一起使用。经过调整，当 CPU 输出的数字量在 00H～0FFH 范围内时，运算放大器可以输出 0～4.98V 的模拟电压。这个转换的模拟电压可以通过执行部件对控制现场的温度、湿度、速度、声音等参数进行控制。

用中断方式，定义中断类型码为 40H，首先应将相应的中断服务程序事先编好，定位到存储器中，并将其入口地址的基地址和偏移地址置入中断入口地址表中从 100H 地址开始的 4B 中。

下面给出这个闭环调节系统的初始化和控制程序供参考。

对 I/O 初始化的内容包括 8255A、8259A 的初始化及对 ADC0809 的控制。

8255A 组合方式工作：A 端口方式 0，输出；B 端口方式 1，输入；C 端口配合 B 端口工作，PC_7 输出，PC_2 输入，PC_0 输出。

8259A：芯片控制命令，设置中断类型码，方式控制。

```
INTT: MOV DX,8255A 控制端口地址        ;初始化 8255A
      MOV AL,86H
      OUT DX,AL
      MOV AL,05H
      OUT DX,AL
      MOV DX,8259A 偶数地址端口         ;初始化 8259A
      MOV AL,13H                      ;8259A 单片,需写 ICW4,边沿触发
      OUT DX,AL                       ;写 ICW1
      MOV DX,8259A 奇数地址端口
      MOV AL,40H                      ;写 ICW2,设置中断类型码 40H
      OUT DX,AL                       ;写 ICW2
      MOV AL,03H                      ;自动结束中断
      OUT DX,AL                       ;写 ICW4
      MOV AL,0FEH                     ;除 PC0 外屏蔽所有的硬中断
      OUT DX,AL                       ;写入 OCW1
POUT: MOV DX,8255A 端口 A
      MOV AL,XXH                      ;从端口 A 输出 8 位数据
      OUT DX,AL
      MOV DX,8255A 端口 C             ;启动 ADC0809
      MOV AL,80H                      ;选中输入通道并发启动 ADC0809
      OUT DX,AL
      MOV AL,0                        ;清端口等待读入数据,开中断,
      MOV DX,AL                       ;等待转换结束的中断请求
WAIT: STI
      JMP WAIT
```

40H 类型中断服务程序：

```
      MOV DX,8255A 端口 B
      INT AL,DX
      IRET                            ;返回
```

上述的初始化程序段端口 A 作为输出端口定义为方式 0，不需要任何控制信号；将端口 B 作为输入端口定义为方式 1，需要 PC_2 端作输入 $\overline{STB_B}$ 信号，用来接收 ADC0809 的转换结束信号 EOC，由它将 8 位数字信号锁存在端口 B 的数据输入锁存器中。PC_0 用作输出信号，向 CPU 发中断请求。

由主程序完成初始化功能后，通过端口 A 输出预置的 8 位数字信息，用来控制现场的模拟参数。从现场收集的模拟量通过端口 B 以中断方式向 CPU 报告，CPU 响应该中断请求后可向端口 A 输出新的数字信息，以实现对现场模拟信息的调整过程。中断服务程序的内容实现仅两条指令，即读入转换结果，当具体问题需要 CPU 做处理时，可依据要求来编制相应的程序。

本 章 小 结

本章主要内容为介绍常用可编程接口芯片的引脚及功能、内部结构、工作方式、初始化编程及其应用等，可编程接口芯片主要包括并行接口 8255A、定时/计数器 8253、串行接口

8251、A/D 和 D/A 转换器等。为便于学习和掌握前面所学的知识，下面将本章的知识点做了如下归类。

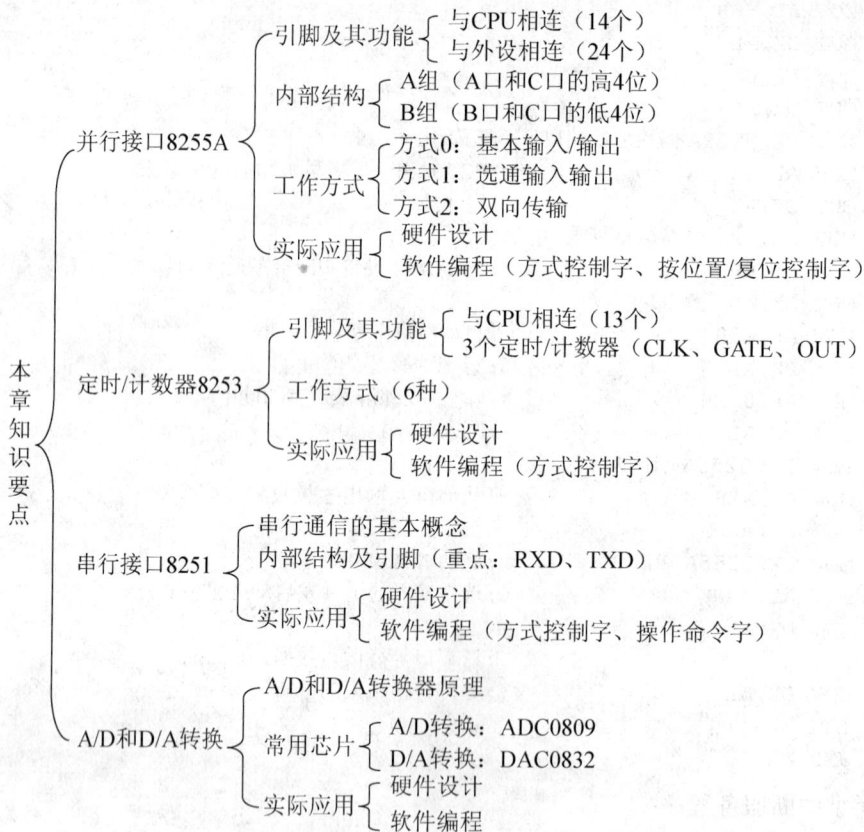

本章知识要点
├─ 并行接口8255A
│   ├─ 引脚及其功能 ┬ 与CPU相连（14个）
│   │   └ 与外设相连（24个）
│   ├─ 内部结构 ┬ A组（A口和C口的高4位）
│   │   └ B组（B口和C口的低4位）
│   ├─ 工作方式 ┬ 方式0：基本输入/输出
│   │   ├ 方式1：选通输入输出
│   │   └ 方式2：双向传输
│   └─ 实际应用 ┬ 硬件设计
│   └ 软件编程（方式控制字、按位置/复位控制字）
├─ 定时/计数器8253
│   ├─ 引脚及其功能 ┬ 与CPU相连（13个）
│   │   └ 3个定时/计数器（CLK、GATE、OUT）
│   ├─ 工作方式（6种）
│   └─ 实际应用 ┬ 硬件设计
│   └ 软件编程（方式控制字）
├─ 串行接口8251
│   ├─ 串行通信的基本概念
│   ├─ 内部结构及引脚（重点：RXD、TXD）
│   └─ 实际应用 ┬ 硬件设计
│   └ 软件编程（方式控制字、操作命令字）
└─ A/D和D/A转换
    ├─ A/D和D/A转换器原理
    ├─ 常用芯片 ┬ A/D转换：ADC0809
    │   └ D/A转换：DAC0832
    └─ 实际应用 ┬ 硬件设计
               └ 软件编程

习 题 七

7-1 填空题

1．8255A 的端口可分成 A 组和 B 组，其中 A 组包含_____；B 组包含_____。8255A-5 有_____种工作方式，只有_____组可工作于所有工作方式。

2．若要使 8255A 的 A 组和 B 组均工作于方式 0，且使端口 A 为输入，端口 B 为输出，端口 C 为输入，需设置控制字为_____。

3．当 8255A 引脚 RESET 信号为高电平有效时，8255A 内部所有寄存器内容被_____，同时三个连接数据端口被自动设置为_____端口。

4．当发送缓冲器中没有再要发送的字符时，TxE 信号变成_____电平，当从微处理器送来一个数据字符时，TxE 信号就变成_____信号。

5．当 8251A 引脚 RxRDY 为高电平时，表示_____中已经有组装好的一个数据字符，可通知_____将它取走。

6．8253 内部有_____个结构完全相同的_____。

7．某 8253 的端口地址为 40H～43H，若对计数器 0 进行初始化，则工作方式控制字应写入_____，计数初始值应写入_____。

8．8253 在计数过程中，改变计数初始值，必须当外部_____信号触发后，新的计数值才能有效的工作方式有_____。

9．8253 工作于方式 3 时，当计数初值为_____数时，输出 OUT 为对称方波;当计数初值为_____数时，输出 OUT 为近似对称方波。

10．ADC0809 是 CMOS 的_____位_____转换器，其中引脚 EOC 是_____信号，可作为_____。

7-2　编程题

1．假定 8255A 的地址为 0060H～0063H，试编写下列情况的初始化程序。A 组设置为方式 1，且端口 A 作为输入，PC_6 和 PC_7 作为输出，B 组设置为方式 1，且端口 B 作为输入。

2．设 8255 端口 A 工作在双向方式，允许输入中断，禁止输出中断，B 口工作在方式 0 输出，C 口剩余数据线全部输入，请初始化编程。设 8255 端口地址为 60H、62H、64H、66H。

3．编写一段通过 8251 接收数据的程序。要求采用查询方式，8251A 定义为异步传输方式，波特率系数为 64，采用偶校验，1 位停止位，7 位数据位。设 8251 的数据端口地址为 04A0H，控制/状态寄存器端口地址为 04A2H。

4．在 8086 系统中，设 CLK 为 2MHz，现使 8253 的 OUT_0（计数器 0）每隔 2ms 输出一个负脉冲，试完成相关软件的设计。

5．设某外设的状态端口地址为 86H，数据端口的地址为 87H，外部输入信息准备好状态标志为 $D_7=1$，请用查询方式写出读入外部信息的程序段。

6．设某外设的状态端口地址为 76H，数据端口地址为 75H，外部设备是否准备好信息 由 D_7 位传送，$D_7=0$ 为未准备好(忙)，请用查询方式写出 CPU 向外部传送数据的程序段。

7．如图 7.38 所示的单缓冲、单极性输出方式的 DAC0832 转换接口电路，试编写程序，使 DAC0832 输出以下几种波形：锯齿波、梯形波和矩形波。

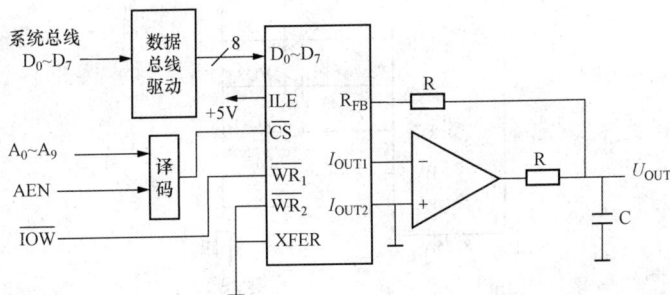

图 7.38　DAC 0832 转换接口电路

7-3　简答题

1．试分析 8255A 方式 0、方式 1 和方式 2 的主要区别，并分别说明它们适合于什么应用场合。

2．当 8255A 的 A 端口工作在方式 2 时，其端口 B 适合于什么样的功能？写出此时各种不同组合情况的控制字。

3．8253 有哪几种工作方式？GATE 信号在各种方式中的作用是什么？

4．定时/计数器芯片 Intel8253 占用几个端口地址？各个端口分别对应什么？

5. 试说明定时和计数在实际系统中的应用，这两者之间有何联系和差别？

6. 什么是同步通信方式，什么是异步通信方式，它们各有什么区别？

7. 什么是波特率因子，什么是波特率？设波特率因子为 64，波特率为 1200bit/s，那么时钟频率为多少？

8. A/D 转换器为什么要进行采样？采样频率应根据什么选定？

9. 设被测温度的变化范围为 300～1000℃，如要求测量误差不超过±1℃，应选用分辨率为多少位的 A/D 转换器？

10. 简述 8086/8088 引脚信号 BHE 和 A0 如何控制数据在总线上传送？

实训 7.1　8255A 并行接口的应用

一、实训目的

1. 掌握 8255A 的工作方式和编程方法。

2. 掌握通过 8255A 并行口传输数据的方法。

二、实训内容

1. 通过 8255A 控制发光二极管，A 端口输入,B、C 端口输出，A 口 PA0 PA1 接两开关,B 口 PB0～PB7，C 口 PC0～PC3 接 12 个 LED,根据开关状态控制 LED 的闪烁方式,共有四种状态,即有四种闪烁方式（闪烁方式可自行设计）。

2. 8255 的端口地址为 218H、219H、21AH、21BH。

3. 硬件原理图如下所示。

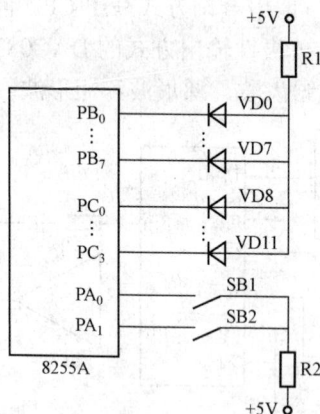

三、实训步骤

1. 硬件连线。

2. 编写程序，对源程序进行汇编，连接生成可执行程序.exe。

3. 实验平台上电，运行程序。

4. 观察执行结果，以验证其正确性。

四、参考程序

```
DATA SEGMENT
  SET0000 DB 00H,02H,04H,06H
```

```
        SET1111 DB 01H,03H,05H,07H
        SET0011 DB 00H,02H,05H,07H
        SET1100 DB 01H,03H,04H,06H
          MESS DB 'PRESS ANY KEY TO EXIT.',13,10,'$'
DATA ENDS
SSEG SEGMENT STACK
              DW 50 DUP(0)
SSEG ENDS
CODE SEGMENT
        ASSUME CS:CODE,DS:DATA
BEGIN:MOV AX,DATA
        MOV DS,AX
        MOV AH,9
        MOV DX,OFFSET MESS
        INT 21H
        MOV AL,90H
        MOV DX,21BH
        OUT DX,AL
  SCAN:MOV AH,0BH
        INT 21H
        CMP AL,0FFH
        JZ  NEXT
        MOV DX,218H
        IN  AL,DX
        AND AL,03H
        CMP AL,01H
        JZ  MODE1
        CMP AL,02H
        JZ  MODE2
        CMP AL,03H
        JZ  MODE3
        CMP AL,00H
        JZ  BLACK_OUT
        JMP SCAN
MODE1:MOV AL,03H
        MOV DX,219H
        OUT DX,AL
        LEA BX,SET1111
        CALL SET_C_LOW4
        CALL DELAY_1
        MOV AL,0FCH
        MOV DX,219H
        OUT DX,AL
        LEA BX,SET0000
        CALL SET_C_LOW4
        CALL DELAY_1
        JMP FINISH
MODE2:MOV AL,00H
        MOV DX,219H
        OUT DX,AL
        LEA BX,SET0000
```

```
        CALL SET_C_LOW4
        CALL DELAY_1
        MOV AL,0FFH
        MOV DX,219H
        OUT DX,AL
        LEA BX,SET1111
        CALL SET_C_LOW4
        CALL DELAY_1
        JMP FINISH
NEXT:JMP EXIT
MODE3:MOV AL,33H
        MOV DX,219H
        OUT DX,AL
        LEA BX,SET0011
        CALL SET_C_LOW4
        CALL DELAY_1
        MOV AL,0CCH
        MOV DX,219H
        OUT DX,AL
        LEA BX,SET1100
        CALL SET_C_LOW4
        CALL DELAY_1
        JMP FINISH
BLACK_OUT:MOV AL,0FFH
        MOV DX,219H
        OUT DX,AL
        LEA BX,SET1111
        CALL SET_C_LOW4
        JMP FINISH
FINISH:JMP SCAN
 EXIT:MOV AH,4CH
        INT 21H


SET_C_LOW4 PROC
        MOV DX,21BH
        MOV CX,04H
  PPP:MOV AL,[BX]
        OUT DX,AL
        INC BX
        LOOP PPP
        RET
SET_C_LOW4 ENDP
DELAY_1 PROC
        PUSH CX
        MOV CX,0FFFH
        LOOP1: PUSH CX
        MOV CX,0FFFFH
        LOOP2: DEC CX
        JNE LOOP2
        POP CX
        DEC CX
```

```
      JNE LOOP1
      POP CX
      RET
DELAY_1 ENDP
 CODE ENDS
      END BEGIN
```

实训 7.2　8253 定时器的应用

一、实训目的

1. 掌握 8253 可编程定时/计数器工作方式与编程方法。

2. 掌握 8253 多级串联实现大时间常数的定时方法。

二、实训内容

1. 现要求利用 8253 完成以下工作：8253 通道 1 的 OUT1 输出接有一发光二极管，要使发光二极管以闪烁形式工作，即点亮 2s，熄灭 2s。

2. 8253 的端口地址为 214H、215H、216H、217H，时钟频率为 1MHz。

3. 硬件原理图如下。

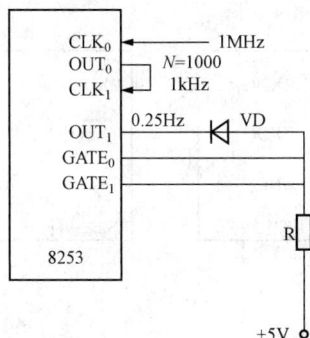

三、实训步骤

1. 硬件连线；

2. 编写程序，对源程序进行汇编，连接生成可执行程序.exe；

3. 实验平台上电，运行程序；

4. 观察执行结果，以验证其正确性。

四、参考程序

```
CODE SEGMENT
      ASSUME CS:CODE
BEGIN:MOV   AL, 36H; 00110110B   ;计数器 0,16 位,方式 3,二进制
      MOV   DX, 217H
      OUT   DX, AL
      MOV   AX, 1000
      MOV   DX, 214H
      OUT   DX, AL              ;计数器低字节
MOV   AL, AH
      OUT   DX, AL              ;计数器高字节
      MOV   AL, 76H; 01110110B  ;计数器 1,16 位,方式 3,二进制
```

```
        MOV   DX, 217
        OUT   DX, AL
        MOV   AX, 1000
        MOV   DX, 215H
        OUT   DX, AL              ;计数器低字节
        MOV   AL, AH
        OUT   DX, AL              ;计数器高字节
        JMP   $
CODE ENDS
END BEGIN
```

实训 7.3　8251A 串行接口的应用

一、实训目的

1. 掌握 8251A 的工作方式和编程方法。
2. 掌握 8251 在双机通信情况下的软件编制和硬件连接技术。

二、实训内容

1. 实现两台计算机间的相互通信，要求具有交互性。
2. 硬件原理图：

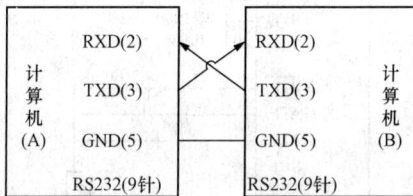

三、实训步骤

1. 硬件连线；
2. 编写程序，对源程序进行汇编，连接生成可执行程序.exe；
3. 实验平台上电，运行程序；
4. 观察执行结果，以验证其正确性。

四、参考程序

```
CODE SEGMENT
        ASSUME  CS: CODE
START:MOV DX , 3FBH
        MOV AL , 80H
        OUT DX , AL
        MOV DX , 3F9H
        MOV AL , 0
        OUT DX , AL
        DEC DX
        MOV AL , 60H
        OUT DX , AL
        MOV AL , 1BH          ;数据为 8 位,1 个奇偶校验位,偶校验,1 个停止位
        MOV DX , 3FBH
        OUT DX , AL
```

```
        MOV DX , 3F9H            ;初始化中断允许寄存器
        MOV AL , 0
        OUT DX , AL
READ:MOV DX , 3FDH
        IN AL , DX               ;取状态字节
        TEST AL , 1EH            ;检查错误
        JNZ ERROR               ;若出错则显示
        TEST AL , 01H           ;测试是否已收到数据
        JNZ RECEIVE             ;转接收程序
        TEST AL , 20H           ;测试是否可以发送字符
        JNZ  SEND               ;若是转发送程序
        JMP READ                ;循环检测
SEND:MOV AH , 1                 ;BIOS 功能用以检测是否有字符可读
        INT 16H
        JZ  READ                ;若无击键则返回循环
        MOV AH , 0              ;BIOS 功能用于取击键码
        INT 16H                 ;击键码现在 AL 中
        CMP AL , 03H            ;检测 Ctrl+C
        JZ EXIT                 ;若是，转 EXIT 处结束程序
        MOV DX , 3F8H
        OUT DX , AL             ;发送字符
        JMP  READ               ;返回循环
RECEIVE:MOV DX , 3F8H           ;接收数据 (在屏幕上显示)
        IN  AL , DX             ;取新收到的字符
        CMP AL , 03H            ;检测 Ctrl+C
        JZ  EXIT                ;若是，转 EXIT 处结束程序
        MOV DL , AL
        MOV AH , 2
        INT 21H                 ;显示字符
        CMP AL , 0DH            ;判断刚才收到的字符是否为"↙"
        JNZ READ                ;不是，转线路检测循环
        MOV DL , 0AH            ;若是，则加显示一个换行符
        MOV AH , 2
        INT 21H
        JMP READ
ERROR:PUSH CS                   ;出错处理，显示一个提示
        POP DS
        MOV DX, OFFSET ERR_M
        MOV AH , 9
        INT 21H
EXIT:MOV AH, 4CH
        INT 21H
ERR_M DB 0AH , 'ERROR!$'        ;定义出错时显示的提示
CODE ENDS
        END START
```

实训 7.4　DAC0832 的 应 用

一、实训目的

熟悉 D/A 转换的基本原理，掌握 DAC0832 的使用方法。

二、实训内容

1. 编写程序产生锯齿波并用示波器观察。

2. 硬件原理图。

3. 要求 DAC0832 工作在双缓冲方式下。当 $A_0=0$ 时可锁存输入数据；当 $A_0=1$ 时，可启动转换输出。对应地址分别为 200H、201H。

三、实训步骤

1. 硬件连线。

2. 编写程序，对源程序进行汇编，连接生成可执行程序.exe。

3. 实验平台上电，运行程序。

4. 用示波器观察结果，以验证其正确性。

四、参考程序

```
CODE SEGMENT
    ASSUME CS:CODE
    ORG 100H
START:MOV AX,0
  DO:MOV DX,200H
    OUT DX,AL
    INC DX
    OUT DX,AL
    INC AL
    CMP AL,0FFH
    JNE DO
    JMP START
CODE ENDS
    END START
```

附录 A 综合测试题及参考答案

综合测试题（一）

一、选择题（每题 2 分，共 20 分）

1. 完成将有符号数 BX 的内容除以 2 的正确指令是（　　　）。

   A．SHR BX,1 　　　B．SAR AX,1 　　　C．ROR BX,1 　　　D．RCR BX,1

2. 8086/8088 中状态标志有（　　　）个。

   A．3 　　　　　　B．4 　　　　　　C．5 　　　　　　D．6

3. 将八进制数 154 转换成二进制数是（　　　）。

   A．1101100 　　　B．111011 　　　C．1110100 　　　D．111101

4. 存储周期是指（　　　）。

   A．存储器的读出时间

   B．存储器的写入时间

   C．存储器进行连续读和写操作所允许的最短时间间隔

   D．存储器进行连续写操作所允许的最短时间间隔

5. 8086/8088 可用于间接寻址的寄存器有（　　　）。

   A．2 　　　　　　B．4 　　　　　　C．6 　　　　　　D．8

6. 为了使 MOV AX, VAR 指令执行后，AX 寄存器中的内容为 4142H，下面哪一种数据定义会产生不正确的结果？（　　　）

   A．VAR DW 4142H 　　　　　　　　B．VAR DW 16706

   C．VAR DB 41H，42H 　　　　　　　D．VAR DW，'AB'

7. 计算机存储数据的最小单位是二进制的（　　　）。

   A．位 　　　　　B．字节 　　　　　C．字长 　　　　　D．千字长

8. 提出中断请求的条件是（　　　）。

   A．外设提出请求

   B．外设工作完成和系统允许时

   C．外设工作完成和中断标志触发器为 "1" 时

   D．外设需要工作

9. 执行下述指令后，(DL)=（　　　）。

```
A DB '8'
MOV DL,A
AND DL,0FH
OR DL,30H
```

   A．8H 　　　　　B．0FH 　　　　　C．38 　　　　　D．38H

10. 外设的中断类型码必须通过 16 位数据总线的（　　　）传送给 8086。

    A. 高 8 位   B. 低 8 位   C. 16 位   D. 高 4 位

二、填空题（每空 2 分，共 20 分）

1. 设 8259A 当前最高优先级为 IR5，若想该请求变为下一循环的最低优先级，则输出 OCW2 的数据格式是_____。

2. 设 8253 的计数器用于对外部事件记数，计满 100 后输出一个跳变信号，若按 BCD 方式计数，则写入计数初值的指令为 MOV AL,_____和 OUT PORT，AL。

3. 假设程序中的数据定义如下：

```
PARTNO  DW  ?
PNAME   DB  16 DUP（?）
PLENTH  EQU  $ -PARTNO
```

    问 PLENTH 的值为_____。

4. 执行下面的程序段后，(AL)=_____。

```
BUF DW 2151H,3416H,5731H,4684H
    MOV BX,OFFSET BUF
    MOV AL,3
    XLAT
```

5. 当存储器的读出时间大于 CPU 所要求的时间，为保证 CPU 与存储器的周期配合，就需要用_____信号，使 CPU 插入一个_____状态。

6. 已知(IP)=2000H，(SP)=1000H，(BX)=5E4H

    指令 CALL WORD PTR[BX]的机器代码是 FF17H，试问执行指令后，（0FFEH）=_____。

7. 8255A 工作于方式 1 输入时，通过_____信号表示端口已准备好向 CPU 输入数据。

8. 类型码为_____的中断所对应的中断向量存放在 0000H：0058H 开始的 4 个连续单元中，若这 4 个单元的内容分别为_____，则相应的中断服务程序入口地址为 5060H：7080H。

三、简答题（每题 5 分，共 30 分）

1. 常用的存储器片选控制方法有哪几种?它们各有什么优缺点?

2. 若 32 位二进制数高 16 位存放于 DX 和低 16 位存放于 AX 中，试利用移位与循环指令实现以下操作：

    （1）若 DX 和 AX 中存放的是无符号数，将其分别乘 2 和除 2。

    （2）若 DX 和 AX 中存放的是有符号数，也将其分别乘 2 和除 2。

3. 说明以下三条指令的区别（NUM 为数据段一个变量名）。

    （1）MOV SI，NUM

    （2）LEA SI，NUM

    （3）MOV SI，OFFSET NUM

4. 试说明异步串行通信和同步串行通信的特点。

5. 写出中断响应的处理过程。

6. 将下列算式中的十进制数用 BCD 码表示，并用加 6 修正法求出运算结果。

    （1）38+42

    （2）56+77

四、综合题（每题 15 分，共 30 分）

1. SRTING 是数据段中定义的一个字符串，现要求编写一个完整的程序寻找 STRING 字符串最后一个空格字符，并将其偏移地址送 RESULT 单元。（允许字符串中一个空格也没有的情况出现，RESULT 送 0）

2. 用 4K*4 的 EPROM 存储器芯片组成一个 16K*8 的只读存储器。试问：

（1）该只读存储器的数据线和地址线的位数是多少？

（2）根据题意，需要多少个 4K*4 的 EPROM 芯片?

（3）画出此存储器的组成框图。

参 考 答 案

一、选择题（每题 2 分，共 20 分）

1. B　　2. D　　3. A　　4. C　　5. B　　6. C　　7. A　　8. B　　9. D

10. B

二、填空题（每空 2 分，共 20 分）

1. 10100000　　2. 99H　　3. 18　　4. 34H　　5. READY；TW

6. 02H　　　　7. IBF　　8. 16H；80H、70H、60H、50H

三、简答题（每题 5 分，共 30 分）

1. 略

2.（1）无符号数乘 2:SHL AX,1;RCL DX,1

无符号数除 2:SHR DX,1;RCR AX,1

（2）有符号数乘 2:SAL AX,1;RCL DX,1

有符号数除 2:SAR DX,1;RCR AX,1

3.（1）指令执行后 SI 取得的是内存变量 NUM 的值。

（2）指令执行后 SI 取得的是内存变量 NUM 的偏移地址。

（3）同（2）。

4. 略

5.（1）中断请求；　　（2）中断允许；　　　（3）保护断点，保护现场；

（4）中断服务；　　（5）恢复现场，中断返回。

6.（1）38+42 = (00111000) BCD + (01000010) BCD = (01101010) + (0110) 加 6 修正= 10000000BCD

（2）56 + 77 = (01010110) BCD + (01110111) BCD = (11001101) + (01100110) 加 66 修正 = 100110011BCD

四、综合题（每题 15 分，共 30 分）

```
1. DSEG SEGMENT
STRING DB '……$'
RESULT DW ?
DSEG ENDS
CSEG SEGMENT
    ASSUME CS:CSEG,DS:DSEG
```

```
BEGIN PROC FAR
START: PUSH DS
    SUB AX,AX
    PUSH AX
    MOV AX,DSEG
    MOV DS,AX
    XOR DI,DI
    LEA SI,STRING
NEXT: MOV AL,[SI]
    CMP AL,'$'
    JE  EXIT
    CMP AL,20H
    JNE LOP1
    MOV DI,SI
LOP1: INC SI
    JMP NEXT
EXIT: MOV RESULT,DI
    RET
BEGIN ENDP
CSEG ENDS
    END START
```

2.（1）该存储器有 14 位地址线和 8 位数据线。

（2）共需总芯片数为 8 片。

（3）略

综合测试题（二）

一、选择题（每题 2 分，共 20 分）

1. 现用数据定义为指令定义数据：

```
BUF DB 4 DUP(0,2 DUP(1,0));
```

问定义后，存储单元中有数据 0100H 的字单元个数是（   ）。

A. 4　　　　　　B. 3　　　　　　C. 8　　　　　　D. 12

2. 外设的中断类型码必须通过 16 位数据总线的（   ）传送给 8086。

A. 高 8 位　　　B. 低 8 位　　　C. 16 位　　　　D. 高 4 位

3. 8086 微处理器可寻址访问的最大 I/O 空间为（   ）。

A. 1KB　　　　B. 64KB　　　　C. 640KB　　　　D. 1MB

4. 一般微机中不使用的控制方式是（   ）。

A. 程序查询方式　B. 中断方式　　C. DMA 方式　　D. 通道方式

5. 采用两只中断的控制器 8259A 级联后，CPU 的可屏蔽硬中断源能扩大到（   ）。

A. 64 个　　　　B. 32 个　　　　C. 16 个　　　　D. 15 个

6. 在程序控制传送方式中,哪种传送可提高系统的工作效率（   ）。

A. 条件传送　　B. 查询传送　　C. 中断传送　　D. 前三项均可

7. 下列数据中（   ）最小。

A. 11011001（二进制数） B. 75（十进制数）

C. 37（八进制数） D. 2A7（十六进制数）

8. PC 机中确定硬中断服务程序的入口地址是（ ）。

A. 主程序中的调用指令 B. 主程序中的转移指令

C. 中断控制器发出的类型码 D. 中断控制器中的中断服务寄存器（ISR）

9. 某计算机字长 16 位，其存储容量为 64KB，若按字节编址，那么它的寻址范围是（ ）。

A. 0～64K B. 0～32K C. 0～64KB D. 0～32KB

10. 执行下面的程序段后，(AX)=（ ）。

```
TAB DW 1,2,3,4,5,6
ENTRY EQU 3
MOV BX,OFFSET TAB
ADD BX,ENTRY
MOV AX,[BX]
```

A. 0003H B. 0300H C. 0400H D. 0004H

二、填空题（每空 2 分，共 20 分）

1. 8251A 工作在异步方式时，每个字符的数据位长度为_____。

2. 假设(SP)=0100H，(SS)=2000H，执行 PUSH BP 指令后，栈顶的物理地址是_____。

3. 8253 芯片内包含有 3 个独立的计数通道，它有_____种工作方式，若输入时钟 CLK 1=1MHz，计数初值为 500，BCD 码计数方式，OUT1 输出为方波，则初始化时该通道的控制字应为_____。

4. 用 2K×8 的 SRAM 芯片组成 16K×16 的存储器，共需 SRAM 芯片_____片，片内地址和产生片选信号的地址分别为_____位。

5. 若定义 DATA EW 1234H，执行 MOV BL, BYTE PTR DATA 指令后，(BL)=_____。

6. 若定义 DATA DB 0A5H，5BH 在指令 MOV BX，____ DATA 中填充，使指令正确执行。

7. 假如从内存向量为 0000:0080H 开始存放的 16 个单元中存放有以下值：21、04、35、05、29、1A、EB、4F、03、79、2B、2A、03、79、2B、2C，则 21H 中断子程序的入口地址为_____:_____H。

三、简答题（每题 5 分，共 30 分）

1. 根据给定的条件写出指令或指令序列。

（1）将 AX 寄存器及 CF 标志位同时清零。

（2）BX 内容乘以 2 再加上进位位。

（3）将 AL 中的二进制数高 4 位和低 4 位交换。

（4）将首地址为 BCD1 存储单元中的两个压缩的 BCD 码相加，和送到第三个存储单元中。

2. 在 8086CPU 中，已知 CS 和 IP 寄存器的内容分别为如下所示，试确定其物理地址。

（1）(CS)=1000H (IP)=2000H

（2）(CS)=2000H (IP)=00A0H

（3）（CS）=1234H (IP)=0C00H

3. RESET 信号来到以后，8088/8086 系统的 CS 和 IP 分别等于多少？

4. 若 8255A 的端口 A 定义为方式 0，输入；端口 B 定义为方式 1，输出；端口 C 的上半部定义为方式 0，输出。试编写初始化程序（端口地址为 80H～83H）。

5. 试说明线选法和全译码法两种片选控制方法的优缺点。

6. 已知 X 和 Y，用补码求 $X-Y=$？

（1）$X=+1000000B$　$Y=+0011000B$

（2）$X=-1101101B$　$Y=-1010110B$

四、综合题（每题 15 分，共 30 分）

1. 若在缓存区中有一个数据快，起始地址为 BLOCK，要求把其中的正、负数分开，分别送至同一段的两个缓冲区。存放正数的缓冲区起始地址为 PLUS，存放负数的缓冲区起始地址为 MINUS。试编程实现。

2. 若 8086 系统中采用级联方式，主 8259A 的中断类型码从 30H 开始，端口地址为 20H，21H。从 8259A 的 INT 接主片的 IR7，从片的中断类型码从 40H 开始，端口地址为 22H，23H。均不要 ICW4。试对其进行初始化编程。

参 考 答 案

一、选择题（每题 2 分，共 20 分）

1．C　　2．B　　3．B　　4．D　　5．D　　6．C　　7．C　　8．C　　9．B

10．B

二、填空题（每空 2 分，共 20 分）

1．5～8 位　　　2．200FEH　　　　3．6；77H　　　　4．16；11、3

5．34H　　　　　6．WORD PTR　　　7．4FEB；1A29

三、简答题（每题 5 分，共 30 分）

1．（1）XOR AX,AX 或 AND AX,0

　　（2）ADC BX,BX

　　（3）MOV CL,4 ROR AL,CL

　　（4）MOV AL,BCD1;ADD AL,BCD1+1; DAA; MOV BCD1+2,AL

2．（1）12000H

　　（2）200A0H

　　（3）12F40H

3．CS=FFFFH，IP=0000H

4．略

5．略

6．（1）(X-Y)补

　　　　=X 补-Y 补

　　　　=X 补+[-Y]补

　　　　=0100000+11101000

　　　　=1̲00101000

X－Y=+0101000

（2）(X－Y)补

　　=X 补－Y 补

　　=X 补+[－Y]补

　　=10010011+01010110

　　=11101001

X－Y=－0010111

四、综合题（每题 15 分，共 30 分）

1. DSEG SEGMENT

BLOCK DB A1，A2，A3，…，A50

COUNT EQU $ -BLOCK

PLUS DB 50 DUP（？）

MINUS DB 50 DUP（？）

DSEG ENDS

CSEG SEGMENT

ASSUME CS: CSEG, DS: DSEG

START: MOV AX, DSEG

MOV DS, AX

MOV SI，OFFSET BLOCK

LEA DI, PLUS

LEA BX, MINUS

MOV CX, COUNT

TEST1: LODSB

TEST AL, 80H

JNZ MINUS

STOSB

JMP AGAIN

MINUS: XCHG BX, DI

STOSB

XCHG BX, DI

AGAIN: LOOP TEST1

MOV AH, 4CH

INT 21H

CSEG ENDS

END START

2. 主:M82590 EQU 20H

M82591 EQU 21H

…

MOV AL,00010000B

MOV DX,M82590

OUT DX,AL

MOV AL,30H

INC DX

OUT DX,AL

MOV AL,80H

OUT DX,AL

从 S82590 EQU 22H

```
S82591 EQU 23H
...
MOV AL,00010000B
MOV DX,S82590
OUT DX,AL
MOV AL,40H
INC DX
OUT DX,AL
MOV AL,07H
    OUT DX,AL
```

附录 B　部分习题参考答案

1-1　填空题

1．EU；BIU

2．4；16；16；6；20；输入输出

3．4；4；ALU

4．6；3

5．偏移量；物理地址=段地址×16+偏移量；段寄存器

6．110；43

7．5.6H；111000010010

1-2　选择题

1～5．D A A A D；6～10．B C B D C

2-1　填空题

1．指令操作码　指令操作数/操作数的地址（一般就统称为操作数）

2．（1）立即数寻址方式　　　（2）寄存器间接寻址方式　　　（3）直接寻址方式
　　（4）基址变址寻址方式　　（5）寄存器寻址方式　　　　　（6）立即数寻址方式
　　（7）相对基址变址寻址方式　　（8）寄存器相对寻址方式

3．（1）1200H　　（2）0100H　　　（3）2AH　　（4）3412H　　　（5）4C2AH
　　（6）7856H　　（7）65B7H

4．（1）22000H　　（2）21100H　　　（3）21350H

5．DX　AX　立即数寻址

6．有借位　无符号

7．（1）0FFEH　　（2）0FFEH　　3000H　　3000H

8．CX，CL

9．4145H　6F30H

10．（1）AND AH，00011111B　　（2）OR AH，00001111B　　（3）XOR AH，00000001B

2-2　指出下列指令中的错误，并改正。

1．× 源操作数和目的操作数的类型不匹配

2．× 源操作数和目的操作数不能同时为存储器操作数

3．× 在寻址方式中，不允许两个变址寄存器一起出现

4．× 代码段寄存器 CS 不能作目的操作数

5．× AX 寄存器不能作为变址寄存器或基址寄存器用

6．× CX 寄存器不能作为间址寄存器用

7．× 乘法操作指令只能带一个操作数，另一个操作数是默认的

8．× –360 超出了 BH 寄存器所能存储的范围

9．× DX 寄存器不能作为间址寄存器用

10．× 8086/8088 向堆栈存取数据必须以字为单位进行

2-3　选择题

1～5　C CA DBA

3-1（1）指令语句　伪指令语句　宏指令语句

（2）段定义　段指定　模块定义　程序结束　子程序定义

（3）段　偏移量　类型

（4）.ASM　.OBJ　.EXE

（5）在一个代码段内　不在一个代码段内

（6）SI　数据　DI　附加

（7）立即寻址　直接寻址

3-3（1）C9H　　（2）1FH　　（3）0FH

3-4（1）40H　45H　42H

（2）（AL）=4　（BL）=6

（3）（RES）=0　ZF=0

（4）（AX）=0FF00H　（DX）=1

（5）（CX）=2　（AX）=8

4-1　填空题

1．总线　　　　2．1　2　　　　3．地址锁存　　　　4．2^{32}

5．M/$\overline{\text{IO}}$　　　6．READY　TW

5-3 需 16 片 2164，至少需 17 根地址线，其中 13 根用于片内寻址，4 根用于片选译码。

5-4（1）16KB；　（2）32 片；　　（3）4 位

5-5（1）10 位；　（2）4 片；　　（3）略

5-6（1）8KB；　（2）13 位；　　（3）略

6-1　填空题

1．程序控制方式，中断方式，DMA 方式，DMA 方式，I/O 独立编址地址，存储器映像 I/O 编址方式

2．全嵌套方式

3．单字节传送方式，始终与数据块传送方式，请求传送方式，级联方式

4．4B

5．45H

6．可屏蔽中断请求

7．高　低

6-2　选择题

1～5　D A B D B　　　6～9　D B C C

7-1　填空题

1．A 端口和 C 端口的高 4 位　B 端口和 C 端口的低 4 位　3　A

2．10011001B

3．清 0　输入

4．高　低

5．接收缓冲器　CPU

6．三　计数器

7．43H　40H

8．GATE　方式 1、方式 2、方式 3、方式 6

9．偶　奇

10．8 位　A/D　转换结束　中断请求信号

7-2　编程题

1．MOV DX,0063H

MOV AL,0B6H

OUT DX,AL

2．MOV DX,0066H

MOV AL,0C1H

OUT DX,AL

MOV AL,09H

OUT DX,AL

MOV AL,0CH

OUT DX,AL

3．MOV DX,04A2H

MOV AL,7BH　　　;写工作方式字

OUT DX,AL

MOV AL,14H

OUT DX,AL　　　;写操作命令字

LP: IN AL,DX　　;读状态控制字

AND AL,02H　　　;检查 RxRDY 是否为 1

JZ LP

MOV DX,04A0H

IN AL,DX

4．MOV AL,34H;00110100B

OUT 06H,AL

MOV AX,4000

OUT 00H,AL　　　;先送低 8 位

MOV AL,AH

OUT 00H,AL　　　;再送高 8 位

5．START:IN AL,86H

TEST AL,80H

JZ START

IN AL,87H

6．START:IN AL,76H

TEST AL,80H

JZ START

MOV AL,输出的字节

OUT 75H,AL

附录 C DEBUG 常用命令

DEBUG 是为汇编语言设计的一种高度工具，它通过单步、设置断点等方式为汇编语言程序员提供了非常有效的调试手段。

一、DEBUG 程序的使用

1. 直接启动 DEBUG 程序

例如，在 DOS 提示符下，输入"DEBUG<CR>"

屏幕出现提示符"_"，等待输入 DEBUG 命令。

2. 启动 DEBUG 程序的同时装载被调试文件

在 DOS 提示符下，可输入命令：

```
C:\DEBUG [D:][PATH][FILENAME[.EXT]][PARM1][PARM2]
```

其中，文件名是被调试文件的名字。如用户输入文件，则 DEBUG 将指定的文件装入存储器中，用户可对其进行调试。如果未输入文件名，则用户可以用当前存储器的内容工作，或者用 DEBUG 命令 N 和 L 把需要的文件装入存储器后再进行调试。命令中的 D 指定驱动器 PATH 为路径，PARM1 和 PARM2 则为运行被调试文件时所需要的命令参数。

例如，`DEBUG D:\MASM\TEST.EXE<CR>`

二、DEBUG 常用命令

1. 显示存储单元的命令 D(DUMP)

格式：`-D[address]或-D[range]`

例如，按指定范围显示存储单元内容的方法为

```
-d 100 120
18E4:0100 c7 06 04 02 38 01 c7 06-06 02 00 02 c7 06 08 02 G...8.G.....G...
......
18E4:0120 8B
```

其中，0100~0120 是 DEBUG 显示的单元内容，左边用十六进制表示每个字节，右边用 ASCII 字符表示每个字节，"·"表示不可显示的字符。这里没有指定段地址，D 命令自动显示 DS 段的内容。如果只指定首地址，则显示从首地址开始的 80B 的内容。如果完全没有指定地址，则显示上一个 D 命令显示的最后一个单元后的内容。

2. 修改存储单元内容的命令 E(ENTER)

格式 1：`-E address [list]`

> **说明**
> 用给定的内容表来替代指定范围的存储单元内容。

例如，`-E DS:100 F3'XYZ'8D`

其中，F3, 'X', 'Y', 'Z'和 8D 各占 1B，该命令可以用这 5B 来替代存储单元 DS：0100~0104 原先的内容。

格式 2：`-E address`

说明
逐个单元相继修改

例如，-E DS: 100
则可能显示为

```
18E4: 0100 89.-
```

如果需要把该单元的内容修改为 78，则用户可以直接输入"78"，再按"空格"键可接着显示下一个单元的内容，如下：

```
18E4: 0100 89.78 1B.-
```

这样，用户可以不断修改相继单元的内容，直到用 Enter 键结束该命令为止。

3. 填写命令 F(FILL)

格式：-F range list

例如：-F 4BA:0100 5 F3'XYZ'8D

使 04BA: 0100～0104 单元包含指定的 5B 的内容。如果 list 中的字节数超过指定的范围，则忽略超过的项；如果 list 的字节数小于指定的范围，则重复使用 list 填入，直到填满指定的所有单元为止。

4. 检查和修改寄存器内容的命令 R（register）

格式1：-R

说明
显示 CPU 内所有寄存器内容和标志位状态。

例如，-r

```
AX=0000 BX=0000 CX=010A DX=0000 SP=FFFE BP=0000 SI=0000 DI=0000
DS=18E4 ES=18E4 SS=18E4 CS=18E4 IP=0100 NV UP DI PL NZ NA PO NC
18E4:0100 C70604023801 MOV WORD PTR [0204],0138 DS:0204=0000
```

格式2：-R register name

说明
显示和修改某个寄存器内容。

例如，输入

```
-R AX
```

系统将响应如下：

```
AX F1F4
:
```

即 AX 寄存器的当前内容为 F1F4，如不修改则按 Enter 键，否则，可输入要修改的内容，如：

```
-R bx
BX 0369
: 059F
```

则把 BX 寄存器的内容修改为 059F。

格式 3：-R F

说明

　　显示和修改标志位状态。

系统将响应，如：

OV DN EI NG ZR AC PE CY-

此时，如不修改其内容可按 Enter 键，否则，可输入要修改的内容，如：

OV DN EI NG ZR AC PE CY-PONZDINV

即可，可见输入的顺序可以是任意的。

5．运行命令 G

格式为：-G[=address1][address2[address3…]]

其中，地址 1 指定了运行的起始地址，如不指定则从当前的 CS：IP 开始运行。后面的地址均为断点地址，当指令执行到断点时，就停止执行并显示当前所有寄存器及标志位的内容和下一条将要执行的指令。

6．跟踪命令 T(Trace)

格式 1：-T [=address]

说明

　　逐条指令跟踪。

从指定地址起执行一条指令后停下来，显示所有寄存器内容及标志位的值。如未指定地址，则从当前的 CS：IP 开始执行。

格式 2：-T [=address][value]

说明

　　多条指令跟踪。

从指定地址起执行 n 条指令后停下来，n 由 value 指定。

7．汇编命令 A(Assemble)

格式：-A[address]

该命令允许输入汇编语言语句，并能把它们汇编成机器代码，相继地存放在从指定地址开始的存储区中。必须注意：DEBUG 把输入的数字均看成十六进制数，所以如要输入十进制数，则其后应加以说明，如 100D。

8．反汇编命令 U(Unassemble)

格式 1：-U[address]

说明

　　从指定地址开始，反汇编 32B。

例如：

```
-u100
18E4:0100 C70604023801   MOV   WORD PTR[0204],0138
18E4:0106 C70606020002   MOV   WORD PTR[0206],0200
18E4:010C C70606020202   MOV   WORD PTR[0208],0202
18E4:0112 BB0402 MOV BX,0204
18E4:0115 E80200 CALL 011A
18E4:0118 CD20 INT   20
18E4:011A 50PUSH AX
18E4:011B 51PUSH CX
18E4:011C 56PUSH SI
18E4:011D 57PUSH DI
18E4:011E 8B37 MOV SI,[BX]
```

如果地址被省略，则从上一个 U 命令的最后一条指令的下一个单元开始显示 32B。

格式 2：`-U[range]`

说明

对指定范围内的存储单元进行反汇编。

例如：

```
-u100 10c
18E4:0100 C70604023801 MOV WORD PTR[0204],0138
18E4:0106 C70606020002 MOV WORD PTR[0206],0200
18E4:010C C70606020202 MOV WORD PTR[0208],0202
```

或

```
-u100 112
18E4:0100 C70604023801 MOV WORD PTR[0204],0138
18E4:0106 C70606020002 MOV WORD PTR[0206],0200
18E4:010C C70606020202 MOV WORD PTR[0208],0202
```

可见这两种格式是等效的。

9. 命名命令 N(Name)

格式：`-N filespecs [filespecs]`

命令把两个文件标识符格式化在 CS：5CH 和 CS：6CH 的两个文件控制块中，以便在其后用 L 或 W 命令把文件装入存盘。filespecs 的格式可以是：[d:][path] filename[.ext]

例如，

```
-N myprog
-L
-
```

可把文件 myprog 装入存储器。

10. 装入命令(Load)

格式 1：`-L[address[drive sector sector]`

说明

把磁盘上指定扇区范围的内容装入到存储器从指定地址开始的区域中。

格式 2：-L[address]

说明

装入指定文件。

此命令装入已在 CS：5CH 中格式化了文件控制块所指定的文件。如未指定地址，则装入 CS：0100 开始的存储区中。

11. 写命令 W(Write)

格式 1：-W address drive sector sector

说明

把数据写入磁盘的指定扇区。

格式 2：-W[address]

说明

把数据写入指定的文件中。

此命令把指定的存储区中的数据写入由 CS：5CH 处的文件控制块所指定的文件中。如未指定地址则数据从 CS：0100 开始。要写入文件的字节数应先放入 BX 和 CX 中。

12. 退出 DEBUG 命令 Q(Quit)

格式：-Q

退出 DEBUG，返回 DOS。本命令并无存盘功能，如需存盘应先使用 W 命令。

附录 D 8086/8088 指令系统

指令表中的符号说明：

r16：16 位寄存器（AX，BX，CX，DX，SI，DI，BP，SP）

r8：8 位寄存器（AH，AL，BH，BL，CH，CL，DH，DL）

r：8 位或 16 位寄存器

rs：段寄存器（CS，DS，ES，SS）

a：8 位或 16 位累加器（AL 或 AX）

i16：16 位立即数

i8：8 位立即数

i：8 位立即数或 16 位立即数

i6：6 位立即数

m32：双字单元

m16：字单元

m8：字节单元

m：字节或字单元

EA：有效地址计算时间

Eaddr：有效地址

ODITSZAPC：9 个标志位

?：受影响

U：不确定

.：不受影响

prt：8 位 I/O 端口地址

i_type：中断类型号（0～255）

各指令见表 D.1～D.10。

表 D.1　　　　　　　　　　数 据 传 送 指 令

指令格式	操作	时钟个数	字节数	标志位 ODITSZAPC
MOV m/a,a/m	m←a/a←(m)	10	3	....
MOV r,r	r←r	2	2	....
MOV r,m	r←m	8+EA	2～4	....
MOV m,r	m←r	9+EA	2～4	....
MOV r,i	r←i	4	2～3	....
MOV m,i	m←i	10+EA	3～6	....
MOV rs,r16	rs←r16	2	2	....
MOV r16,m16	r16←(m16)	8+EA	2～4	....
MOV r16,rs	r16←rs	2	2	....
MOV m16,rs	m16←rs	9+EA	2～4	....
LEA r16,m16	r16←Eaddr	2+EA	2	....

241

续表

指令格式	操　作	时钟个数	字节数	标志位 ODITSZAPC
LDS r61,m32	r16←(m32),DS←(m32+2)	16+EA	2～4	....
LES r16,m32	r16←(m32),ES←(m32+2)	16+EA	2～4	....
PUSH r16	SP←SP−2,(SP,SP+1)←r16	11	1	....
PUSH M16	SP←SP−2,(SP,SP+1)←m16	11	1	....
PUSH rs	SP←SP−2,(SP,SP+1)←rs	10	1	....
POP r16	r16←(SP,SP+1),SP←SP+2	8	1	....
POP m16	m16←(SP,SP+1),SP←SP+2	17+EA	2～4	....
POP rs(除 CS 外)	rs←(SP,SP+1),SP←SP+2	8	1	....
PUSHF	SP←SP−2,(SP,SP+1)←F	10	1	....
POPF	F←(SP,SP+1),SP←SP+2	8	1	U...UUUUU
LAHF	AH←F 第 0～7 位	4	1	....
SAHF	F 第 0～7 位←AH	4	1	....?????
XLAT	AL←(BX+AL)	11	1	....
XCHG AX,r16	AX←r16, r16←AX	3	1	....
XCHG m,r	r←(m), m←r	17+EA	2～4	....
XCHG r,r	r←r	4	2	....

表 D.2　　　　　　　　　　　　算　术　运　算　指　令

指令格式	操　作	时钟个数	字节数	标志位 ODITSZAPC
ADD r,r	r←r+r	3	2	?...?????
ADD r,m	r←r+(m)	9+EA	2～4	?...?????
ADD m,r	m←(m)+r	16+EA	2～4	?...?????
ADD r,i	r←r+i	4	3～4	?...?????
ADD m,i	m←(m)+i	17+EA	3～6	?...?????
ADD a,i	a←a+i	4	2～3	?...?????
ADC r,r	r←r+r+CF	3	2	?...?????
ADC r,m	r←r+(m)+CF	9+EA	2～4	?...?????
ADC m,r	m←(m)+r+CF	16+EA	2～4	?...?????
ADC r,i	r←r+i+CF	4	3～4	?...?????
ADC m,i	m←(m)+i+CF	17+EA	3～6	?...?????
ADC a,i	a←a+i+CF	4	2～3	?...?????
INC r61	r16←r16+1	2	2	?...????.
INC r8	r8←r8+1	3	2	?...????.
INC m	m←(m)+1	15+EA	2～4	?...????.
SUB r,r	r←r−r	3	2	?...?????
SUB r,m	r←r−(m)	9+EA	2～4	?...?????
SUB m,r	m←(m)−r	16+EA	2～4	?...?????
SUB r,i	r←r−i	4	3～4	?...?????
SUB m,i	m←(m)−i	17+EA	3～6	?...?????
SUB a,i	a←a−i	4	2～3	?...?????

指令格式	操　　作	时钟个数	字节数	标志位 ODITSZAPC
SBB r,r	r←r-r-CF	3	2	?...?????
SBB r,m	r←r-(m)-CF	9+EA	2～4	?...?????
SBB m,r	m←(m)-r-CF	16+EA	2～4	?...?????
SBB r,i	r←r-i-CF	4	3～4	?...?????
SBB m,i	m←(m)-i-CF	17+EA	3～6	?...?????
SBB a,i	a←a-i-CF	4	2～3	?...?????
DEC r61	r16←r16−1	2	2	?...????.
DEC r8	r8←r8−1	3	2	?...????.
DEC m	m←(m)−1	15+EA	2～4	?...????.
CMP r,r	r−r	3	2	?...?????
CMP r,m	r−(m)	9+EA	2～4	?...?????
CMP m,r	(m)−r	9+EA	2～4	?...?????
CMP r,i	r−i	4	3～4	?...?????
CMP m,i	(m)−i	10+EA	3～6	?...?????
CMP a,i	a−i	4	2～3	?...?????
NEG r	r←0-r	3	2	?...?????
NEG m	m←0(m)	16+EA	2～4	?...?????
MUL r8	AX←AL*r8	70～77	2	?...UUUU?
MUL r16	DX,AX←AX*r16	118～133	2	?...UUUU?
MUL m8	AX←AL*(m8)	76～83+EA	2～4	?...UUUU?
MUL m16	DX,AX←AX*(m16)	124～139+EA	2～4	?...UUUU?
IMUL r8	AX←AL*r8	80～98	2	?...UUUU?
IMUL r16	DX,AX←AX*r16	128～154	2	?...UUUU?
IMUL m8	AX←AL*(m8)	86～104+EA	2～4	?...UUUU?
IMUL m16	DX,AX←AX*(m16)	134～160+EA	2～4	?...UUUU?
DIV r8	AL←AX/r8,AH←AX%r8	80～90	2	U...UUUUU
DIV r16	AX←DX,AX/r16, DX←DX,AX%r16	114～162	2	U...UUUUU
DIV m8	AL←AX/(m8), AH←AX%(m8)	86～96+EA	2～4	U...UUUUU
DIV m16	AX←DX,AX/(m16), DX←DX,AX%(m16)	150～168+EA	2～4	U...UUUUU
IDIV r8	AL←AX/r8,AH←AX%r8	101～112	2	U...UUUUU
IDIV r16	AX←DX,AX/r16, DX←DX,AX%r16	165～184	2	U...UUUUU
IDIV m8	AL←AX/(m8), AH←AX%(m8)	107～118+EA	2～4	U...UUUUU
IDIV m16	AX←DX,AX/(m16), DX←DX,AX%(m16)	171～190+EA	2～4	U...UUUUU
CBW	如果 AL<0,则 AH←−1,否则 AH←0	2	1	....
CWD	如果 AX<0,则 DX←−1,否则 DX←0	2	1	....

表 D.3　　　　　　　逻 辑 运 算 指 令

指令格式	操　　作	时钟个数	字节数	标志位 ODITSZAPC
AND r,r	r←r∧r	3	2	0...??U?0
AND r,m	r←r∧(m)	9+EA	2～4	0...??U?0
AND m,r	m←(m) ∧r	16+EA	2～4	0...??U?0
AND r,i	r←r∧i	4	3～4	0...??U?0
AND m,i	m←(m) ∧i	17+EA	3～6	0...??U?0
AND a,i	a←a∧i	4	2～3	0...??U?0

指令格式	操　作	时钟个数	字节数	标志位 ODITSZAPC
OR r,r	r←r∨r	3	2	0...??U?0
OR r,m	r←r∨(m)	9+EA	2～4	0...??U?0
OR m,r	m←(m)∨r	16+EA	2～4	0...??U?0
OR r,i	r←r∨i	4	3～4	0...??U?0
OR m,i	m←(m)∨∧i	17+EA	3～6	0...??U?0
OR a,i	a←a∨i	4	2～3	0...??U?0
XOR r,r	r←r⊕r	3	2	0...??U?0
XOR r,m	r←r⊕(m)	9+EA	2～4	0...??U?0
XOR m,r	m←(m)⊕r	16+EA	2～4	0...??U?0
XOR r,i	r←r⊕i	4	3～4	0...??U?0
XOR m,i	m←(m)⊕i	17+EA	3～6	0...??U?0
XOR a,i	a←a⊕i	4	2～3	0...??U?0
NOT r	r←r̄	3	2	....
NOT m	m←(m)‾	16+EA	2～4	....
TEST r,r	r∧r	3	2	0...??U?0
TEST r,m	r∧(m)	9+EA	2～4	0...??U?0
TEST m,r	(m)∧r	16+EA	2～4	0...??U?0
TEST r,i	r∧i	4	3～4	0...??U?0
TEST m,i	(m)∧i	17+EA	3～6	0...??U?0
TEST a,i	a∧i	4	2～3	0...??U?0

表 D.4　　　　　移　位　指　令

指令格式	操　作	时钟个数	字节数	标志位 ODITSZAPC
SHL/SAL r,1		2	2	?...??U??
SHL/SAL r,CL	CF 最高位 DEST 最低位 ← 0	8+4/bit	2	U...??U??
SHL/SAL m,1		15+EA	2～4	?...??U??
SHL/SAL m,CL		20+EA+4/bit	2～4	U...??U??
SHR r,1		2	2	?...??U??
SHR r,CL	0 → 最高位 DEST 最低位 CF	8+4/bit	2	U...??U??
SHR m,1		15+EA	2～4	?...??U??
SHR m,CL		20+EA+4/bit	2～4	U...??U??
SAR r,1		2	2	....??U??
SAR r,CL	最高位 DEST 最低位 CF	8+4/bit	2	....??U??
SAR m,1		15+EA	2～4	....??U??
SAR m,CL		20+EA+4/bit	2～4	....??U??
ROL r,1		2	2	?.......?
ROL r,CL	CF 最高位 DEST 最低位 0	8+4/bit	2	U.......?
ROL m,1		15+EA	2～4	?.......?
ROL m,CL		20+EA+4/bit	2～4	U.......?
ROR r,1		2	2	?.......?
ROR r,CL	最高位 DEST 最低位 CF	8+4/bit	2	U.......?
ROR m,1		15+EA	2～4	?.......?
ROR m,CL		20+EA+4/bit	2～4	U.......?

续表

指令格式	操　作	时钟个数	字节数	标志位 ODITSZAPC
RCL r,1 RCL r,CL RCL m,1 RCL m,CL	CF　最高位　DEST　最低位	2 8+4/bit 15+EA 20+EA+4/bit	2 2 2～4 2～4	?.......? U.......? ?.......? U.......?
RCR r,1 RCR r,CL RCR m,1 RCR m,CL	最高位　DEST　最低位　CF	2 8+4/bit 15+EA 20+EA+4/bit	2 2 2～4 2～4	?.......? U.......? ?.......? U.......?

表 D.5　　状态标志位操作指令

指令格式	操　作	时钟个数	字节数	标志位 ODITSZAPC
CLC	CF←0	2	1	0
STC	CF←1	2	1	1
CMC	CF←$\overline{\text{CF}}$	2	1	.......?
CLD	DF←0	2	1	.0......
STD	DF←1	2	1	.1......
CLI	IF←0	2	1	..0.....
STI	IF←1	2	1	..1.....

表 D.6　　转　移　指　令

指令格式	操　作	时钟个数	字节数	标志位 ODITSZAPC
JMP lab_s(短) JMP lab_n(近) JMP lab_f(远) JMP r16(近) JMP m16s(近) JMP m32s(远)	IP←OFFSET lab_s IP←OFFSET lab_n IP←OFFSET lab_f,CS←SEG lab_f IP←r16 IP←(m16) IP←(m32),CS←(m32+2)	15 15 15 11 18+EA 24+EA	2 2 2 2 2～4 2～4	....
JAE/JNB lab_s JNC lab_s	如果 CF=0 则 IP←lab_s,否则 IP←IP+2	16 4	2 2	....
JB/JNAC lab_s JC lab_s	如果 CF=1 则 IP←lab_s,否则 IP←IP+2	16 4	2 2	....
JNZ/JNE lab_s	如果 ZF=0 则 IP←lab_s,否则 IP←IP+2	16 4	2	....
JZ/JE lab_s	如果 ZF=1 则 IP←lab_s,否则 IP←IP+2	16 4	2	....
JNS lab_s	如果 SF=0 则 IP←lab_s,否则 IP←IP+2	16 4	2	....
JS lab_s	如果 SF=1 则 IP←lab_s,否则 IP←IP+2	16 4	2	....

续表

指令格式	操　　作	时钟个数	字节数	标志位 ODITSZAPC
JNP JPO lab_s	如果 PF=0 则 IP←lab_s,否则 IP←IP+2	16 4	2	....
JP JPE lab_s	如果 PF=1 则 IP←lab_s,否则 IP←IP+2	16 4	2	....
JNO lab_s	如果 OF=0 则 IP←lab_s,否则 IP←IP+2	16 4	2	....
JO lab_s	如果 OF=1 则 IP←lab_s,否则 IP←IP+2	16 4	2	....
JA/JNBE lab_s	如果(CF∨ZF)=0 则 IP←lab_s,否则 IP←IP+2	16 4	2	....
JBE/JNA lab_s	如果(CF∨ZF)=1 则 IP←lab_s,否则 IP←IP+2	16 4	2	....
JG/JNLE lab_s	如果(SF⊕0F)∨ZF=0 则 IP←lab_s,否则 IP←IP+2	16 4	2	....
JGE/JNL lab_s	如果(SF⊕0F)=0 则 IP←lab_s,否则 IP←IP+2	16 4	2	....
JL/JNGE lab_s	如果(SF⊕0F)=1 则 IP←lab_s,否则 IP←IP+2	16 4	2	....
JLE/JNG lab_s	如果(SF⊕0F)∨ZF=1 则 IP←lab_s,否则 IP←IP+2	16 4	2	....

表 D.7　　　　　　　　　　循环控制与数据串操作指令

指令格式	操　　作	时钟个数	字节数	标志位 ODITSZAPC
JCXZ lab_s	如果 CX=0 则 IP←lab_s,否则 IP←IP+2	18 4	2	....
LOOP lab_s	CX←CX−1,如果 CX≠0 则 IP←lab_s,否则 IP←IP+2	18 6	2	....
LOOPE/LOOPZ lab_s	CX←CX−1,如果 CX≠0 且 ZF=1 则 IP←lab_s,否则 IP←IP+2	18 6	2	....
LOOPNE/LOOPNZ lab_s	CX←CX−1,如果 CX≠0 且 ZF=0 则 IP←lab_s,否则 IP←IP+2	18 6	2	....
REP	如果 CX≠0,则重复 CX←CX−1	2	1	....
REPZ/REPE	如果 CX≠0 且 ZF=1, 则重复 CX←CX−1	2	1	....
REPNZ/REPNE	如果 CX≠0 且 ZF=0 则重复 CX←CX−1	2	1	....
MOVS src,dst	[ES:DI]←[DS:SI], DI←DI±1/2,SI←SI±1/2	18 9+17/REP	1	....
MOVSB	[ES:DI]←[DS:SI], DI←DI±1,SI←SI±1	18 9+17/REP	1	....
MOVSW	[ES:DI]←[DS:SI], DI←DI±2,SI←SI±2	18 9+17/REP	1	....

续表

指令格式	操作	时钟个数	字节数	标志位 ODITSZAPC
CMPS src,dst	[ES:DI]-[DS:SI], DI←DI±1/2,SI←SI±1/2	22 9+22/REP	1	?...?????
CMPSB	[ES:DI]-[DS:SI], DI←DI±1,SI←SI±1	22 9+22/REP	1	?...?????
CMPSW	[ES:DI]-[DS:SI], DI←DI±2,SI←SI±2	22 9+22/REP	1	?...?????
LODS src	AL/AX←[DS:SI], SI←SI±1/2	12 9+13/REP	1	....
LODSB	AL←[DS:SI], SI←SI±1	12 9+13/REP	1	....
LODSW	AX←[DS:SI], SI←SI±2	12 9+13/REP	1	....
STOS dst	[ES:DI]←AL/AX, DI←DI±1/2	11 9+10/REP	1	....
STOSB	[ES:DI]←AL, DI←DI±1	11 9+10/REP	1	....
STOSW	[ES:DI]←AX, DI←DI±2	11 9+10/REP	1	....
SCAS dst	AL/AX-[ES:DI], DI←DI±1/2	15 9+15/REP	1	?...?????
SCASB	AL-[ES:DI], DI←DI±1	15 9+15/REP	1	?...?????
SCASW	AX-[ES:DI], DI←DI±2	15 9+15/REP	1	?...?????

表 D.8　　子程序调用与返回指令

指令格式	操作	时钟个数	字节数	标志位 ODITSZAPC
CALL prc_n(近)	SP←SP-2,(SP,SP+1)←IP IP←OFFSET prc_n	19	3	....
CALL r16(近)	SP←SP-2,(SP,SP+1)←IP IP←r16	19	3	....
CALL m16(近)	SP←SP-2,(SP,SP+1)←IP IP←(m16)	21+EA	2~4	....
CALL prc_f(远)	SP←SP-2,(SP,SP+1)←IP IP←SEG proc_f	28	5	....
CALL m32(远)	SP←SP-2,(SP,SP+1)←IP CS←(m32+2)	28	5	....
	SP←SP-2,(SP,SP+1)←IP IP←(m32)	28		
RET(far) CB	IP←(SP,SP+1)SP←SP+2, CS←(SP,SP+1)SP←SP+2	17	1	....
RET(far) val	IP←(SP,SP+1)SP←SP+2, CS←(SP,SP+1)SP←SP+2+val	18	3	....
RET(near) CB	IP←(SP,SP+1)SP←SP+2	8	1	....
RET(near) val	IP←(SP,SP+1)SP←SP+2+val	12	3	....

表 D.9   BCD 码调整指令

指令格式	操作	时钟个数	字节数	标志位 ODITSZAPC
AAA	如果 AL&0FH>09 或 AF=1, 则 AH←AH+1,AL←(AL+6)&0FH	4	1	U...UU?U?
AAS	如果 AL&0FH>09 或 AF=1, 则 AH←AH+1,AL←(AL+6)&0FH	4	1	U...UU?U?
AAM	AH←AL/10,AL←AL%10	83	1	U...??U?U
AAD	AH←AL*10+AL,AL←0	60	1	U...??U?U
DAA	如果 AL&0FH>09 或 AF=1, 则 AL←AL+06 如果 AL&0FH>90H 或 AF=1, 则 AL←AL+60H	4	1	U...?????
DAS	如果 AL&0FH>09 或 AF=1, 则 AL←AL-06 如果 AL&0FH>90H 或 AF=1, 则 AL←AL-60H	4	1	U...?????

表 D.10   输入输出、中断及其他指令

指令格式	操作	时钟个数	字节数	标志位 ODITSZAPC
IN AL/AX,prt IN AL/AX,DX	AL/AX←(prt) AL/AX←(DX)	10 8	2 1	....
OUT prt,AL/AX OUT DX,AL/AX	(prt)←AL/AX (DX)←AL/AX	10 10	2 2	....
IN i_type	SP←SP-2 (SP,SP+1)←F,IF←0,TE←0 SP←SP-2 (SP,SP+1)←CS,CS←(i_type*4+2) SP←SP-2 (SP,SP+1)←IP,IP←(i_type*4)	51/52	1～2	..00.....
INTO	如果 OF=0, 则 SP←SP-2 (SP,SP+1)←F,IF←0,TE←0 SP←SP-2 (SP,SP+1)←CS,CS←(4*4+2) SP←SP-2 (SP,SP+1)←IP,IP←(4*4) 否则 IP←IP+1	53 4	1	..00..... ....
IRET	IP←(SP,SP+1),SP←SP+2 CS←(SP,SP+1),SP←SP+2 F←(SP,SP+1),SP←SP+2	18	3	?...?????
LOCK	封锁总线前缀	3	1	....
WAIT	等待同步	3+5n	1	....
ESC 16,m ESC 16,R	数据总线←(m) 数据总线←r	8+EA 2	2～4 2	....
HLT	CPU 暂停(动态)	2	1	....
NOP	空操作	2	1	....